U0200462

本书受江西财经大学“信毅学术文库”和国家自然科学基金项目（41661113）的资助。

“五位一体”视角下城市生态竞争力综合评价研究

黄和平　李亚丽　著

中国财经出版传媒集团
中国财政经济出版社

图书在版编目（CIP）数据

“五位一体”视角下城市生态竞争力综合评价研究 / 黄和平，李亚丽著．--北京：中国财政经济出版社，2020.9
ISBN 978-7-5095-9579-4

Ⅰ.①五… Ⅱ.①黄… ②李… Ⅲ.①城市环境－生态环境建设－研究－中国 Ⅳ.①X321.2

中国版本图书馆 CIP 数据核字（2020）第 022490 号

责任编辑：彭　波　　　　责任印制：史大鹏
封面设计：王　颖　　　　责任校对：张　凡

中国财政经济出版社 出版
URL：http：//www.cfeph.cn
E-mail：cfeph@cfemg.cn

社址：北京市海淀区阜成路甲 28 号　邮政编码：100142
营销中心电话：010-88191537
北京财经印刷厂印装　各地新华书店经销
710×1000 毫米　16 开　15 印张　235 000 字
2020 年 9 月第 1 版　2020 年 9 月北京第 1 次印刷
定价：68.00 元
ISBN 978-7-5095-9579-4
（图书出现印装问题，本社负责调换）
本社质量投诉电话：010-88190744
打击盗版举报热线：010-88191661　QQ：2242791300

总　序

书籍是人类进步的阶梯。通过书籍出版，由语言文字所承载的人类智慧得到较为完好的保存，作者思想得到快速传播，这大大地方便了知识传承与人类学习交流活动。当前，国家和社会对知识创新的高度重视和巨大需求促成了中国学术出版事业的新一轮繁荣。学术能力已成为高校综合服务水平的重要体现，是高校价值追求和价值创造的关键衡量指标。

科学合理的学科专业、引领学术前沿的师资队伍、作为知识载体和传播媒介的优秀作品，是高校作为学术创新主体必备的三大要素。江西财经大学较为合理的学科结构和相对优秀的师资队伍，为学校学术发展与繁荣奠定了坚实的基础。近年来，学校教师教材、学术专著编撰和出版活动相当活跃。

为加强我校学术专著出版管理，锤炼教师学术科研能力，提高学术科研质量和教师整体科研水平，将师资、学科、学术等优势转化为人才培养优势，我校决定分批次出版高质量专著系列；并选取学校“信敏廉毅”校训精神的前尾两字，将该专著系列命名为“信毅学术文库”。在此之前，我校已分批出版“江西财经大学学术文库”和“江西财经大学博士论文文库”。为打造学术品牌，突出江财特色，学校在上述两个文库出版经验的基础上，推出“信毅学术文库”。在复旦大学出版社的大力支持下，“信毅学术文库”已成功出版两期，获得了业界的广泛好评。

“信毅学术文库”每年选取10部学术专著予以资助出版。这些学术专著囊括经济、管理、法律、社会等方面内容，均为关注社会热点论题或有重要研究参考价值的选题。这些专著不仅对专业研究人员开展研究工作具有参考价值，也贴近人们的实际生活，有一定的学术价值和现实指导意义。专著的作者既有学术领域的资深学者，也有初出茅庐的优秀博士。资深学者因其学术涵养深厚，他们的学术观点代表着专业研究领域的理论前沿，对他们专著的出版能够带来较好的学术影响和社会效益。优秀博士作为青年学者，他们学术思维活跃，容易提出新的甚至是有突破性的学术观点，从而成为学术研究或学术争论的焦点，出版他们学术成果的社会效益也不言自明。一般而言，国家级科研基金资助项目具有较强的创新性，该类研究成果常常在国内甚至国际专业研究领域处于领先水平，基于以上考虑，我们在本次出版的专著中也吸纳了国家级科研课题项目研究成果。

“信毅学术文库”将分期分批出版问世，我们将严格质量管理，努力提升学术专著水平，力争将“信毅学术文库”打造成为业内有影响力的高端品牌。

王　乔

2016 年 11 月

序

党的十八大将“生态文明建设”提升至与经济、政治、文化、社会四大建设并列的高度，五位一体的中国特色社会主义建设开始谋篇布局。生态文明是人类社会文明的高级状态，不是单纯的节能减排、保护环境的问题，而是要融入经济建设、政治建设、文化建设、社会建设各方面和全过程。自安徽省在2012年发布的《生态强省建设实施纲要》中，首次提出打造“生态竞争力”，之后越来越多的省市提出了“生态强省”“生态立市”的概念，生态也是竞争力的理念已渐入人心。在2014年召开的“第六届中国国际生态竞争力大会”新闻发布会上，国家质检总局总工程师刘兆彬指出“生态是经济、社会发展的基础，生态竞争力是国家和地区综合竞争力的核心部分。环境保护并不仅仅涉及生态问题，还是一个经济竞争力的问题，根据国际最新计算GDP的科学方法，生态环境是计算经济成本的重要指标，是衡量一个国家、一个地区和一个城市综合实力与竞争力的重要标志”。

“绿水青山既是自然财富、生态财富，又是社会财富、经济财富”，在全球新一轮科技革命和产业革命同我国转变发展方式的历史交汇期，产业跟着人才走，人才跟着环境走，“生态战、人口战、人才战”将是城市核心竞争力。“哪里更宜居，知识分子就会选择在哪里居住，知识分子选择在哪里居住，人类的智慧就会在哪里聚集，人类的智慧在哪里聚集，最终人类的财富也会在哪里聚集。”这是学者乔尔·科特金的著名论断；留恋于湖光山色、优美生态，而乐于在一个地方工作生活，被称为“雷尼尔效应”，因此，城市之间的竞争日益表现为生态竞争。

习近平总书记在2016年视察江西时指出，绿色生态是江西最大财富、最大优势、最大品牌，一定要保护好，做好治山理水、显山露水的文章，走出一条经济发展和生态文明水平提高相辅相成、相得益彰的路子，打造美丽中国“江西样板”。他在2019年视察江西时再次指出，希望江西全面贯彻落实“五位一体”总体布局，协调推进“四个全面”战略布局，坚持稳中求进工作总基调，贯彻新发展理念，统筹推进稳增长、促改革、调结构、惠民生、防风险、保稳定各项工作，在努力加快革命老区高质量发展上做示范、在推动中部地区崛起上勇争先，描绘好新时代江西改革发展新画卷。在生态文明建设和绿色发展进程中，江西的经济总量不断扩大，综合实力稳步提升；产业结构调整优化成效明显，三次产业协调发展；三大需求加快，拉动作用明显增强，社会事业全面进步，经济社会协调发展；生态文明建设取得重要进展，节能减排卓有成效。

城市生态系统是一个涵盖自然、社会、经济的复合生态系统，结合生态文明理念，本书从两个尺度构建城市生态竞争力指标体系：省会级城市生态竞争力指标体系包括自然、经济和社会三个子系统，自然子系统又包含水、土、气、生、矿五个三级指标，经济子系统包含生产、流通、消费、还原、调控五个三级指标，社会子系统包含人口、人治、人文、人道、人权五个三级指标，共26个四级指标，37个五级指标；针对江西省11个地级市生态竞争力发展状况，构建了“五位一体”的城市生态竞争力评价指标体系，涵盖了经济、政治、社会、环境、文化五个方面，再分11个二级指标和31个三级指标，明确了江西省各地级市城市综合生态竞争力发展状况，并为接下来的努力方向提供参考。

本书的完成，首先要感谢江西财经大学信毅学术文库和国家自然科学基金项目（41661113）的资助，因此资助，本书才得以付梓出版。全书分两次编写完成，第一稿的编写由黄和平教授负责，黄欢、李亚丽、王智鹏等协助撰稿。第二稿的修订和完善，由江西财经大学经济学院的博士、硕士参与。其中硕士研究生易梦婷和黄圣美负责第一章，博士研究生杨新梅、硕士研究生左凌霄和胡兰负责第二章，硕士研究生霍雅洁和舒璜负责第三章，博士研究生王智鹏负责第四章，硕士研究生陈慧负责第五章，博士研究生李亚丽负责第六章和第七章，并协助最后的汇总工作。本书大量引用了国内外学术期刊上关于城市生态竞争力的文献，在参考文献一一列出，谨致谢意。

由于时间紧迫，加之著者学识粗浅，水平有限，书中难免存在许多不足之处，敬请读者批评指正。

黄和平
2019年6月

目　录

第一章 绪 论

第一节 研究背景及问题的提出

一、研究背景

随着经济全球化和区域一体化的发展，知识和信息时代的到来，以高度流动性、高度集约化、高度垄断性和高度渗透性为主要特征的经济全球化浪潮，一方面加速了城市的国际化进程，使城市之间的相互依赖性逐步增强；另一方面也使国家之间的竞争向区域之间、城市之间的竞争转化，加剧了城市之间的国际竞争。经济全球化的载体是城市，城市经济繁荣与否对一个国家和地区乃至全球经济的盛衰有着重大意义。而城市的迅猛发展在推动城市社会、经济、文化、教育、科技的进步，把人类文明推向了一个全新高度的同时，也给人类社会带来一系列的问题和挑战：生态破坏、环境污染、资源短缺、过度开发、生态系统服务功能下降等，严重影响了城市的健康生存和可持续发展。回顾人类发展历史，特别是资本主义发展近100年以来，物质文明飞速发展，人类生活发生翻天覆地的变化，然而随之而来的环境问题、资源问题、人口问题也为人类敲响了一记警钟。因为环境污染问题导致全球气候变暖、稀有生物数量减少、自然环境遭到破坏……大规模的开发，不仅危害人们的身体和生命安全，造成大量人口死亡，人类文明得不到延续，并且破坏当地环境，使良好的生态环境遭到破坏，不可再生资源不断减少。城市的发展需要大力开发资源，开发和使用资源过程中又会出现更多的问题，而在解决城市生态环境问题上环境质量的好坏，对处于不同竞争力水平的城市来说意义是不同的，城市生态环境质量已经作为影响城市竞争力的一个重要因素凸显出来。

近年来，在经济高速增长的同时，国家在生态环境保护方面也逐渐重视起来，目前我国所有在生态环境保护方面所做的工作都可以归结为生态文明的建设。生态文明建设渗透于各个领域，贯穿整个发展阶段，它不是分开独立存在的，而是随着社会的进步不断发展的。

党的十七大报告关于全面建设小康社会奋斗目标中第一次明确指出建设生态文明的目标。报告指出："建设生态文明，要基本形成节约能源资源以及保护生态环境的产业结构、增长方式、消费模式。要较大规模形成循环经济，可再生能源比重显著上升。要牢固树立生态文明观念，主要污染物排放得到有效控制，生态环境质量明显改善。"提出生态文明建设，这是党的十七大的理论创新成果，是中国共产党执政兴国理念的新发展，是对人类文明发展理论的丰富和完善。2010 年 10 月，党的十七届五中全会顺利召开，会议通过的"十二五"规划建议明确提出，要树立绿色、低碳发展理念，以节能减排为突破点，建立健全激励和约束机制，加快建设资源节约型、环境友好型社会，努力提高生态文明建设水平。

党的十八大把生态文明建设纳入中国特色社会主义事业"五位一体"总布局中，与经济建设、政治建设、文化建设、社会建设一起，形成"五位一体"的战略布局。报告明确提出："建设生态文明，是关系人民福祉、关乎民族未来的长远大计。面对资源短缺、环境污染严重、生态系统退化等一系列问题，必须树立尊重自然、顺应自然、保护自然的生态文明理念，把生态文明建设放在首要地位，融入经济建设、政治建设、文化建设、社会建设各方面和全过程，努力建设美丽中国，实现中华民族永续发展。"

在党的十九大报告中，习近平总书记深刻指出，建设生态文明是中华民族永续发展的千年大计，提出要"加快生态文明体制改革，建设美丽中国，必须树立和践行'绿水青山就是金山银山'的理念，像对待生命一样对待生态环境"。习近平总书记表示，"坚定不移地走经济发展、生活富裕、生态良好的文明发展道路，建设美丽中国，为人民创造良好生产生活环境，为全球生态安全作出突出贡献”。这充分表明了党中央高度重视推进生态文明建设，决心带领全国人民努力建设美丽中国、带领全国人民走向社会主义生态文明新时代，为实现中华民族复兴而奋斗。

综上所述，党中央高度重视我国的生态文明建设，中国的发展历程就是一个城镇化的过程，生态文明建设也就是城市的生态建设。而每一个城市受当地经济发展水平、地理位置、人口禀赋、历史文化、资源能源、产业结构等差异影响，必须走最合适的生态发展之路。因此，如何衡量城市之间的生态竞争力水平，是生态文明建设的一个重要环节。

城市的运作是一个复杂的系统，它不仅包含静态的建筑和景观，也包括动态变化着的各种生物和植被。在人类历史的演变进程中，城市的发展也是在其本身的自然资源基础上，加上人类的智慧和劳动进行改造，最终形成的人工与自然结合的复杂系统。如何评定一个城市的发达程度，不仅考虑的是当前社会经济状况，而且是立足现在，评价这个城市的未来可持续发展水平，达到城市的永续发展的目标。人类的生存离不开地球给予我们的空气、土壤、水、植物、矿产等资源。然而随着人口的膨胀，城市迅速扩张，有限的资源如何满足无限增长的人类需求问题，成为城市发展历程中一直探讨的问题。城市生态研究，可以理解为对目前环境水平的一个评价，也是对未来城市发展的指引方向。每一个城市都存在着各自的毛病，每一个问题都是人类在建设和改造城市的过程中与自然环境发生的矛盾，这些矛盾是由于违反人与自然和谐相处的规律而引起的。对城市生态的研究，是寻找“城市病”的症结的现实参考，是对病态城市进行对症下药的有效办法，使人类居住的城市向着良性循环发展。

未来城市的竞争力，不仅仅是基于经济和科学技术水平的层面上。良好的生态环境，是一切社会发展的基础，也是我们经常忽视的重点问题。我们应该着重关注基本生态环境建设，将生态文明观念植入社会经济发展的每一个环节。在任何决策过程中，都应该考虑到决策给生态环境所带来的负面影响，这些影响最后必将阻碍目标的实现。在城市规划发展工作方面，更需要一种可持续发展的生态文明意识，当前为生态环境建设所做的努力，将会是以后城市发展过程中最宝贵的资本条件。所以未来城市之间的竞争其实也就是城市之间生态水平的角逐，生态水平的好坏直接影响城市的健康状况和城市的寿命长短。

二、全球生态环境问题

生态环境中的生态平衡是一个动态的过程。一旦受到自然和人为因素的干预，超过了生态系统自我调节能力，而不能恢复到最初比较稳定的状态时，生态系统的结构和功能就容易遭到破坏，导致物质和能量的输入与输出不能达到平衡的状态，这就会造成系统成分缺损（如生物多样性减少等），结构变化（如动物种群的突增或突减、食物链的改变等），能量流动受阻，物质循环中断，一般称为生态失调，其严重的后果就是生态灾难。

（一）温室效应

温室效应是指大气层中大量排入 CO_2、CO、N_2O、CH_4、HF、氟利昂等温室气体，使全球气温升高的现象。近年来全球约有 230 亿吨 CO_2 排入大气中，比 20 世纪初增加 20%。至今仍保持每年 0.5% 的增速，这必将导致全球气温变暖、生态系统破坏、海平面上升等一系列问题。据有关数据统计预测，到 2030 年全球海平面上升约 20 厘米，到 21 世纪末将上升约 65 厘米，这将严重威胁低洼的岛屿和沿海地带。

（二）臭氧层破坏

臭氧层是指高空大气中臭氧（O_3）浓度较高的气层，其作用是阻碍过多的太阳紫外线照射到地球表面，有效地保护地面生物的正常生长。现代生活大量使用的化学物质氟利昂进入平流层，在紫外线作用下分解产生的原子氯通过连锁反应导致臭氧层的破坏。研究表明，南极上空 15 ~ 20 千米间的低平流层中臭氧含量已减少了 40% ~ 50%，甚至于当高度达到一定水平时，臭氧的损失可能高达 95%。北极的平流层中也发生了一定程度的臭氧损耗。臭氧层的破坏导致紫外线 β 波的辐射强度增加。据资料统计显示，臭氧浓度降低 1%，皮肤癌发生增加 4%，白内障发生增加 0.6%。到 21 世纪初，地球中部上空的臭氧层已减少了 5% ~ 10%，皮肤癌患者人数增加了 26%。

（三）土地退化

土地退化和沙漠化是指因为人们过度的放牧、耕作、滥垦滥伐等人为因素和一系列自然因素的共同作用而导致的土地质量下降并逐步沙漠化的过程。15%的全球土地面积已因人类活动而遭到不同程度的退化。在土地退化中，水侵蚀占55.7%，风侵蚀占28%，化学现象（盐化、液化、污染）占12.1%，物理现象（水涝、沉陷）占4.2%。土壤侵蚀年平均速度为每公顷0.5~2吨。全球每年损失灌溉地约150万公顷。70%的农用干旱地和半干旱地已沙漠化，最为严重的是北美洲、非洲、南美洲和亚洲。在过去的20年里，因土地退化和沙漠化，全世界饥饿的难民已经由4.6亿增加到5.5亿人。

（四）废物质

废物质污染及转移是指在工业生产和居民生活过程中向自然界或向他国排放的废气、废液、固体废物等，已经严重污染空气、河流、湖泊、海洋和陆地环境，严重危害人类健康的问题。市场中有7万~8万种化学产品，其中约有3.5万种对人体健康和生态系统有危害，有500余种具有致癌、致畸和致灾。据研究证实，一节一号电池能污染60升水，使得10平方米的土地失去使用价值，并且其污染可持续20年之久。塑料袋在自然状态下能存在450年之久。酸雨被称为当代“空中死神”，众所周知，其对森林土壤、湖泊及各种建筑物的影响和侵蚀是严重的。有害废物的转移常常会演变成国际交往的政治事件。发达国家非法向海洋和发展中国家倾倒危险废物，致使发展中国家蒙受巨大危害，直接导致接受地的环境污染并且有损当地居民的生命安全。据相关统计资料，中国城市垃圾历年堆存量达60多亿吨，侵占土地面积高达5亿平方米，城市人均垃圾年产量高达440千克。

（五）森林面积减少

森林被誉为“地球之肺”“大自然的总调度室”，对自然环境具有调节功能。因发达国家广泛进口木材，发展中国家开荒、采伐、放牧，导致全球森林面积大幅度减少。据绿色和平组织估计，100年来全世界80%的原始森林遭到破坏。另据联合国粮农组织最新报告显示，如果用陆地总面积为基数计算，地球的森林覆盖率仅为26.6%。森林减少导致土壤流失、水灾频繁、全球变暖、物种消失等一系列问题。一味向地球索取的人类，已将生存的地球推到了一个十分危险的境地。

三、我国生态环境问题

2010年，中国超过日本成为世界第二大经济体；2013年，中国超过美国成为世界第一大货物贸易国。而与此同时，根据国际能源机构的最新数据，截至2011年，中国二氧化碳排放量达到80亿吨，已占到全球碳排放总量的25.5%，即四分之一强，超过美国碳排放量50%左右，被国际社会认为是世界上最大的碳排放国。

中国各地频发的雾霾也成为被高度关注的国际问题，甚至被国际低碳经济研究所称为“当今全球最大的环境灾害”。如果说，环境污染问题是中国社会21世纪面临的最严重的挑战之一，那么，碳减排和雾霾治理便是这项挑战中最紧迫、最需要率先攻破的“堡垒”。近年来，我国多个城市开始频繁出现环境污染问题，地球以其特有的方式告诉我们：以牺牲环境为代价的发展是不可持续的。

2013年年初以来，我国多次出现持续性、大面积雾霾，覆盖全国25个省份、100多个城市，受影响人口约6亿人。2015年气象局12月中报道：中央气象台发布雾霾黄色预警，华北、黄淮等地将有持续性雾霾。华北中南部、黄淮、陕西关中、东北地区南部等地扩散条件较差，出现持续性雾霾天气，上述大部地区将有轻至中度雾霾；北京南部、天津、河北中南部、山东西部、河南北部、山西南部、陕西关中、江苏南部等地有中度雾霾，其中，北京南部、天津西部、河北中南部、河南北部、陕西关中等地的部分地区有重度雾霾。雾霾中的PM2.5成为最新的健康杀手和人民群众的“心肺之患”。“笼罩全国五分之一国土的雾霾，形成了全球最大规模的环境灾难，使中国成为国际社会高度关注的焦点。”以雾霾为代表的大气污染的危害在于严重影响当前和今后的经济活动，严重危害健康，特别是儿童和妇女的健康，也影响了中国的国际声誉，并严重威胁社会安全。

除了雾霾外，我国土壤污染、水污染同样严重。中国各类污染物排放量均居世界首位，并远远超过自身的环境容量极限。目前，中国消费的能源约占世界的21%、石油约占11%、煤炭约占49%，排放的二氧化硫占世界26%、氮氧化物占28%、二氧化碳占25%。在土壤污染方面，全国耕地的污染超标率为19.4%，而土壤总的超标率为16.1%，其中1.1%为重度污染，而我国南部和西南部的土壤污染更为严重。在水污染方面，全国十大水系、62个主要湖泊分别有31%和39%的淡水水质达不到饮用水要求，严重影响人们的健康、生产和生活。目前，全国有2.8亿居民使用不安全饮用水。全国198个地市级行政区中，近六成地下水水质较差或极差。中国污水排放总量远远超过环境容量，中国水环境的化学需氧量（COD）承载力为740.9万吨，但全国第一次污染源调查发现，COD实际排放量为3028.96万吨，约为中国水环境COD承载力的4倍。

据相关数据统计，2000~2015年，我国人均GDP由5909.98元增加到49351元，年均增长率约为15.21%；城镇化率由36.22%提高到56.1%；工业产值从45555.88亿元上升到274278亿元，年均增长率为12.71%。截至2014年年底，工业固体废弃物排放量从3186.2万吨上升到32.6亿吨，以年均36.14%速度增长；全国达到国家空气质量二级标准的城市从118个降至73个。

由此可见，经济社会发展的同时，生态环境污染相应加重，经济快速发展的过程中生态环境问题不容乐观。土地沙漠化、沙尘暴、雾霾不仅给人们的生活带来了诸多不便，也阻碍了一个城市的经济发展。近年来，有关环境污染的报告层出不穷，我国环境问题已成为人民的共识，水污染、空气污染、生活及工业垃圾污染、食品污染等问题急需得到解决，这种以牺牲环境为代价的发展模式，教训是极为惨重的，严重阻碍我国经济可持续发展。在城市发展过程中，解决人与自然和谐相处问题已经提升到了战略高度。城市本身所具有的高度聚集性等属性，使其成为实现可持续发展伟大战略目标最具应战意义的领域。城市化的快速发展如一把“双刃剑”，既为人类社会发展做出巨大贡献，也带来许多生态问题，在一定程度上威胁了人类自身的可持续发展。

四、城市发展造成生态环境破坏的驱动因素

中国城市大规模扩张的背后，有着十分复杂的成因。一方面是地方经济发展，城市人口迅速膨胀的客观需求。在许多沿海经济发达城市，外来人员往往占据当地总人口的很大比例，甚至在个别地方反超当地户籍人口。在常住人口迅速增长的情况下，城市增容自是题中应有之义。另一方面，“现代化即城市化”的观念主导，也为大规模城市建设提供了理念依据。在很长一段时间，城市化被简单理解成“农民进城”，大量耕地由此被大规模撂荒或征用成为城市建设用地或工业用地。另外，粗放型的城市规划，进一步为城市无节制扩张埋下了伏笔。

上述因素直接造成有些地方土地资源稀缺、环境污染乃至“城建腐

败"盛行，而中国城市建设所面临的窘境，也迫使原有城市发展观尽快实现"升级换代"。进一步来看，近年来中国经济备受资源"瓶颈"约束，能耗过大的经济发展模式弊端凸显，在这样的背景下，注重生态规划毫无疑问将是今后城市建设的必然趋势。换句话说，无论是从城市建设还是经济发展的角度来看，当前中国城市发展势难维持原有理念，为过度膨胀的城市"瘦身"、增添"生态健康美"，已是势在必行。

五、由城市生态环境问题引发的思考

走向生态文明新时代，建设美丽中国，是实现中华民族伟大复兴的"中国梦"的重要内容。在党的十九大报告中，习近平总书记强调指出，生态文明建设功在当代、利在千秋。生态环境问题已经涉及整个人类以及我们子孙后代的生存发展，必须重视。习近平总书记高度重视生态文明建设，还提出了"我们既要绿水青山，也要金山银山""绿水青山就是金山银山"的精辟论断。这是对生产力理论的重大发展，符合中国实际，具有很强的指导性，是对生态环境重要性认识的升华和质的飞跃。习近平总书记著名的"两山论"，如今已经深入人心，成为人们正确处理经济发展与生态保护辩证关系的指南。我国对生态文明的理性回归使得中国的绿色发展更上一个台阶。事实雄辩地证明，绿水青山就是金山银山，保护环境就是保护生产力，改善环境就是发展生产力。实践也一再启示我们，绿水青山和金山银山决不是对立的，关键在人，关键在思路。那种认为发展不可避免会破坏生态环境的论调是错误的，那种以牺牲环境为代价换取一时一地经济增长的做法是有害的。

从全球看，生态环境保护成为各国追求可持续发展的主要内容，成为国际竞争的重要手段，绿色发展也已成为全球可持续发展的大趋势，这就要求我们对生态的研究进行进一步的探讨和深入挖掘。结合当今城市竞争力和生态这两大热点，研究"城市生态竞争力"具有创新意义和时代意义。

我国现阶段的城市化发展的道路中，可以看出城市的建设并非建造摩天大楼、道路和工业园区，也不是简简单单地从乡村移居到城里居住，而是一项复杂的综合系统工程。评定一个城市的发展好坏，也不是以 GDP 为最终定论，而应讲求城市与自然环境的融合，提高人的生活品质和幸福感，使市民安居乐业，闲暇之余徜徉于城市山水之间，而不是每日为工作奔波焦虑，乃至连停下脚步喘息的时间都缺乏。更重要的是，注重城市发展的生态元素，并非对城市经济发展的制约，良好的生态环境还是城市的一大竞争力。城市竞争力已无法纯粹用简单经济数字指标来衡量，生态环境质量已逐步成为提升城市竞争力的新关注重点。面临生态环境质量下降的严峻形势，党中央在十八大提出建设美丽中国，强调了在经济新形势的背景下构建生态文明的重要性，为发展循环经济、绿色经济，建立完善的制度设计安排和政策实施机制。城市之间的竞争力终究是生态系统稳定与平衡的可持续竞争力。

近些年来，以"生态立市"作为城市建设目标，追求城市和谐发展，也已成为有的经济发达地区的抉择，有的地方开始转移和关闭对当地生态环境造成严重影响的工业项目。由此不难看到，注重城市规划的生态元素，在一定程度上已逐渐成为民间与政府的共识。

第二节　研究目的和研究意义

一、研究目的

本书对城市生态竞争力的理论和评价方法进行梳理和归纳，选取当下最能反映城市生态竞争水平指导理论和模型方法，对各省会城市和江西的地级市进行分析研究，最终形成全面而系统的评价体系，在此基础上得出结论，提出各城市生态可持续发展的政策建议。

城市生态竞争力研究目的是美化生活环境，提高人们的生活质量，找到城市发展的绿色循环模式，满足城市与整个生态系统协调发展。城市是以人为中心而发展起来的，人类的所有活动必将是围绕着其自身的生存和发展。人类是生态循环系统的一部分，合理有效的生产行为会顺应生态系统良性循环，不合理的生产行为会影响甚至破坏整个生态系统直到危及自身。因此，城市之间的竞争发展必须尊重自然、顺应自然，服从生态规律，切不可打破整个生态循环系统。通过城市生态竞争力评价的研究，建立生态城市发展模式是为了人类自身，也是为了子孙后代。

二、研究意义

过去城市竞争力相关研究大部分都是从经济的角度来评价城市的发展状况，用各种经济指数来衡量整个城市的综合竞争力水平，显然，这种评价是不全面和不充分的。本书基于可持续发展的生态角度，包含自然、经济、社会层面，全方位定量评价城市竞争力水平，相当于给城市做一个"全身检查"。最后根据每一个指标的实际状况提出对策，对城市建设中出现的各种问题"对症下药"，弥补城市建设的漏洞，帮助城市平衡发展。

省会（首府）城市是每个省（自治区）区域中最具代表性的城市，因此，本书从全国的尺度上，把全国各省会（首府）城市纳入研究对象之中，在得出研究结果的基础上，经过全国城市之间的对比和归纳总结，得出我国城市生态竞争力的整体水平，分析我国城市竞争力水平的地域规律，对未来我国生态文明建设具有重要的借鉴意义。

因江西作为全国首批生态文明建设试验区之一，其良好的生态环境和历史条件成为城市生态竞争力研究中一个典型的案例。本书另选取江西省11个地级市作为研究对象，设计一套更加适用于江西的城市生态竞争力评价体系，希望通过对江西的城市生态竞争力研究，挖掘更具有生态特色的因素，汲取江西的经验推广到全国生态文明建设。

城市生态建设是一个非常耗费人力、物力、财力的过程，需要涉及法律制度、教育宣传、科技研发、运营管理等方方面面的改革。也许当前的成效并不明显，但是在未来，良好的生态环境将会是人类的巨大财富，也是人类生存的依托和保证。因此进行城市生态竞争力的研究，对于我国甚至全世界城市的建设具有借鉴意义，也给当前城市出现的各种问题提供一个解决思路和模式。

（一）有利于缓解城市发展和环境破坏之间的矛盾

人口众多、资源相对不足、生态环境承载能力弱，是我国的基本国情。尤其是随着我国经济水平快速增长和人口不断增加，能源、水、土地、矿产等资源不足的矛盾越来越尖锐，生态环境的形势十分严峻。这些矛盾冲突大部分都由于城市的不良竞争发展而引起，城市生态转型，直接从源头缓解了各种矛盾冲突问题。加强城市生态竞争力的研究，能够寻找适宜城市发展的健康之路。

（二）有利于提升人类生活质量水平

城市的发展应该要让每一个生活在城市的人获取健康和舒适。倘若继续沿袭高投入、高能耗、高排放、低效率的粗放型增长方式，走先污染后治理、边污染边治理的发展道路从而使人们的生活质量明显下降，岂不是违背了人们创建美好城市的初衷。城市生态竞争力的研究，正是基于人类社会和自然生态之间的关系，从不同层面上改善环境条件，从而提升人们的生活质量水平。

（三）有利于促进社会和谐稳定

良好的生态环境本身就是人类幸福生活不可缺少的要素，人们越来越重视周围环境变化对生活的影响作用。公众的生态环保意识逐渐加强，重视人与自然和谐相处，创造良好的生态环境，消除人们对生态问题的负面情绪，使公民在一个优美的自然生态环境中和谐相处，人们才能增强对党和政府的信任与支持，才能增强公民之间的团结和中华民族的凝聚力，才能推动社会和谐稳定，建立正常的社会秩序。

（四）有利于树立可持续发展的理念

当前，人们贯彻落实科学发展观的自觉性还不是很高。一些地方仍然将重点放在经济的快速增长及其所带来的物质和财富上的富裕，仍然采用毫无节制的消耗自然资源的生产方式，仍然追求高消耗、高消费的生活方式，忽视了生态环境的破坏、人与自然的和谐。这将严重地影响和阻碍科学发展观的有效落实，制约着发展的可持续性。要真正落实好科学发展观，必须从根本上认同和建设生态文明，并以此作为最基础的起点。

（五）有利于整个社会与生态协同发展

每一个人都既是生产者又是消费者，作为物质产品生产者和消费者，所有人都有物质性的消耗和排放，因而都必须对自己所消耗和排放物质的不同性质和数量支付相应的费用，这将促使所有的人在生产和生活中都节约资源、循环利用、物尽其用，降耗减排，从而将抑制直至消除社会的奢侈浪费恶习，激励人们追求健康节俭的生活。作为精神产品的生产者和消费者，城市生态建设为科技、文化和制度创新提供了一个无限广阔的空间，高耗高排的技术、产品和与生态文明相对立的文化正在迅速失去其市场，低能耗低排放的新技术研发、新产品开发、生态文化产品的创造和消费已成为人们自觉的方向性选择。在提升城市生态竞争力过程中，从它起步之始，就已日益广泛深刻地影响到社会生产、生活的方方面面，它将深刻地改变整个人类的观念和习性，使人类社会走向自身协同和与万物与环境协同，从而实现发展的可持续。

第三节　研究方法与资料来源

一、研究方法

科学的研究方法决定了是否能准确、完整、科学地研究事物、分析问题，能否保证文章的科学性，所以选择科学的研究方法至关重要。本书的研究内容涉及范围广泛，且分两大尺度（30 个中国省会（首府）城市和 11 个江西省地级市）分析城市生态竞争力，需要处理的信息数量非常庞大，这就需要采用科学有效的研究方法，快速整理，深度挖掘。为使研究结果趋于更全面、更合理和更准确，本书主要采用了以下五种研究方法。

（一）文献阅读法

本书紧紧围绕"城市生态竞争力"这一主题，翻阅现有的相关书籍，并在网络图书馆上查阅相关的期刊、论文、专著等资料，参阅了大量的国内外有关竞争力、城市生态竞争力及其指标体系、研究模型、研究方法及对策建议等方面的文献资料，对"城市生态竞争力"的相关理论知识和研究现状作了一定的回顾，对本书的研究奠定了理论基础，提供了好的经验，并碰撞出了新的思路。

（二）规范分析与实证分析相结合法

通过对城市生态竞争力的概念、内涵、评价体系以及模型建立进行分析，确定研究的内涵、外延、特点和差异等，对我国 30 个省会（首府）

城市和江西省11个地级市的城市生态竞争力进行比较分析，提出系统提升各个城市生态竞争力的具体决策方案。

（三）抽象分析和系统分析相结合法

通过对各城市的城市生态竞争力现状的分析，再运用专家评分法、熵值法等统计方法处理相关数据，揭示各城市的城市生态竞争力问题产生的原因和主要影响因素。构建提升城市生态竞争力的建议对策，不是孤立寻找出来的，而是运用系统的分析方法，将其放在整个运行系统中研究分析，从不同方面深入研究，从而提出有效运行的措施。并且城市生态竞争力指标体系构建，是一个十分复杂的系统工程，通过对影响城市竞争力因素的系统分析，按设计的评价指标体系，确定指标权重，计算综合得分，对30个省会（首府）城市和11个江西地级市的城市生态竞争力进行具体明确的综合评价及子系统评价。

（四）定性分析与定量分析相结合法

运用熵权法对30个省会（首府）城市以及江西省11个地级市生态竞争力的指标进行赋权，运用加权综合评价函数模型，测算各城市生态竞争力。并对解决提升各城市的城市生态竞争力问题的重要性以及各城市的城市生态竞争力的现状与不足进行分析，同时采用统计数据、图表等量化工具进行定量分析，使定性分析结果更为可靠。

（五）历史与比较分析相结合法

在对我国城市的城市生态竞争力问题的历史回顾和现实考量的基础上，进一步对我国城市的城市生态竞争力的现状进行分析并进行差异比较。在提出提升城市生态竞争力建议之前，比较借鉴了国外和中国其他地区的相应做法。

二、资料来源

本书的研究资料主要由两部分组成。第一部分是文献，涵盖生态、竞争力和城市研究等多方面内容，跨越古今中外。第二部分是数据，数据主要分为两大尺度数据：其一为中国30个省会（首府）城市2014年的指标数据，按照“五位一体”复合生态系统的原理，将数据主要分为三类：自然子系统指标、经济子系统指标和社会子系统指标；其二为江西省 11 个地级市城市 2013 年的生态经济、政治、文化、社会和环境竞争力的指标数据。

资料的收集与整理过程较为复杂。一方面存在难获取、不可获取性，由于资料公开的有限性和保密性、资料获取渠道的多面性以及部分数据的难计算性，有些资料的获取有些困难，甚至无法获取；另一方面存在复杂性，样本城市多样，指标繁多，其中又关系错综复杂，牵扯甚多，因此分类整理，归纳总结工作十分繁重。为尽可能地全面获取资料，并保证资料的真实性和可靠性，资料主要来源于以下方面：

（一）馆藏资料

图书数据等资料的收集也是社会调查过程中的重要环节，江西财经大学图书馆是目前江西省高校中拥有经济管理文献量最大的图书馆，馆藏量巨大，数据库资源丰富，专业书籍、期刊及统计资料等收集齐全，形成了以经济和管理类文献为主体，法、工、文、理等文献协调发展的多种类型、多种载体的综合性馆藏体系，目前馆藏纸质图书 354.6 万册，电子图书 280 万册，数据库 78 个，以及大量的学习软件和多媒体光盘读物，从而为本书提供充分的研究资料。学校拥有先进的实验教学中心，建有多个多媒体教学室，用于实验教学和大型数据处理。拥有一套网络存储系统及服务设备，备有专用的网络服务器，有利于最新研究资料的收集整理和交流。如此优良的资源条件优势，为本书撰写的质量、深度提供了强有力的保障。

（二）中国知网（CNKI）、维普、超星、百度学术等

CNKI 是全球信息量最大、最具权威、最具价值的中文网站。统计数据表明，CNKI 网站的内容数量大于目前全世界所有中文网页内容的数量总和，可称之为世界第一中文网。经过了深度加工、编辑、整合、以数据库形式的有序管理，其内容有明确的来源、出处和文献被引用情况，内容可信可靠。因此，CNKI 的内容极其具有文献收藏价值和使用价值，可以作为学术研究、科学决策的依据。此外，维普、超星和百度学术等也是强大的数据库，可用来检索相关领域的论文收录。

（三）公开出版物

公开刊物指有公开刊号的可以全国公开出版发行的刊物，一般名称固

定，按顺序编号，装订成册。一般认为有国家级和省级两种级别。公开出版物数据具有收集容易、采集成本低等特点。本书统计数据主要来源于《中国统计年鉴（2015 年）》、江西省各个城市《2014 年环境状况公报》、各地市环境保护局官网、《城市统计年鉴（2015 年）》、各省会城市统计年鉴和各个省会城市《2014 年国民经济与社会发展统计公报》等，部分数据由计算得出和从相关研究材料中获取。

（四）提供统计数据的政府网站

政府网站是我国各级政府机关履行职能并为社会提供服务的官方网站，通过该网站政府机关可以实现政务信息公开、服务企业和社会公众、互动交流，同时该网站具有大量可靠的官方统计数据。主要包括国家统计局（http：//www. stats. gov. cn）、国务院发展研究中心信息网（http：//www. drc. gov. cn）、中国经济信息网（http：//www. cei. gov. cn）、华通数据中心（http：//data. acmr. com. cn）、中国决策信息网（http：//www. jcxx. cc）及各省市相关部门网站。

（五）电话访谈

针对精确性高、难于获取的官方数据，采取电话访谈法，访谈对象主要为生态环境局、统计局、城市规划局和资源局等。对于数量少的相关问题可采取此方法，时效快且成本低。

（六）学术会议

学术会议是一种以促进科学发展、学术交流、课题研究等学术性话题为主题的会议。参会者通常是科学家、学者、教师等具有高学历的研究人员。学术会议是一种交流的、互动的会议，参会者会将自己的研究成果以学术展板的形式展示出来，从而使互动交流更加直观有效，得到的数据具有国际性、权威性、高知识性、高互动性等特点。

（七）搜索引擎

互联网是世界上最大的信息资源宝库，能为用户提供无所不包的信息。随着网页数量和信息量的迅速增长，人们越来越意识到快速而准确获取自己所需信息的重要性。搜索引擎在此具有强大的力量和不可缺少的地位，是快速准确获取网上信息的重要工具。主要包括谷歌（https：//www. google. com. hk）、百度（https：//www. baidu. com）、必应（http：//cn. bing. com）、搜狗（https：//www. sogou. com）等常用搜索引擎。

第四节 研究内容与基本框架

一、研究内容

本书的几个可能创新亮点在于：一是尝试性地对城市生态竞争力的概念提出了见解；二是运用了"五位一体"复合生态系统研究方法；三是将我国城市生态竞争力分为两大尺度来进行探讨，内容丰富，体系庞大。本书以中国城市生态竞争力为研究对象，并按照以下主要思路着手本书内容的撰写，逻辑清晰，条理分明，层层递进。

第一，通过背景分析和广泛收集相关文献，界定研究范围，明确研究对象，厘清相关概念，形成本书研究的问题，即：中国的城市生态竞争力问题、现状、潜力及未来发展趋势，如何构建指标体系和选取何种研究方法，如何提升我国城市生态竞争力等。

第二，通过文献综述和对相关基础理论的回顾，形成系统的理论研究架构，为研究我国城市生态竞争力奠定理论基础。

第三，通过权威论述、数据统计以及实际调研数据，对研究对象进行定性与定量分析，构建理论模型，分析模型运用的条件，通过实证分析进行进一步检验并提出优化措施。

第四，归纳和总结研究结果，提出有效的针对性建议，并讨论进一步研究方向，最后完成本书。

本着以上思路，本书把内容分为七大块展开研究。

第一章：绪论。本章主要在大背景下，从生态环境问题的提出，进而引出城市生态竞争力问题，分析研究的目的、必要性及其重大意义，提出城市生态竞争力研究的方法、内容和基本框架。

第二章：国内外相关城市生态竞争力的研究综述。主要是对城市生态竞争力相关研究进行综述，对国内外现有的有关城市生态竞争力研究现状、影响因素、研究方法及对策建议等内容进行回顾，并对其研究成果进行概述，从而了解当前研究现状。

第三章：城市生态竞争力的内涵和评价指标体系的构建。主要是构建大尺度省会城市生态竞争力指标体系与省域内地级市指标体系，先从生态竞争力的基本概念出发，论述城市生态竞争力的基本内涵、特征和组成要素，从而为研究城市生态竞争力提供理论上的支持；再结合实际情况，运用“五位一体”复合生态系统原理，构建省会（首府）城市与江西省地级城市的指标体系，并运用专家打分法来进行指标体系筛选，形成最终的指标体系。权重的构建则通过比较分析，确定采用熵权分析法。

第四章：城市生态竞争力评价方法。本章将对各种评价方法展开详细描述。由于城市生态竞争力的内涵丰富，是一个复杂的大系统，这就需要城市生态竞争力的评价体系必须由城市各个方面的指标构成，多指标综合评价法在该研究领域的适用性较强，优势突出。在介绍多指标综合评价方法的基础上，主要对主观赋权综合评价方法和客观赋权综合评价方法在研究城市竞争力中的作用和优劣进行分析。

第五章：不同尺度的城市生态竞争力的比较研究。在建立模型和确立指标体系的基础上，利用熵值法、聚类分析法等统计方法处理相关数据，分两个尺度进行分析：一是省会级以上城市尺度；二是地市级城市，主要以生态文明试验区——江西省地级以上城市的生态竞争力进行比较分析和客观评价。同时，对不同尺度的城市生态竞争力从各个层面进行全面系统的分析，并对各城市生态竞争力的现状、差异进行评估。

第六章：城市生态竞争力的提升对策建议。在遵循生态竞争力提升原则的基础上，考虑不同尺度各城市生态竞争力的差距与优势，针对其竞争力现状和水平以及分析的结果，提出提升各城市生态竞争力具体的决策方案。

第七章：总结与研究展望。总结本书的主要研究成果，指出本书的不足之处及可能创新之处，并明确今后的研究方向。

二、基本框架

研究框架如图 1－1 所示。

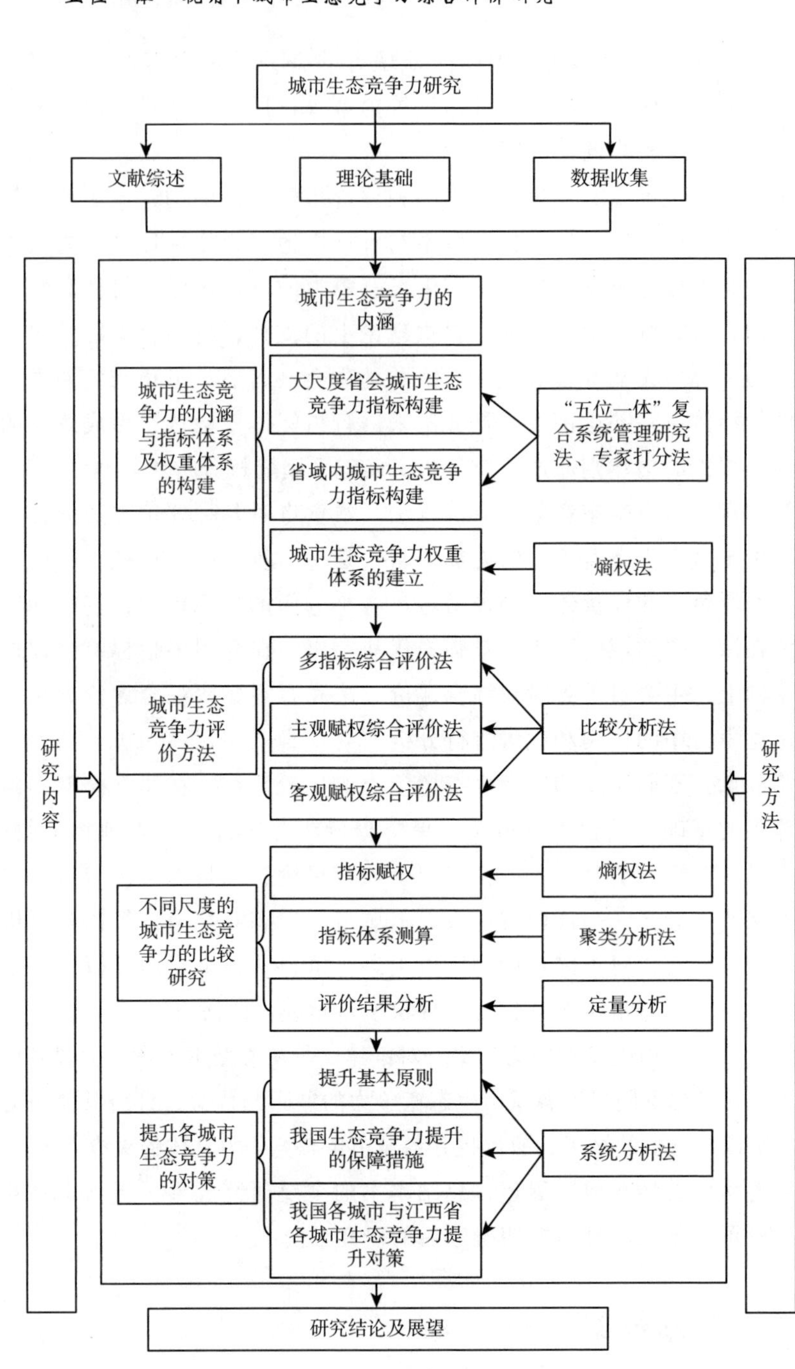
城市生态竞争力研究
文献综述
理论基础
数据收集
研究内容
研究方法
城市生态竞争力的内涵
大尺度省会城市生态竞争力指标构建
省域内城市生态竞争力指标构建
城市生态竞争力权重体系的建立
城市生态竞争力的内涵与指标体系及权重体系的构建
"五位一体"复合系统管理研究法、专家打分法
熵权法
多指标综合评价法
主观赋权综合评价法
客观赋权综合评价法
城市生态竞争力评价方法
比较分析法
指标赋权
指标体系测算
评价结果分析
不同尺度的城市生态竞争力的比较研究
熵权法
聚类分析法
定量分析
提升基本原则
我国生态竞争力提升的保障措施
我国各城市与江西省各城市生态竞争力提升对策
提升各城市生态竞争力的对策
系统分析法
研究结论及展望

图 1-1　本书的研究框架

第五节　本章小结

本章简要描绘了全书的概貌，主要介绍了本书的研究背景，阐明了研究的目的和意义，对本书的研究范围进行了界定，并对研究思路、研究方法以及研究内容等作出了简要说明。重点提出了本书尝试定义“城市生态竞争力”概念、从不同尺度的角度来分析国内城市生态竞争力和使用“五位一体”复合生态系统原理构建指标体系等的创新之处。在国内外学术界，竞争力研究一直是一个热点，但局限于宏观层面的国家竞争力研究或经济等领域的竞争力研究较多。在这里，我们将微观层面的城市和生态领域结合起来进行探索，并分为省会（首府）城市和省域内地级城市两大尺度来进行分析。立足战略全局，运用底线思维，注重宏微观思考，准确把握国内外形势，全面认识我国城市生态竞争力的现状和问题，激发强烈的忧患意识和责任意识，进一步坚定信心，响应党的十九大精神的号召，推动城市生态竞争力建设不断取得新进展，这是当今世界大发展、大变革和大调整的大势所趋。具体的文献综述、指标体系构建、数据处理方法的选取、两大尺度的具体分析和对策建议等内容将在本书后面几章详细展开。

第二章 国内外相关城市生态竞争力的研究综述

第一节 城市竞争力研究现状

一、国外城市竞争力研究现状

国外关于城市竞争力的研究起步比较早，20 世纪 80 年代，很多学者从经济、社会、城市规划等多方面对城市及其竞争力进行了大量研究。随着信息化、科技化、全球化的不断发展，城市化愈演愈烈，城市竞争力的影响力也愈来愈大。美国为此设立了专业的“城市竞争力”科研机构，英国在 20 世纪 90 年代编写了一系列关于城市竞争力的“白皮书”（童中贤，2010），世界银行及世界会议于 2005 年 5 月在美国华盛顿组织举办了“The World Competitive Cities Congress”。学者们对城市竞争力的研究更是如雨后春笋般涌现，如 Michael E. Porter（1985）在学术界第一次提出，国家层面上最重要的竞争力概念是一个国家的生产力，国家生产力水平则是一个国家的竞争力最重要的表现。一个国家或城市的竞争优势是多种不同因素综合作用的结果。Porter（1985）提出竞争力的“钻石模型”，包括生产要素、需求情况、机遇因素、企业优劣程度、相关支持产业和政府作用六个方面，他认为这些因素是一个城市竞争力的综合表现。Keozh、D'Arcy 以及 Gordon（1991）等人开始了城市竞争力影响因素和城市竞争结果探讨。Begg（1999）、Cheshire（2002）以及 Jensen - Butlter（1997）等人对城市与城市间的竞争过程等方面进行了深入的探讨。Oral（2003）提出进行城市竞争力研究主要有两个重要意义：一方面可以帮助企业制定未来的发展战略；另一方面可以帮助政府更好地发挥管理职能，通过提供基础设施、经济、科教文卫、生态环境等方面的政策为企业创造良好的运行环境，促进社会经济的快速发展，提高居民福利。

在北美，城市竞争力研究成为最主要的研究区域且相关研究趋近成熟，再发展到后来的欧洲、亚洲以及世界其他的国家。美国巴克内尔大学彼得（Peter Karl Kresl，1995）从20世纪80年代开始对城市竞争力做了开拓性探索，他认为，城市竞争力（UC）=f（经济因素、战略因素），经济因素=生产要素+基础设施+区位+经济结构+城市环境，战略因素=政府效率+城市战略+公私部门合作+制度灵活性。在分析城市竞争力时，其选取了三个指标即零售额、制造业增加值和商业值，组成指标体系表现城市竞争力。同时他又选取了一些构成指标，采用多指标综合评价的判别式分析法，得出各城市竞争力得分，比较后得出各城市的竞争力排名。并且根据评价结果对城市竞争力进行了历史、结构、区域性的分析，同时根据城市竞争力解释框架建立了城市竞争力与解释变量的回归方程，比较其高低并分析其变化的原因。Oral（1997）从城市经济视角出发，认为城市利用自身自然资源、人力资本、政策环境、行政管理、科学研究及教育机构、金融系统、文化及社会价值等，为企业创造一个发展的竞争环境。美国北卡罗来纳大学的丹尼斯（Dennis A. Rondinelli，1998）在吸收前人研究成果的基础上，提出了国际大都市竞争力的分析框架：C=f(U，N，T，F)。C代表大都市地区的国际竞争力；U是当地城市环境；N是国民经济中影响国际竞争力的要素；T是指对国际贸易条约的依附程度；F是指当地企业和产业的国际竞争力。Kresl和Proulx（2000）通过选取15年的指标数据进行计量分析，对包括美国城市和加拿大的47个城市的竞争力进行计算并进行了分析排名。同时，D'Arcy（1991）、Rogerson（1999）、Gordon（1999）等人对影响城市竞争力的因素及其竞争后果进行了研究，包括地方生活质量、房地产市场、劳动力市场、接近电信网络、在协作网内获得外部经济性、市场需求和有效的组织结构等。Camagni和Capello（2010）指出城市竞争的模式发生转变，侧重点从发展因素到创新因素、从硬要素到软要素、从功能化到渠成化方式转变，政府在制定竞争力战略和规划时要做出与之相对应的调整。

在欧洲，随着城市经济的发展，城市竞争力已经成为人们关注的焦点。Linnamaa（1998）提出应该将城市群作为一个整体，有意识地发展城市群的核心竞争优势。城市竞争力主要由包括城市、人力资本、政策和制度网络、企业、基础设施、生活环境的质量在内的六个要素决定。Begg（1999）指出，竞争力在一定程度上等同于经济表现，可以利用经济发展水平表现竞争力水平。在竞争中，一个城市或国家必须抢占对方的资源或使货币升值，因此，竞争力本质上是市场占有能力。Begg强调，城市竞争力包括政府政策、环境发展水平和价格等因素的影响，而且政策是影响城市竞争力的重要因素。Begg（1999）和Gardiner、Douglas – Webster（2000）指出在进行城市竞争力评价时，应先对影响城市竞争力水平的"地点"要素和"活动"要素进行区分，"地点"要素是指一切与城市竞争力有关的不易移动的资源要素，与其相对的"活动"要素则是包括一切与城市竞争力有关的可移动的资源要素。

而亚太地区在城市经济全球化过程中，城市竞争力的研究也陆续出现，但对城市竞争力的研究比较局限于竞争力评价，对竞争机制的研究不够深入。Deas（2002）选取与城市的产出和投入有关的指标建立投入产出的指标体系，建立了一种基于城市群的"投入—产出"模式，其发现城市的经济、政策、社会环境和生态环境影响最终的产出量。Martinand Tyler（2004）等人通过模型对城市竞争力的概念或理论进行研究，侧重从空间角度分析描述，认为城市群各个城市之间通过对各种投入资源要素的分析评价便可对产出进行描述分析，得到对城市竞争力结果的评价。Somik V. Lall，Hyoung Gun Wang和Uwe Deichmann（2010）等人选取印度城市群为对象，分析城市竞争力与城市交通条件和城市基础设施之间关系，研究发现：距离拥有国际级大海港的城市越近，会吸引越多的人前来投资；与此类似，距离连接国内大城市的高速公路越近，也会吸引更多的人投资；但是，城市基础设施建设对城市竞争力的促进效应相对较弱。

关于城市竞争力表现及特征的研究主要有如下代表性观点：（1）立足城市自身发展需要来看待城市的竞争。Porter（1990），Peter（1995），Paul Cheshire和Gordon（1995）认为城市竞争力是指城市创造财富、提高收入的能力。Sobrino（2002，2003）认为城市竞争力是城市经济能够占领市场、促进经济增长以及提高居民生活质量的能力。Lever 和 Turok（1999）认为具有竞争力的城市应该能够生产和提供适应区域、国家和世界市场的产品和服务，同时提高居民的实际收入，改善市民的生活，并具有可持续的发展模式。Martin 和 Simmie（2008）认为城市竞争力应该表现为：持续提升营商环境、技术基础和基础设施、社会和文化设施的能力，吸引和留住高增长、创新和具有持续赢利能力的企业以及高素质、创新和创业型人才，从而能够获得高劳动生产率、高就业率、高工资、高人均 GDP 和较低的收入和不公平社会。此外，Elever（2002）认为城市竞争力主要体现在城市是否具备一定的知识资产。（2）立足全球范围来看待城市的竞争和发展，认为具有竞争力的城市应该在全球化城市网络中居于"节点"位置。Sassen（1991，1994，1995），Frost 和 Spence（1993）在对全球城市排名分析中发现一些顶级城市（如伦敦、纽约、东京）高度集中了世界经济组织的指挥点。Peter Karl Kresl（1995）描述了具有经济竞争力的城市应具备的条件包括：① 创造高技能、高收入的工作机会；② 提供环境友好型的商品和服务生产；③ 提供具有高收入弹性的产品和服务；④ 经济增长带动充分就业而不是消极的市场影响；⑤ 城市的专业化活动能够有可控的好的未来前景；⑥ 不断提升在城市体系中的等级和地位。Sternberg（2000）认为城市产业正处在柔性生产时代，在强化产业集群与再聚集行为的同时也在不断强化主体区域间的连接，城市竞争力体现出连接节点的作用。

二、国内城市竞争力研究现状

中国城市竞争力研究始于 20 世纪 90 年代的南开大学，晚于西方，且多数研究是基于西方理论和方法。目前国内有关城市竞争力的研究主要集中在城市竞争力的定义、理论模型以及实证研究方面。近几年来，南开大学、北京国际城市发展研究院、中国社会科学院、上海社会科学院、华东师范大学、东南大学等高校及有关科研院所也都已经开始研究城市竞争力问题。南开大学的郝寿义教授（1999）认为，城市竞争力是指一个城市在国内外市场上与其他城市相比所具有的自身创造财富和推动地区、国家或世界创造更多社会财富的能力。北京国际城市发展研究院（IUD）认为，所谓的城市竞争力是指一个城市在经济全球化和区域一体化背景下，与其他城市比较，在资源要素流动过程中，所具有的抗衡甚至超越现实的和潜在的竞争对手，以获取持久的竞争优势，最终实现城市价值的系统合力。中国社会科学院的倪鹏飞博士提出，城市竞争力是一个城市在竞争和发展过程中与其他城市相比较所具有的吸引、争夺、拥有、控制和转化资源，争夺、占领和控制市场，以创造价值，为其居民提供福利的能力。上海社会科学院（2001）通过研究认为，一个城市的竞争力是指该城市在一定区域范围内集聚资源、提供产品和服务的能力，是城市经济、社会、科技、环境等综合发展能力的集中体现。城市竞争力反映的是一个城市的生产能力、生活质量、社会全面进步以及对外影响。华东师范大学城市与区域发展研究所的宁越敏（2001）认为，城市竞争力是指在社会、经济结构、价值观、文化、制度政策等多个因素综合作用下创造和维持的，一个城市为其自身发展在其从属的大区域中进行资源优化配置的能力，从而获得城市经济的持续增长。东南大学经济管理学院徐康宁（2002）依据城市作为竞争主体的特征，定义城市竞争力的概念为：城市竞争力是指城市通过提供自然的、经济的、文化的和制度的环境，集聚、吸引和利用各种促进经济和社会发展的文明要素的能力，并最终表现为比其他城市具有更强、更为持续的发展能力和发展趋势。

此外，国内其他学者也对城市竞争力做出了相关定义。于涛方等（2001）提出，城市竞争力不仅包括一个城市为满足区域、国家或者国际市场的需要进行生产商品、提供服务和创造财富的能力，还包括城市为其居民提高收入、改善生活质量、促进社会可持续发展的能力。姜杰等（2003）将城市竞争力描述为：一个城市创造环境和区位优势，聚集资源并对资源进行优化配置，为所在国家或地区创造更多价值的能力。许学强和程玉鸿（2006）认为城市竞争力是一个城市以其在社会、经济、制度等方面现有的优势为基础，与其他城市相比，在资源要素流动过程中，能够具有更强的资源吸引力，通过对相同资源的利用创造出比其他城市更多的价值，继而促进居民生活水平提高的能力。石涛等（2007）将城市竞争力定义为：当所处环境的生产力资源发生变化时，迅速做出调整措施应对变化，以维持创造价值、促进社会继续发展的能力。马庆斌、文辉（2007）

把在全球城市体系中，作为人员、物资、资本、信息等要素交流、集聚的网络节点，城市整合自身现有优势，对资源进行吸引利用的基础上，促进当地经济发展并带动周边区域的经济发展水平的提升能力定义为城市竞争力。

同时，国内学者从不同尺度对城市竞争力进行了研究。区域城市群层面，朱佳敏等（2009）选取了反映城市群竞争力发展水平的20个指标数据，采用主成分分析法对长三角、珠三角和京津冀我国三大城市群进行分析，寻求导致城市群之间以及城市群内城市之间竞争力水平均衡差异的原因，并提出提高城市竞争力水平的相关对策建议。黄菊等（2009）选取长株潭城市群和武汉城市圈为研究对象，对这两个城市群的城市竞争力通过描述分析和量化评估相结合的方式进行探讨，通过对两大城市群2001～2006年城市竞争力的对比分析，揭示了两大城市群城市竞争力的动态变化特征。童中贤等（2010）在构建城市群竞争力模型和指标体系的基础上，采用比较评价法对我国中部六个城市群（圈）发展进程进行分析评价，将六大城市群（圈）的结构竞争力、功能竞争力和绩效竞争力经加权综合得到各城市群（圈）的综合竞争力，并对各城市群在三个方面的发展状况进行分析。王发曾等（2011）通过选取一定的指标建立城市群城市竞争力评价指标体系，运用主成分分析法评价，先后对我国的中原城市群城市竞争力的主成分演变、影响因素演变和空间演变进行了对比分析。李伟、杨国才（2014）运用熵值法和TOPSIS法对“中四角”城市群（武汉、合肥、长沙、南昌）的城市竞争力进行实证分析，对各城市的城市竞争力的影响因素进行分析评价，并对城市竞争力时间演化进行分析，最后提出相应的政策建议。程乾和方琳（2015）通过分析影响文化旅游创意产业竞争力的因素，建立基于生态位视角的波特钻石模型，构建由生产要素、需求条件、相关产业和支持产业以及企业四个维度19个变量的文化旅游创意产业竞争力评价指标体系。以长三角地区为例，分析了长三角16个城市的文化旅游创意产业生态位大小，运用聚类谱系图将16个城市文化旅游创意产业竞争力分为六个梯度等级，并对每个梯度中城市的文化旅游创意产业竞争力进行分析。方大春和孙明月（2015）以长江经济带“协调会”成员城市为研究对象，测算长江经济带内城市能级，确定上海、重庆、武汉和南京为核心城市，利用断裂点模型和经济辐射场强模型，测算了核心城市竞争力。提出加快长江经济带内综合交通网络建设，有利于提高核心城市辐射强度和辐射效果；统筹配置资源，引导人口迁移，有利于发挥长江经济带最大效益；加大对地处多重断裂点城市扶持力度，有利于接受核心城市辐射和传递辐射，从而提高城市发展的竞争力水平。

在省市一级的尺度上，崔东旭等（2007）通过对山东省 17 地市的城市竞争力进行评价分析，发现不同地市之间的城市竞争力水平差距很大，表现出明显的圈层结构，青岛、济南两市的城市竞争力水平最高。郑方贤等（2007）选取了内地 14 个典型城市利用主成分分析的方法，计算出 14 个城市的城市竞争力，再用聚类分析法将其竞争力划分为强、较强、较弱、弱四类竞争力评价。徐涵蕾等（2010）分析了资源型城市竞争力的倒"U"形现象，并以榆林市为例，探讨了该现象的影响因素，提出了竞争力提升建议。同时，周晓雯等（2010）也以榆林市发展为例，提出通过积极转型提高资源型城市竞争力。杨英（2013）基于城市群视角对澳门城市竞争力进行研究，就珠三角城市群对澳门城市竞争力提升的影响进行分析，并针对澳门城市竞争力的提升给出建议。徐杨等（2012）从城市综合竞争力的角度，利用面板数据对资源禀赋、地理区位条件等因素与城市竞争力之间的相互关系进行了研究。康彦彦等（2013）实证分析了典型的石油资源型城市东营市产业结构调整与产业竞争力状况，提出了城市产业竞争力提升的相应对策。李锦峰（2013）针对资源型城市构建了城市竞争力评价指标体系，运用主成分分析功能对资源富集区域的城市竞争力进行了对比研究。杨春玲（2015）认为城市是不断发展变化的有机体。从城市经济生态位、社会生态位、环境生态位、政策生态位四个维度出发，运用生态位理论分析了河南省 18 个地市的城市综合生态竞争力。卓明川和林晓（2017）从城市环境竞争力着手，探讨了广州亚运会和东莞 CBA 篮球联赛对广州和东莞两所城市的市容建设、基础设施建设、体育场馆设施建设、城市生态和居住环境的影响，证实了大型体育赛事对城市整个环境具有改善和推进作用。张蕾（2017）认为旅游业竞争力提升是城市生态竞争力的具体表现，提升南昌旅游业的竞争力对促进南昌旅游业以及城市经济的发展均有重大的意义。

第二节　城市生态竞争力研究现状

一、国外城市生态竞争力研究现状

随着城市化的不断发展，竞争的主题也相应发生了变化，全球气候和生态环境恶化受到普遍关注，可持续的竞争力和增长方式的可持续性成为研究竞争力问题时面临的新挑战。有不少学者研究了城市与城市间的竞争过程（Sylvette，2011；Paul，2002；Jamalunlaili，2012），并对城市竞争力影响因素和城市竞争结果进行探讨（Gordon，1999），有研究表明环境管制对竞争力产生影响（Kristina，2015）。

最早把自然环境引入城市竞争力研究的是美国斯坦福大学的 Douglas Webster（1990），他将城市竞争力的要素划分为四个方面：经济结构、区域性禀赋、人力资源和制度环境，并首次提出了自然环境对城市竞争力的重要性，将自然环境纳入城市竞争力的研究框架中。在方法论上，以美国学者 Park 为代表的芝加哥学派充分利用生态学和社会学的原理将城市化外部生态问题的研究转向城市内部社会空间结构和土地利用方面，从此城市化及其生态环境问题的生态学研究方法成为主流；Berry 运用生态因子分析法提取了城市化对城市生态环境影响的主要因子，开创了生态因子研究法的先河；Fitter 和 Jovet 在实践中分别从生态规划的角度研究了伦敦和巴黎等城市的过度城市化与城市生态环境演替关系问题；I－Kharabsheh、Deosthal 等利用先进的 GIS 与 RS、数值模拟等方法对城市发展引致的水资源问题，如水污染、地下水开采过度、水资源绝对与相对缺乏等进行大量的长期定位研究（刘耀彬，2005），通过大尺度数据处理，从时空维度进行过程模拟和空间分异；日本学者中野尊正等从环境保护的角度系统阐述了城市化对城市自然环境的影响以及城市绿化、城市环境污染及防治等问题。环境经济研究成果中贡献较大的是著名的环境库兹涅茨曲线（EKC）假设，Grossman 和 Krueger 用计量经济学方法，以 42 个发达国家的面板数据进行实证，揭示出随着城市经济水平的提高，城市生态环境质量呈现倒

“U”形的演变规律。根据对不同国家或地区横截面数据的回归分析，结果显示空气和水污染在人均收入达到5000～8000美元之前以增速递增，超过此水平后污染水平开始回落，环境质量逐步好转（杨彤，王能民，2008）。

二、国内城市生态竞争力研究现状

（一）城市生态发展理论综述

1982年8月28日，第一次城市发展战略思想座谈会在北京召开。“重视城市问题，发展城市科学”的重要主张在此次会议上得到了广泛认同，只重视城市经济的发展理念已经不再符合城市发展现状，城市综合性发展受到重视，城市生态发展受到更深层次的关注。城市生态发展理论研究主要包括生态城市的概念和特点，生态城市理论体系等，这为城市发展建设实践提供了强有力的理论支撑。

钱学森（1985）提出城市建设需要有坚实的理论支撑，城市建设实践需要在先进理论的指导下进行。城市学在这种背景下产生，但它并不是基础科学和基础理论，而是一门应用性很强的理论科学和技术科学。城市学以城市建设为出发点，不仅以一个城市为研究对象，也不完全按照一个模式进行城市建设，而是从国家的城市体系观点出发，根据城市自身特点，实现专业化的城市建设。在利用城市学建设城市的过程中，应该用马克思主义哲学指导城市建设，从辩证唯物主义和历史唯物主义观点看待生态城市建设问题。李子君（2002）提出生态城市五大特点：和谐性、高效性、可持续性、整体性和区域性，指出以扎实的思想和理论为基础指导生态城市建设。邹骥、杨宝路（2007）对生态型城市的概念做了进一步阐释，从资源效率、循环经济、清洁生产等方面定义生态型城市，探究了生态城市分析的研究框架，提出生态城市建设应该重点解决城市经济结构简单、城市收益来源单一、生态环境透支过大等问题。宋俊岭（2009）根据我国城市发展进程和城市科学研究结果，指出我国城市学基础理论研究还很薄弱，而我国又正处在城镇化的重要阶段，需要对城市学基础理论课程进行开设与普及，从而从根本上解决我国城市生态学理论支撑不足的问题。夏春海（2011）对生态市、国家生态园林城市、中新天津生态城、曹妃甸国际生态城的制定单位、主要目的、使用方式、基本条件、指标架构、指标数量、指标时限等方面进行对比分析，对这几类生态城市能源利用、城市服务水平、产业经济等指标及指标赋值进行了对比分析，指出各类指标在基本要求、指标类型、指标选取项、其他特色等方面值得借鉴的地方。

埃比尼泽·霍华德（Ebenezer Howard，1850～1928）在1889年10月出版了《明日：一条通向真正改革的和平道路》，1902年第二次出版时改为《明日的田园城市》，对“田园城市”的性质定位、社会构成、空间形态、管理模式等方面做了全面的思考，从社会、经济、自然发展和城市运行的角度，全面勾画了一个理想状态下未来城市的发展框架。苏联科学家亚尼科斯基（O. Yanitsky）在1987年提出生态城市相关概念：“生态城市是指按照生态学原理建立起来的一个社会、经济、自然协调发展，物质、能量和信息被高效利用，且生态良性循环的人类聚居地。”这一论述为生态城市的研究奠定了理论基础，对生态城市的研究对象：社会、经济和自然做了说明。蕾切尔·卡森（Rachel Carson，1907～1964）在1962年发表的科普著作《寂静的春天》中提出“农药危害人类环境的预言”，引发了公众对环境问题的注意。时任美国总统的约翰·肯尼迪在读过此书后，要求“总统科学顾问委员会”验证此书的观点，结果证明此书的观点完全正确，引发了当时及日后的生态环境保护运动。理查德·雷吉斯特（Richard Register）指出“人们的生活质量取决于他们所生活的区域的建设方式，如城市居民的生活质量取决于城市的建设方式。城市多样性程度越高，对机械化的交通系统依赖越小，对自然资源消耗越少，那么对自然界的负面影响就越小，人们的生活质量就越高。”他在伯克利（Berkeley）发动成立了“城市生态”（City Ecology）组织，并进行了一系列生态文明城市建设活动。1984年，在实践基础上，他总结出其认为的生态城市条件，即“生态健康，紧凑、充满活力、节能并与自然和谐共存的聚居地”。西蒙弗雷泽大学社区经济开发中心的马克·罗思兰（Mark Roseland）在1997年的《生态城市的特点》讲述了生态城市起源于理查德·雷吉斯特（Richard Register）等人在1975年建立的非营利组织“城市生态协会”，生态城市的背景包括适当的技术、社区经济发展、社会生态、绿色运动、生物区域主义、可持续发展和生态城市从理论到实践的过程。并据此提出其独特的生态文明城市概念。

澳大利亚建筑师 Paul Downton 指出："把我们的城市变成可持续的社区是城市应对社会和环境挑战、适应温室世界的主要反映。"他认为：① 城市生态系统不仅研究城市与其自然系统的相互关系，同时还要根据城市发展状况，研究城市内人与人之间的关系，以及城乡之间的关系。因此，他强调"可持续发展"不仅要对现有城市生态系统进行保护，还要修复和保持所有生命系统依赖但已经遭到破坏的生态系统。② 城市发展过程应充分反映这种认知，并努力根据这种方式改变城市。③ 生态城市包括道德伦理和对城市进行生态修复的各项计划，比"可持续性"概念丰富，其所达到的目的是彻底治愈"城市病"，从而最终形成"理想的城市"。

（二）城市生态竞争力研究进展

国内学者对生态的评价研究主要集中在生态经济评价（黄和平等，2014；管新建等，2013；李晓静等，2015）、生态系统服务评价（肖玉等，2011；刘世梁等，2014；吴睿珊等，2014）、生态安全评价（谢花林，2008；曲青林等，2009；王乃举，2012）、生态效率评价（黄和平等，2010；吴小庆等，2012；刘晶茹等，2014）、生态环境竞争力（李宗尧，2008；鲁金萍，2007）等方面。随着城市化的快速发展，有学者开始将生态融入城市竞争力进行研究，张力小等（2008）最早研究城市生态竞争力。随后，学者从不同方面对城市生态竞争力作出研究。主要包括：① 对生态竞争力的定义。目前学术界对于生态竞争力这一概念并未形成统一的定义。何炎炘、李进华（2013）认为生态竞争力是指一个区域内的生态资源支撑其经济社会可持续发展所具备的资源优化配置的能力，它体现了人类社会与自然资源相互协调能力的强弱，以及该区域为其自身发展对资源的拥有转化力和市场的争夺控制力。任子君（2014）则指出城市生态竞争力是指一个区域内的生态资源支撑其经济社会可持续发展所具备的资源优化配置的能力，通过提升生态质量、优化资源配置、转变发展方式、美化居住环境，推动经济、社会和自然的和谐发展，最终实现可持续发展。凌立文（2015）研究表明生态竞争力是区域内自然生态环境与城市经济发展之间的相互支撑与协调关系，是城市竞争力的组成部分，生态竞争力高的城市，其经济发展的可持续性更强。② 指标体系构建。学者分别从以下几方面构建指标体系：经济效益、环境效益、绿化程度、管理监督（邱尔妮等，2012）；生态环境现状、生态环境压力、主动协调能力（李进华，2013）；状态、压力、响应（陈文俊等，2014）；生态环境、绿色经济、资源效率、生态家园（任子君，2014）。③ 研究视角。主要从生物物理视角（张力小等，2008）、可持续发展战略视角进行研究（何炎炘，李进华，2013）。④ 研究领域。我国学者对不同领域的生态竞争力作了研究，主要有高效生态竞争力（李军，2009）、生态农业竞争力（王文良，2010）、煤炭企业生态竞争力（郑军等，2010）、生态文化旅游圈（郭清霞，鲁娟，2012）、县域金融生态竞争力（孙灵文，2013）。⑤ 研究方法。对生态竞争力的研究方法主要采用分类树法（王文良，2010）、能值分析法（张力小等，2008）、因子分析法（邱尔妮等，2012）、主成分分析法（何炎炘，李进华，2013）、模糊数学法（陈文俊等，2014）。按照生态竞争力评价的尺度和对象，将有代表性的研究成果分为国家层次、省域层次、城市层次和县域层次4部分进行汇总（见表2－1）。

表2－1　生态竞争力相关指标体系研究进展

序号	类型	研究者	研究成果	指标体系
1	国家	邱尔妮、栾海峰、邱尔卫、王臣业	基于因子分析的我国区域生态竞争力评价及提升路径	经济效益、环境效益、绿化程度、管理监控4个方面，18个指标
2	国家	陈文俊、杨恶恶、贺正楚、周震虹	基于直觉模糊信息的中国中西部省会城市生态竞争力比较	状态、压力、响应3个方面，12个指标
3	国家	张力小、杨志峰等	基于生物物理视角的城市生态竞争力	资源获取途径、资源消费结构、系统总体生态经济效率、环境负荷4个方面，9个主要指标
4	省级	何炎炘、李进华	基于可持续发展战略的生态竞争力评价——以安徽省为例	生态环境现状、生态环境压力、主动协调能力等3个方面，24个评价指标
5	省级	郑军、史建民	基于AHP法的生态农业竞争力评价指标体系构建	主体层、要素层、组织层、产品层、效益层5个方面，22个指标
	省级	陈文俊、吕楚群、贺正楚	长株潭城市生态竞争力研究	状态、压力、响应三个准则层面

续表

序号	类型	研究者	研究成果	指标体系
	省级	陈文俊、黄靓靓	基于主成分分析法的中西部省会城市森林生态竞争力比较	现状、压力、协调能力3个方面
		陈运平、宋向华、黄小勇、张坤	我国省域绿色竞争力评价指标体系的研究	环保、生态、低碳、循环、健康和持续六大因子和95个基础指标
		杨晴青等	长江中游城市群城市人居环境竞争力格局及优化路径	1个目标层，5个领域层，34个指标层
6	城市	凌立文、郑伟璇	广州市生态竞争力评价模型构建研究	经济发展、社会发展、自然发展3个方面，22个指标
7		任子君、许建	合肥市城市生态竞争力初步研究	环境、资源、经济、社会4个方面，24个指标
8		王文良、杨昌明、王军	基于分类树的煤炭企业生态竞争力评价	经济、生态环境、生态网络、企业核心能力4个方面，29个指标
		陈文俊、洪涛、贺正楚、邓英	湖南省城市生态竞争力比较研究	状态、压力、响应三个准则层，12个指标层指标
		王小丽、简太敏、曹雅妮	可持续发展战略下的重庆市生态竞争力研究	四级指标层次，29个指标
		刘美芬	生态经济视角下提升济南市城市综合竞争力研究	—
9	县级	孙灵文、丁华、周永晖	我国县域金融生态竞争力评价指标体系的构建	金融发展竞争力、经济基础环境竞争力、生态环境竞争力3个方面，31个指标

城市生态竞争力问题的另一个焦点是城市生态和城市综合竞争力间的相互关系。Brian Roberts（2004）以加拿大为例，指出对工业发展进行生态方面的规划，利用生态工业园区使之达到最优。Satoshi Ohnishi 等（2012）以日本生态城镇建设为例，分析了城市发展中再循环项目的功效及其对生态和城市竞争力的影响。倪鹏飞（2000）对城市竞争力中的生态环境竞争力做了比较全面的研究，他把城市生态环境概括为优美的自然环

境和多彩的人工环境，从生态环境竞争力对城市竞争力的直接影响和间接影响两方面论述了城市生态环境的影响机制。赵莹（2005）分析了生态环境对城市竞争力的影响和作用。马交国等（2005）分析了城市空间扩展、城市竞争力和生态城市建设方面的问题，论证了建设榆中新城区与解决兰州市环境问题之间的关系。李长坡等（2007）用主成分分析法，提出城市竞争力的提高将会引起经济、社会、环境等诸多方面的转变，这是一个动态的过程。杨彤、王能民（2008）认为，城市与生态环境之间的关系，就像城市系统各方面与环境中的众多因素进行互动和相互动态耦合的过程，基于这一思路，利用功效函数、协调度函数，测算了城市竞争力和生态环境的耦合度。金福子、崔松虎（2009）认为，城市环境质量将会对城市竞争力的排名先后起着至关重要的影响。周大庆等（2009）认为城市生态环境影响城市竞争力的提升，对其具有重要意义；并采用 PCA 探究城市生态环境的结构状况、组成要素、内部相关性，探讨生态环境对城市综合竞争力的相关影响和作用。陈云洁（2010）利用唯物辩证法的观点探讨了工业化、城市化的进程会对生态环境产生的影响。姚丽、陈常优（2010）分析了建设生态城市对提升城市竞争力有积极推动作用，提出建设生态城市是构建和谐社会的一个重要方面，将有利于促进社会经济的可持续发展和提升，并可提升城市的竞争力。周舒、黄璐璐（2014）研究了贵阳市城市竞争力对城市生态环境的影响，分析了它们之间的关系。刘伟辉等（2012）对湖南省数据进行整理并构建模型，运用因子分析方法分析了城市生态环境影响城市竞争力的原理。徐倩和齐蕾（2015）在“五位一体”视角下，从生态经济文明、生态文化文明、生态社会文明、生态政治文明、生态环境文明 5 个层面，选取 47 个要素指标，构建城市生态竞争力评价指标体系。在此基础上，运用层次分析法和模糊综合评价法对青岛市城市生态竞争力中的 5 个层面进行评价分析。王丛霞等（2015）认为，国际竞争的重点随着全球生态环境的恶化从最初的生存竞争转向发展竞争，城市生态环境成为市场经济发展中新的竞争要素，城市环境竞争力这一概念逐渐被学者所提及并展开研究。随着生态文明建设步伐的推进，城市生态环境竞争力日益受到重视。提出城市生态竞争力建设必须遵循自然规律，把握水资源利用的度；明确经济发展方式转型方向，大力发展绿色经济；突出生态意识教育的重点和途径；加大生态建设投入力度，加快技术推广和技术创新等对策建议来提升城市生态竞争力。梁凤莲（2015）认为未来中国城市发展的趋势必然以生态为主导，以文化为引领，并以广州市为例对提升生态城市的文化竞争力进行了研究，得出生态文化是增强城市生态竞争力的关键因素。

第三节　研究模型以及研究方法综述

一、国内外城市生态竞争力模型研究

（一）国外城市生态竞争力模型

1. 波特的"钻石"模型。普遍认为世界上最早开始研究城市竞争力理论的学者是美国巴克内尔大学波特教授（Porter），他是竞争优势理论的奠基人，最早在20世纪80年代就进行对城市竞争力的研究，其创建的"钻石模型"也被作为是构建其他竞争力模型的经典模型。波特认为，本国的周边政治状况、宏观经济环境以及微观经济制度都会影响国家政治经济的发展，进而影响一个国家国际竞争力所处的位置。波特对美国、日本、韩国等国家进行了大量的调查研究，并发表了《国家竞争优势》，总结为任何国家想要在国际市场中取得优势竞争最主要的是把握四个关键因素，即生产要素、需求条件、相关产业及支持性产业、企业战略结构以及竞争对手。此外，政府管理效率以及机遇这两个因素不同程度的表现一定的影响力。这六个要素通过错综复杂的相互影响就形成了波特的"钻石模型"（见图2-1）。"钻石模型"在宏观经济与微观经济基础之间建立桥梁，通过对产业竞争力的影响因素的分析，对产业整体竞争力状况进行评价，间接达到对国家竞争力的最终评价（Michael E. Porter，2005；Douglas W.，Larissa M.，2000）。

2. Iain Begg的城市竞争力模型。Iain Begg（1999）通过整合不同描述城市竞争力的概念以及评价方法，把影响城市竞争力的不同因素归纳到一个统一的系统。和Porter的"钻石模型"相比，Iain Begg着重从城市的角

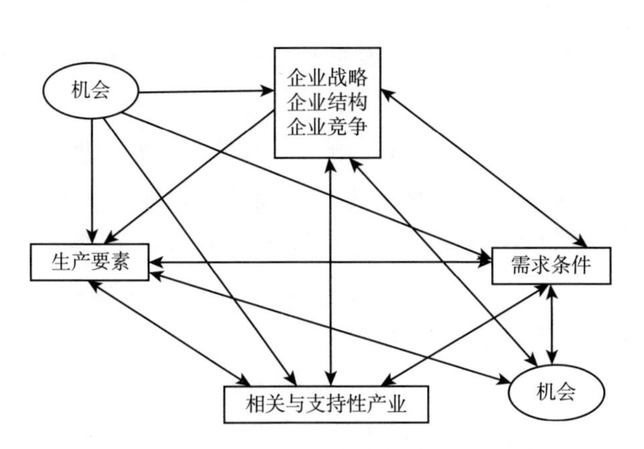

图 2-1 Porter 的“钻石模型”示意图

度去分析企业的行为，以城市绩效为基础，把城市的综合生产力以及就业率作为其外在表现形式，而把城市居民生活水平作为评价竞争力的最重要目的。Begg 将城市竞争资本与其存在的潜在竞争结果进行结合创建了复杂的“迷宫”模型（见图 2-2），通过模型来解释城市绩效在“投入”与“产出”中的关系，将城市竞争力的显性影响要素与决定性要素进行综合分析（Begg，1999）。

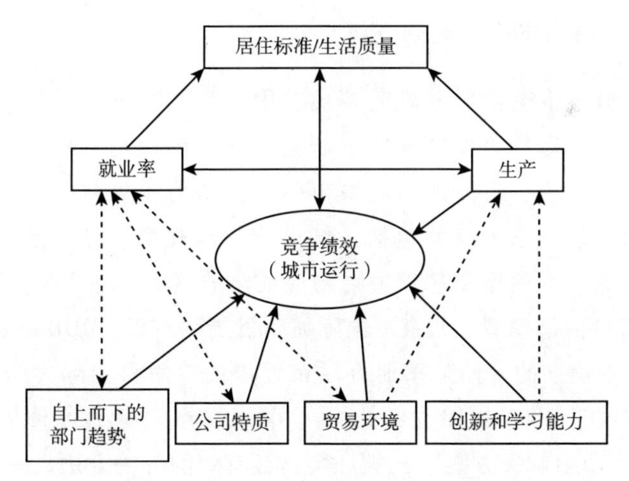

图 2-2 Iain Begg 的城市竞争力模型

3. 斯坦佛大学 Douglas Webster 城市竞争力模型。Douglas Webste 等（2000）表示经济全球化在给城市发展带来机遇的同时也会使城市发展在有限资源的限制下带来千万种挑战，因此是一把“双刃剑”，城市竞争也会随着政府的政策和社会经济发展水平变化而改变。在城市竞争力模型中(见图2-3)，Douglas Webste将制度环境与经济结构作为影响城市竞争力的重要指标，经济结构作为评价竞争力系统的重点，制度环境是国家政府为企业提供的政策导向、企业文化、管理措施以及网络行为的倾向；另外，两个重要指标是区域禀赋、人力资源，Douglas Webste认为人力资源是城市价值链是否处于上游的直接决定因素，而区域禀赋是指一个城市所具有的独一无二、不可转移的区域特征。

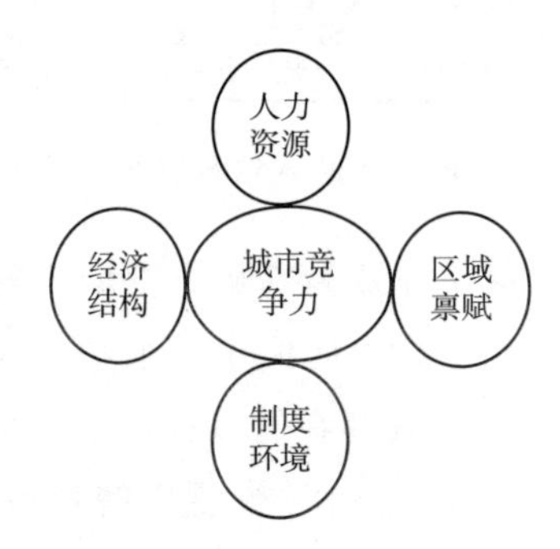

图2-3 Douglas Webster的城市竞争力模型

（二）国内城市生态竞争力模型

和国外城市生态竞争力研究相比，国内生态竞争力研究起步晚，以国际学术研究者对竞争力理论体系研究为研究的理论基础上建立并发展起来的。宏观上说，目前国内对城市生态竞争力主流研究中，有较大影响力的城市生态竞争力模型包括：城市价值链模型、弓弦箭模型和飞轮模型、城市竞争力模型和基于生物物理视角的城市生态竞争力研究模型。

1. 城市价值链模型。北京市国际城市发展研究院（IUD）是国内第一家由政府批准设立的专门从事研究城市发展的跨学科国际化非营利组织，该组织在国内于2002年率先提出的“中国城市竞争力评价体系”以及“中国城市竞争力解决方案”已被证实是最有效的解决方法之一（连玉明，2003）。IUD在国家竞争力理论与国际竞争力理论研究成果的基础上，创建了以世界贸易组织（WTO）为背景的适合中国城市竞争力理论需求的城市价值链模型，它的核心是评价指标体系。IUD认为一个城市的价值链应该包括价值流和价值活动两个部分，而价值流则决定着一个城市价值的取向，它是指城市以基础平台、服务平台、操作平台化及政策体制、市场秩序、政府管理等服务，吸引外资、科技人才、信息等生产要素进行优化重组，以带动和促进相关产业的调整与扩展，提升企业竞争优势，促使资源利用最大化，实现快速、高效、有序、规范的有机循环，从而提升城市竞争力。价值活动则是指包含城市实力系统、城市活力系统、城市魅力系统等实现城市价值增值过程的每个环节。因此，根据“城市价值链模型”（见图2－4）理论，若将城市资源配置看作一个价值链，城市之间的竞争则发生在各自的价值链中，只有对价值链的每个环节进行分解与调整，才能对提升城市竞争力事半功倍（陈雯，2003）。

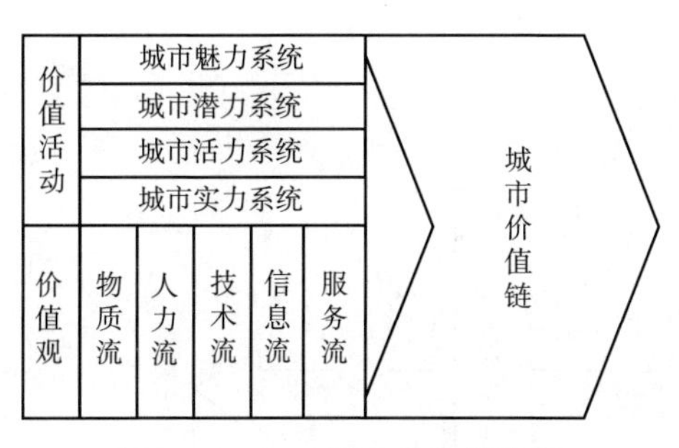

图2－4　IUD城市价值链模型

2. 弓弦箭模型和飞轮模型。中国社科院财贸经济研究所倪鹏飞（2013）在其所著的《中国城市竞争力理论研究与实证分析》书中解释了对城市竞争力的概念的理解，他认为城市竞争力是一个内容直观却不易精确掌握的概念，是通过产业的增长绩效与竞争表现出来的，城市竞争力主要表现为城市在自身发展与竞争过程中与其他城市相比所具有的拥有、吸引、控制、争夺及转化资源，控制、占领和争夺市场，创造价值，为城市居民提供福利的能力（杨成标，2005）。倪鹏飞在假定城市竞争力与城市价值收益正相关的基础上，将城市的竞争力归结为由城市产业增加值表示的城市产业竞争力，据此提出了城市竞争力的两个解释框架。第一个解释框架，即弓弦箭模型（见图2－5）。他认为城市价值是由若干产业组成的产业群创造的，每个企业价值体的综合决定了一个城市价值体系在现实中所能显示的产业集合优势。因此城市竞争力是个复杂的系统，倪鹏飞将其表示为弓弦箭模型，即城市竞争力作为“箭”（硬竞争力＋软竞争力），其中，硬竞争力作为“弓”（“弓”＝环境竞争力＋资本竞争力＋聚集力＋

结构竞争力 + 人才竞争力 + 设施竞争力 + 区位竞争力），软竞争力作为“弦”（“弦” = 制度竞争力 + 文化竞争力 + 开放竞争力 + 管理竞争力 + 秩序竞争力）。第二个解释框架即“飞轮模型”，则从城市主体系统的角度将城市竞争力概括成外部系统和内部系统的结合，其中外部系统包括国际竞争力、大都市区竞争力，内部系统包括政府竞争力、内城竞争力、产业竞争力、企业竞争力和市民竞争力。这两大框架尽管从不同角度解释了城市竞争力，但两者包含的内容基本一致。根据这两模型以及城市价值收益是城市竞争能力表现的假定，倪鹏飞构建的显示性城市竞争力评价模型为：城市综合竞争力 = F（综合市场占有率、综合长期经济增长率、综合地均GDP、综合居民人均收入水平）

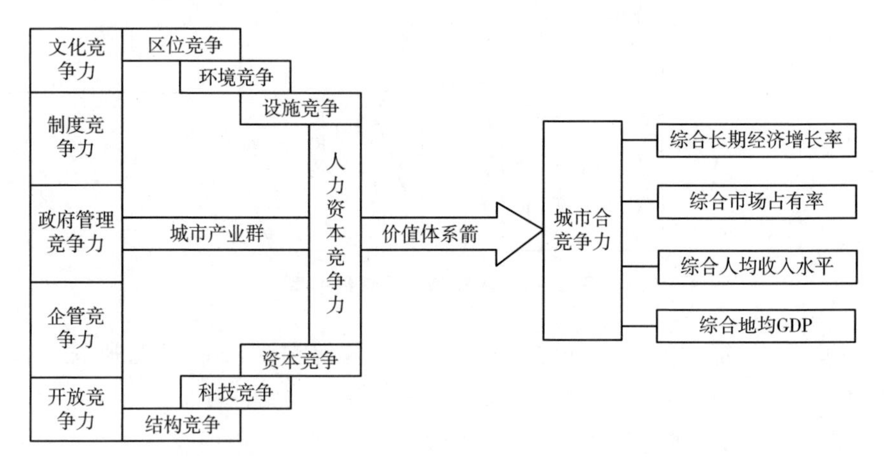

图 2-5　城市竞争力弓弦模型

3. 城市竞争力模型。华东师范大学城市与区域发展研究所教授宁越敏与博士研究生唐礼智，在批判性继承波特教授“钻石竞争力模型”和 IMD 竞争力研究基础上，指出城市是介于国家与企业之间的维度空间，城市应创建具有自身针对性的竞争力模型。他们认为组成城市竞争力模型（见图 2-6）的核心影响因素是科技竞争力、产业竞争力、企业竞争力、经济综合实力，并且还受到城市环境质量、国民素质、政府作用、金融环境、对外对内开放程度等主要环境因素与基础环境因素不同程度的影响。在此基础上构建了包括 39 个指标在内的城市竞争力评价指标体系（宁越敏、唐礼智，2001）。

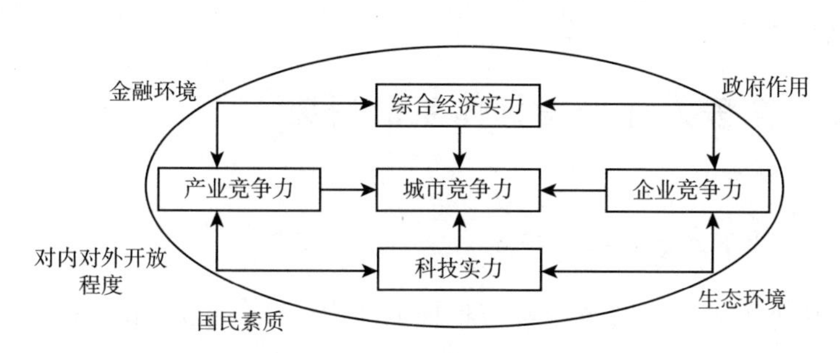

图 2-6　城市竞争力模型

4. 基于生物物理视角的城市生态竞争力研究模型。张力小（2008）博士从生物物理这一新颖视角以城市生态竞争为理论进行分析研究，他将城市看作一个独特的异养型生态系统城市利用物质、能量进行“新陈代谢”（见图 2-7），因此从物质的输入、转化、储存以及排放等过程对城市生态系统进行分析研究（Baccini，Brunner，1992；Odum，1993），将城市生态系统分解成生物支持系统、城市生产消费过程化及城市代谢产物三个部分，从这些角度可将城市竞争力理解为是城市利用物质循环、能量流动、信息传递等过程，以及通过优化系统生物物理代谢水平和代谢效率保持并提高城市活力的能力。资源来源、资源消费结构、系统总体的生态经济效率以及代谢产物对环境的影响四个环节是影响城市生态竞争力的关键，因此想要提高城市生态竞争力就必须具有稳定安全的资源供给及资源结构、持续高效的经济生产率和较少的污染物排放。

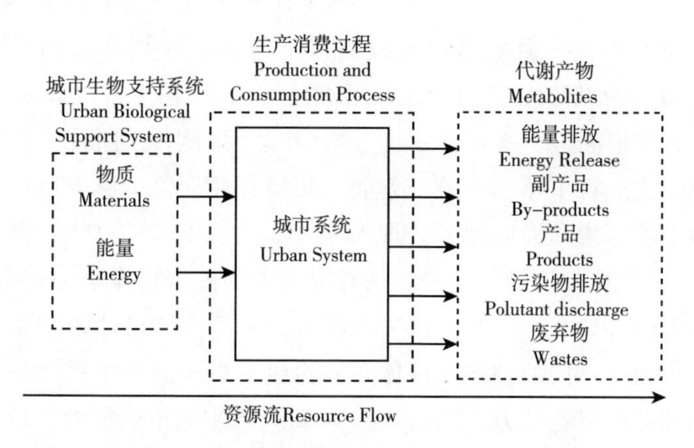

图 2-7　城市生态系统生物物理代谢过程示意图

二、竞争力评价指标体系的研究

（一）城市竞争力指标体系

1. 国外学者对于城市竞争力指标的研究。Grenoble，Baden – Wurttemberg 和 Emilia – Romagna（2002）等认为城市竞争力源自地方区域的生产簇群；而 Peter Karl Kresl（1999）认为经济决定因素和战略决定因素是构成影响城市竞争力的两部分，其中经济决定因素包括经济结构、生产要素、基础设施、区位等，战略决定因素包括城市战略、政府效率和制度弹性等；Robert J. Rogerson（1999）认为生活品质也应该包括在城市竞争力中。哈佛大学的 Kantor 和 Porte 教授提出衡量城市竞争力标准的三个指标：信息技术、领导素质、国家与民营的合作；Kantor 教授围绕新概念（concepts）、实力（competence）、联系网络（connection）构建了城市竞争力。迈克尔·波特（1990）构建了包括企业经营与战略和微观经济环境在内的46 项指标评价微观经济竞争力，在评价中通过统计年鉴以及专家问卷等方式收集数据，采用定量和定性相结合的方法进行城市竞争力评价。Peter（1999）通过构建显示性和解释性框架相结合的指标体系，应用多指标综合评价的判别分析法以及回归分析法相结合的评价思路对美国一些城市的竞争力予以评价。他认为：一方面，从显示性上城市竞争力不具有可以直接测量分析的特性，但是可以通过其投下的影子来评估它的质和量。因此，彼得构造的城市竞争力显示性模型为：城市竞争力（Δ 制造业增加值，Δ 商品零售额，Δ 商业服务收入），并运用判别式分析法对美国 24 个城市的竞争力进行了评价。另一方面，从解释性上说，影响城市竞争力的因素分为经济因素和战略因素，即城市竞争力（UC）= f（经济因素、战略因素）。对此，他应用回归分析法解释了美国的城市竞争力得分和排名。Kresl 和 Singh（1995，1999）同样也将城市竞争力评价体系归纳为经济与战略决定因素，不同的是在指标体系的构建上更加侧重于居民的生活质量与厂商的商务环境竞争力。Huggins（1998）提出城市竞争力评价的三要素模型，其中包括商业密度（单位企业）、科技企业比重和经济参与率（活动率）、生产率（人均）、工人成果、收入以及失业。丹尼斯（1998）对国际大都市地区的国际竞争力进行测评，他提出了一个城市竞争力评价的概念框架：城市竞争力 = F（城市环境，国家要素，对国际贸易条约的依附程度，当地企业和产业的国际竞争力），并在此基础上设定指标体系，对大都市地区的国际竞争力进行了测量和评价。Douglas Webster（2000）的城市竞争力评价模型中引入了人力资源和制度环境因素，构建了包括经济结构、区域性禀赋、人力资源和制度环境 4 个一级指标、21 个二级指标和 76 个要素指标在内的指标体系。Begg（2002）认为城市竞争力需要通过多方标准加以衡量和评价，而居民的生活标准与生活质量是最终标准，并从城市产出增长、就业增长及重要部门增长等角度进行了城市竞争力评价研究。Jiang 和 Shen 等（2010）尝试将可持续性纳入衡量城市竞争力的指标中，建立了包括经济竞争力、社会竞争力和环境竞争力的指标体系。此外，Linnamaa（1998）的城市竞争力评价模型中引入了网络因素。William 和 Turok（1999）分析探讨城市竞争机制的主要问题，从城市竞争机制来解释城市的竞争力问题。

2. 国内学者对于城市竞争力指标的研究。上海社科院城市竞争力课题组（2001）在城市聚集和扩散功能比较的研究基础上把城市综合竞争力划分为总量、质量和流量 3 个一级指标、14 个二级指标和 79 个三级指标。北京国际城市发展研究院（IUD，2002）以“IUD 全球竞争力理论”为指导，提出“城市价值链模型”，它的核心是指标体系，实质是建立高度区域一体化的全球资源配置机制和运行模式。其城市竞争力评价系统包括城市实力系统、城市能力系统、城市活力系统、城市潜力系统和城市魅力系统 5 个一级指标、23 个二级指标、140 个要素指标。辽宁大学课题组（2002）从城市的综合经济实力、基础设施建设水平、资金融通能力、对外经济能力、政府管理水平、科技水平和教育与人口素质 7 个方面构建城市竞争力综合评价指标体系。复旦大学王桂新和沈建法（2002）的城市三维竞争力系统由 3 个层次、12 个子项目和 55 个具体指标组成。南开大学城市与区域经济研究中心的郝寿义等（1998）从综合经济实力、资金实力、开放程度、人才科技水平、管理水平和基础设施及住宅 6 个方面选取了 21 个原始指标或生成统计指标建立城市竞争力测度指标体系，后来他们又对该指标体系做了深入研究，把指标分类为显示性与解释性两类共 73 个具体指标，实际上是把原来较为简单的指标体系发展成了复杂的指标体系。东南大学徐康宁（2002）的城市竞争力由经济规模、经济素质、城市环境和基础设施3个一级指标、11组二级指标和69个具体指标（三级指标）组成。华东师范大学城市与区域发展研究所的宁越敏和唐礼智（2001）在批判、继承波特和IMD两种国家竞争力理论模型基础上，认为经济综合实力、产业竞争力、企业竞争力、科技竞争力是构成城市竞争力模型的核心要素，而核心要素受金融环境、政府作用、基础设施、国民素质、对外对内开放程度、城市环境质量等因素的支撑，创造了包括城市综合经济实力、产业竞争力等在内的10大要素，最终构建了包括39个指标在内的评价指标体系。

城市竞争力指标体系设计也更多地参照各国标准并根据不同城市的特点和发展阶段进行设计。朱铁臻（2001）认为城市竞争力标准设计要适应经济全球化的发展趋势，并且进一步设计了城市竞争力的软环境和硬环境指标。蔡旭初（2002）从总体经济实力、国际化程度、城市基础设施、集散能力、政府作用、管理绩效、科技开发、人力资本投入、生活质量这9个方面构建城市竞争力的评价指标体系。沈正平等（2002）从产业经济效益、对外开放程度、基础设施、市民素质、政府作用、环境质量方面构建城市竞争力评价指标体系。钟卫东等（2002）提出由对流动资源的吸引、创造新价值的能力、开放程度、人均地区生产总值4个一级指标、10个二级指标和15个三级指标组成的城市竞争力评价指标体系。周宏山等（2003）从经济发展、社会发展、环境发展出发构建城市竞争力指标体系。廖远涛等（2004）提出的新城市竞争力模型由城市实力、城市能力、城市活力、城市潜力和城市魅力5个一级指标、23个二级指标、140个三级指标。陈仲光等（2005）从城市化水平竞争力、城市规模竞争力、城市经济竞争力、基础设施竞争力、人居环境竞争力构建城市竞争力评价指标体系。任兆璋和范闽（2005）从经济总体实力、经济资金来源、产业结构和国际化水平4个方面构建城市经济竞争力评价指标体系。周德群（2005）等利用城市对稀缺资源的吸引力、对输入的处理和转换效率、产品（或服务）输出能力3个方面分析了淮海经济区20个城市的竞争力。郑睿和李汉铃（2006）从城市产业竞争力、政府管理力、科技力、信息服务力、金融资本力、基础设施资源环境竞争力和市民素质7个方面构建城市竞争力评价指标体系。程玉鸿（2006）从城市竞争力的表现出发构建的城市竞争力模型由基础实力子系统、核心能力子系统和环境子系统3个部分构成。牟芳华等（2006）从城市综合经济实力、基础设施、科技创新、人力资源、国际化、政府管理方面构建城市竞争力评价指标体系。赵国杰和赵红梅（2006）从总量、质量和流量3个方面构建城市竞争力评价指标体系。徐光平和景建军（2006）构建了包括城市人均GDP在内的28个指标，并对山东省17个地级市的城市竞争力进行了实证研究。杨彤等（2006）从经济发展实力、基础设施建设、科技人才及科技水平、城市影响力、城市政府管理水平、资金实力、国际化7个方面设计城市竞争力评价指标。崔东旭等（2007）从基础竞争力、核心竞争力、环境竞争力3个方面构建山东城市竞争力评价指标体系。刘素霞等（2007）选择城市生产能力、集散能力、服务能力、创新能力、管理能力5个一级指标构建长江三角洲地区城市竞争力评价指标体系。

倪鹏飞的《中国城市竞争力理论研究与实证分析》中第一次引入城市竞争力的弓弦模型，即中国城市竞争力（箭）= F（硬竞争力、软竞争力），硬竞争力（弓）=人才竞争力+资本竞争力+科技竞争力+结构竞争力+区位竞争力+设施竞争力+聚集力+环境竞争力，软竞争力（弦）=秩序竞争力+制度竞争力+文化竞争力+管理竞争力+开放竞争力（倪鹏飞，2013）。上海社科院从总量、质量、流量3个一级指标出发，下设14个二级指标和79个三级指标，通过定量分析10个中心城市在经济发展中的集聚和扩散功能的强弱，来体现每个城市的综合实力。翟冬平（2011）设计了城市经济发展、基础设施、科教文化、对外开放、环境建设5个方面的指标体系分析城市综合竞争力。潘春彩等（2012）从经济发展、社会与科教发展、居民生活质量以及基础设施与生态环境4个方面构建了城市竞争力。张超等（2015）从经济、社会、科教、环境4大方面建立了西北地区城市竞争力评价指标体系，采用主成分分析法，对西北地区30个地级城市的竞争力作出定量评价，进而研究了城市竞争力在2004年、2007年、2011年3个时间断面上的演变特征，对城市竞争力排序进行了比较分析，由此提出了西北地区城市竞争力的提升措施。吴世昌（2016）从城市经济实力、城市资金实力、城市科技实力、城市产业经济结构、城市开放程度和城市基础建设来构建评价指标体系。

（二）城市生态竞争力指标体系

学术界对生态城市指标体系的设计一般包括社会、经济和自然三大因素，并提出指标体系的设计要随着城市的发展而进行完善，以适应不同发展阶段的生态型城市标准。马世骏、王如松在1984年提出了复合生态系统的思想：社会、经济、自然，指出社会、经济、自然是三个不同性质的系统，其结构、功能和发展规律都各不相同，按照自身的规律存在和发展，但同时又都受到其他系统的相关影响和制约。任何一个单独的系统都不可能完全脱离其他系统单独存在和发展。王如松则根据社会、经济和自然各自的特点，在一个新的高度对整个生态系统进行研究，在城市复合生态系统学和产业生态学理论做出了突出贡献。

马世骏、王如松（1984）在生态经济学基础上提出自然、经济、社会复合系统，并且研究该复合系统的生态特征，创造性提出衡量该系统的三个指标：自然系统的合理性，经济系统的利润，社会系统的效益。并选择洪泽湖生产区、工业城市建设规划、城市生态系统和区域建设规划三个具体事例，介绍了复合生态系统的建立方法。马世骏（1984）认为农业生产系统功能的发挥程度由物质循环、经济因素和技术作用来决定，而物质循环通过生态循环完成。他提出利用生态学“物质、能量、信息在空间、时间和数量方面的最佳运用的原则”建设新农村，这对提高我国人民生活水平具有重要意义。并且指出我国在农村建设过程中，不能再盲目地走“经济至上”道路，而应该把经济与社会、生态结合起来，以全面取得新农村建设的伟大成绩。常克艺（2003）等人则从活力、组织、恢复力三个方面构建了生态型城市的一级指标，每一级指标又分为自然、社会和经济三个二级指标，较为全面地对生态城市评价指标进行了梳理。以浦东新区与佛山市区为实例进行分析，得出结论：浦东新区应该进一步调整完善经济结构，加大生态保护力度，从而增加整个城市生态系统的活力，而佛山市区的生态型城市的建设需要全面地进行。黄光宇（2003）阐述了生态城市建设的十项原则和建设生态城市的十项计划，提出了生态城市建设分为起步期（重在普及和提高市民的生态和环境意识，倡导生态价值观）、发展期（重在调整、改造社会经济组织结构，提高市民生活质量，改善环境质量）和成熟期（实现城乡自然、经济、社会复合生态系统的全面生态化）三个阶段。

Porter（1985）收集了统计年鉴中的数据，通过调查问卷等方式收集补充数据，构建了评价微观经济竞争力的指标，指标包括企业经营与战略和微观经济环境。Peter（1999）构建了显示性和解释性框架相结合的指标体系，评价了美国一些城市的竞争力。Begg（2002）认为需要通过多种标准来衡量以及评价城市竞争力，而最终标准应是居民的生活标准和生活质量。Bruneckiene 等（2010）、Jiang 和 Shen（2010）等尝试在城市竞争力的指标体系中加入可持续发展因素，并建立新的指标体系。

三、城市竞争力评价模型及方法

（一）城市竞争力评价模型及方法

国内外学者先后运用了多种综合评价方法，形成了不同的评价模型，并以此从不同侧面对城市竞争行为加以评价。对城市竞争力的研究中，研究方法已由定性分析方法向定量分析方法转变，主要包括多指标综合评价法、主成分分析法、因子分析法、聚类分析法、层次分析法（AHP）、灰色关联度分析法、熵值法、模糊综合评判法和 TOPSIS 评价法等。

（1）多指标综合评价法。城市竞争力评价研究的代表主要有世界经济论坛（WEF）和瑞士洛桑国际管理开发学院（IMD）两个竞争力权威机构，以及波特、彼得、丹尼斯等研究学者。WEF 和 IMD 设计了 330 个评价指标，涵盖八个要素的指标体系，指标选取与国际竞争力密切相关，并尽量避免了指标间的相关性，指标包括可测度类指标和通过问卷调查获得的软数据。彼得在城市竞争力评价中采用了多指标综合评价判别式分析法，提出城市竞争力评价框架是显示性框架和解释性框架的结合，选取了零售额、制造业增加值和商业增加值，以及一些构成指标，得出城市竞争力状况分值。丹尼斯构建了包括城市环境、影响国际竞争力的要素、对国际贸易条约的依赖以及企业和产业的国际竞争力四大内容的指标体系，并依此进行了国际大都市竞争力比较研究。江行舟（2010）等构建多指标综合模型评价了上海、青岛等多个城市的城市综合竞争力。北京国际城市发展研究院（IUD）推出了中国城市竞争力评价系统，包括 5 个层面：城市能力系统、城市实力系统、城市潜力系统、城市魅力系统、城市活力系统，共140个要素指标。王桂新（2000）将城市竞争力指标划分为5个经济发展竞争力指标，4个社会发展竞争力指标，3个环境发展竞争力指标，应用均方差决策和极差标准化方法，对我国1997年232个城市竞争力进行了比较。郝寿义（1998）从6个方面构建了共21个指标，运用定性和定量相结合的方法，对我国北京等7个城市进行了实证分析。徐康宁（2006）设计了一套3级，含69个具体指标的较完善的城市竞争力测度体系。杨青青等（2008）基于城市空间结构理论构建了一套城市竞争力评价指标体系。

（2）主成分分析法。从现有研究文献数量上看，主成分分析法是最常用的方法。倪鹏飞（2003）通过城市竞争力“弓弦箭”模型的构建，建立了包括显示性和解释性2套，共5层的88个具体要素指标体系，并选择主成分分析法和模糊曲线等方法，通过数据搜集整理，完成了实证工作。郝寿义（2001），钟昌宝和王吉春（2007），江行舟、段东和董旭（2010），王鹏程（2011）等应用主成分分析法及聚类分析法构建了城市竞争力评价模型，并对连云港、上海、青岛以及安徽省多个城市的综合竞争力进行了评价。崔东旭等（2007）运用主成分分析方法探讨山东省17个地级市的城市竞争力空间差异影响因素，并据此运用灰色关联度分析法构建了城市竞争力评价模型。席广亮（2008）采用主成分分析法对海峡西岸经济区各城市的综合竞争力和相关城市要素竞争力进行了综合分析并得出了各自的优劣势。路世昌和徐常艳（2009）根据区域竞争力的“涡轮”模型，构建了城市竞争力的指标评价体系，并运用主成分分析方法对辽宁省各个城市的竞争力进行了实证分析。张超等（2015）认为城市竞争力的高低是决定城市发展潜力的重要因素，全面科学地评价城市竞争力是决定城市未来发展战略和方向的基础，从经济、社会、科教、环境竞争力4大方面建立了西北地区城市竞争力评价指标体系，其采用主成分分析法，对西北地区30个地级城市的竞争力作出定量评价，进而研究了城市竞争力在2004年、2007年、2011年3个时间断面上的演变特征，对城市竞争力排序进行了比较分析。杨晓楠（2015）认为目前区域竞争的主体慢慢地向城市和城市圈转变，城市竞争力尤其是城市群的竞争力的研究对提升城市的综合实力意义变得愈加重大，因此选取了5个方面，共35个指标，采用主成分分析法对城市发展规模与实力的关系、经济发展与潜力的关系作为主成分来进行研究，把武汉的城市群的9个城市分成4种类型，并进行评价；研究的结果是整个城市区的竞争力都较弱，武汉市"一家独大"。陈文俊和黄靓靓（2016）对城市森林生态竞争力进行研究，以主成分分析法对我国中西部15个省会城市的森林生态竞争力进行了具体的比较研究，其中主成分分析法通过对现状、压力、协调能力3个方面的具体分析，进一步讨论了这些城市的森林生态竞争力得分高低的可能原因，并希望借此为有针对性地提高城市生态环境作出有价值的参考。孙潇慧和张晓青（2017）以"一带一路"沿线18省区市为研究区域，在分析2005～2013年区域绿色竞争力变化的基础上，选取2005年、2007年、2009年、2011年、2013年5个时间断面，通过构建"一带一路"沿线18省区市的区域绿色竞争力综合评价指标体系，运用主成分分析法对"一带一路"沿线18省区市区域绿色竞争力进行排序和评价。王小丽等（2017）以可持续发展观为指导，借鉴《生态县、生态市、生态省建设指标》以及相关生态环境与区域经济等评价指标，结合重庆的实际情况，建立了重庆市生态竞争力评价指标和模型，运用主成分分析法，利用SPSS统计分析软件对2002～2012年重庆市生态竞争力进行定量计算与评价。

（3）因子分析法。吴利华、郑垂勇（2003）利用因子分析法中的因子特征值和特征向量对江苏省主要城市的竞争力进行分析，并用因子载荷和方差极大正交旋转因子载荷分析各城市竞争力因素之间的关系。李奇松（2007）利用因子分析法对2005年江苏省13个省辖市的竞争力进行了综合评价。屈晶（2009）、洪兆平（2012）、刘会来（2014）分别用因子分析法评估分析了中原城市群、江苏省、东北地区等多地的城市竞争力。翟仁祥（2004），赵静（2005），陈旭红、杨美云和李春林（2006），王艳（2010）等运用因子分析方法分别对淮海经济区、安徽沿江地区和江苏地区、河北省、中原城市群以及浙江省等多个城市的综合竞争力进行评估分析。邱尔妮等（2009）通过对要素的分析，选取18个要素作为评价指标，构建了我国区域生态竞争力评价指标体系；然后采用因子分析法，对我国除港澳台和西藏以外的30个省、自治区、直辖市的生态竞争力情况进行了定量评价和分析。夏国恩和兰政海（2009）基于因子分析方法研究了广西各城市的综合经济实力问题，并提出了反映城市综合经济实力的9项指标。万秋成（2009）构建了城市竞争力综合评价的指标体系和计量模型，采用因子分析法对新疆22个地级市的城市竞争力进行了逐一测度，根据测度结果将22个地级市分为4个层次，对各层次城市发展的优劣势进行了综合分析。占本厚（2014）把城市竞争力划分为3个子系统，分别是社会竞争力、经济竞争力、生态环境竞争力，精心挑选了45个指标变量进行分析研究。然后采用因子分析法，对贵阳市城市竞争力与生态环境进行实证分析，揭示了其内部影响机理。张蕾蕾（2014）采用因子分析法，从经济发展、结构调整、生活水平、公共服务、生态环境、基础设施6个方面对福建9个城市的发展水平进行综合排名，再把各城市竞争力的分项得分结果作为聚类变量进行聚类分析。杜士贵（2015）建立了一套合适的区域生态农业竞争力评价指标体系，运用因子分析、主成分分析等方法，借助SPSS19.0软件，对西部地区生态农业竞争力状况进行了比较分析。吴世昌（2016）以长江三角洲地区16个地级城市为研究对象，建立了一套新的城市综合竞争力评价指标体系，采用因子分析法对长三角核心城市进行了深入研究。李利利（2016）分别用因子分析法、灰色关联法、BP神经网络法对各个城市综合竞争力进行比较，其中因子分析法还分别对城市竞争力的8个影响要素做了具体的分析排名。

（4）聚类分析法。倪鹏飞等（2003）采用聚类分析方法，对中国47个城市的竞争力进行聚类实证分析，根据结果把城市分成了五大类，并指出了每一类城市的特点。左继宏（2007）利用聚类分析法和因子分析法对湖北省12个地级市的竞争力进行了评价和分析。吕姗等（2010）在构建城市竞争力测度的5个方面18个指标的基础上，利用主成分分析法提取了城市经济发展规模与实力、经济发展结构与潜力两个主成分，结合聚类分析，将武汉城市圈9个城市分为强势、较强、较弱、弱势4种类型，并作出相应评价。徐菲（2014）在选取相关指标的基础上，运用因子分析的方法对区城内县区的经济竞争力进行评价，并运用聚类分析的方法对区域内的县域经济发展类型进行分类。孙夏青（2013）以城市竞争力的相关理论模型为基础，从港口城市和城市竞争力的定义出发，建立了比较科学合理的港口城市竞争力评价指标体系及模型，采用AHP－熵值法及聚类分析的方法对沿海港口各城市的竞争力进行测定，对2010年我国沿海地区40个港口城市竞争力进行全面深入的比较分析和评价，得出城市竞争力各子系统的得分和综合得分并排序。余璞（2012）在创造性提出湖南省城市环境竞争力评价指标体系基础上，同时通过统计分析软件进行因子分析和聚类分析，客观地测度湖南省各城市环境竞争力并进行分析和比较，并从自然与区位条件、基础设施、经济发展水平与结构类型三大因素入手，对湖南省城市环境竞争力差异的成因进行了分析。

（5）层次分析法（AHP）。高雅和徐丽杰（2004）运用层次分析法对河南省 18 个城市的竞争力进行了评价研究。杨影（2006）利用层次分析法确定各指标体系的权重并对具有代表性的城市竞争力进行了评价。霍琳（2010）通过 DEA 和 AHP 相结合的方法评价了黑龙江省 12 个主要城市的城市竞争力。黄燕琴（2016）根据学者们对绿色经济的定义和内涵，以及构建的一套省域绿色竞争力的评价体系，对我国 31 个省域进行动态监测的实证研究。同时对绿色竞争力的评价方法进行了改进，在通过层次分析法对省域绿色竞争力进行评价的基础上，还通过 MATLAB 软件对省域绿色竞争力各年的评价值增设了时间权重，得到动态综合评价值，使评价更具有科学性。陈运平等（2016）对省域绿色竞争力的指标进行量化研究，基于区域绿色的影响因素遴选了环保、生态、低碳、循环、健康和持续 6 大因子和 95 个基础指标，采用层次分析法和德尔菲法相结合对各指标进行权重赋值，并利用软件程序构建了省域绿色竞争力数据库、表单和测算程序，解决了省域绿色竞争力的测算方法。张镒和柯彬彬（2017）借鉴生态位理论评价城市旅游竞争力，分析对旅游竞争力的影响因素，然后通过德尔菲法和专家咨询法构建了城市旅游竞争力生态位评价指标体系，并通过层次分析法计算出各层级指标的权重。李泽锋（2017）以浙江省 11 个地级市为研究对象，通过德尔菲法及层次分析法（AHP）构建浙江省城市旅游竞争力评价体系，该评价体系包含旅游发展实力、旅游资源潜力、旅游支持能力 3 大类指标。在此基础上，收集 11 个地级市相关指标数据，并形成最终各个城市竞争力得分。王硕（2017）分析了天津历史文化街区特征，提出影响城市与相应历史街区发展的重要因素在于其文化生态的完整程度，并构建了相应的竞争力体系，通过 AHP 层次分析法和德尔菲法对天津市估衣街历史文化街区进行了评价分析。

（6）灰色关联度分析法。陈红梅（2006）运用灰色关联法对我国中小旅游城市的竞争力进行总体评价。崔东旭等（2007）讨论了城市竞争力问题中空间地域差异的影响，据此，运用灰色关联度方法提出了一种城市竞争力评价方法。吕红平等（2008）利用灰色关联法确定城市竞争力指标体系的关联度，利用层次分析法确定各指标的权重，利用信息熵法对各指标的权重进行修正，使所设计指标能够全面、深刻代表所测度的信息，继而构建出城市竞争力评价模型，实证分析了河北省多个城市的竞争力情况。罗艳（2011）应用灰色关联度综合评价法对山东半岛城市群城市竞争力的影响因素以及这些城市的综合竞争力进行了研究。付仰岗（2014）选取包括经济发展竞争力、产业结构竞争力、社会发展竞争力、基础设施竞争力、对外开放竞争力和环境竞争力6大方面共27项指标构建城市竞争力指标体系。基于昌九一体化城市群城市竞争力相关指标2003～2013年的数据，利用描述性统计、熵值法、灰色关联度分析法以及主成分分析法，定量研究了昌九一体化城市群城市竞争力11年期间的发展变化趋势，对影响城市竞争力发展的因素进行了分析，并确定了评价城市竞争力各级指标的权重。李利利（2015）对河北省秦皇岛城市竞争力进行了研究，首先建立了包括综合经济实力、资金融通能力、企业竞争力、政府管理水平、基础设施和服务设备、人才和科技水平、对外开放水平、城市生态环境8个影响要素的城市竞争力评价指标体系，然后选取模糊Borda组合评价作为评价方法，对7个环潮海城市进行实证分析，同时还分别用因子分析法、灰色关联法、BP神经网络法对各个城市综合竞争力进行比较。

（7）熵值法。首先依据科学性、实用性、完备性和可行性的指标设计原则，创建由经济、社会和环境组成的青岛市城市可持续发展指标评价体系；其次评述了熵值法的基本原理以及熵值法改进的办法和计算步骤；最后，利用改进的熵值法对青岛市的可持续发展能力进行了定量评估和分析，得出了经济子系统对于青岛市的可持续发展起到至关重要的作用。满强等（2010）基于构建熵值模型来评价城市竞争力，采用熵值模型对辽宁省14个城市的城市竞争力进行了排序。赵辉和陈楠（2011）以区域内的经济产业结构为研究对象，结合中原城市群内9个地级市具体的社会经济数据做实证研究，通过建立了一个熵值系数模型，并在此基础上建立了综合评价指标体系，该区域内9个城市的经济发展水平以及竞争力做出排名和评价解释。卿圆圆等（2013）以江苏省为例，选取30个指标，构建包括旅游业绩竞争力、旅游资源保障力、社会经济运行力、基础设施支撑力和生态环境支持力等5个方面的综合评价指标体系，并采用熵值法对江苏省13个主要城市的旅游竞争力进行测度。刘贯飞（2014）在分析了构建体育产业竞争力评价指标体系使指标具备可操作性与实用性的基础上，从经济因素、人口因素、体育资源因素、政府投入因素等4个方面出发，对所选择的具有影响作用的指标进行评价，对我国7个省市中的竞争力地位进行定量的研究，并对研究结果做出定性的分析。胡艳等（2015）通过选取24项指标采用基于熵值系数的Topsis法对长江中游城市群四省会城市与长三角中心城市进行城市竞争力的比较研究，得出10个城市的发展差异，在此基础上提出长江中游城市群四省会城市协同发展的必要性和提升城市竞争力的对策建议。李倩（2015）在确定河北省城市基础设施竞争力的评价维度、评价原则与评价思路的基础上，并以“房子”模型为基础构建了包含7个一级指标、30个二级指标的基础设施评价体系，然后在了解河北省整体基础设施建设水平的基础上，运用熵值法对河北省11个城市分别进行综合评价和子系统评价，并对评价结果进行全面、系统的分析。孙云（2016）依据资源型城市竞争力的内涵，从经济竞争力、社会竞争力、生态竞争力3个方面构建了城市综合竞争力评价指标体系，并运用熵值法对甘肃省各城市的城市竞争力进行了评价和排序。付春等（2017）基于中国生态文明建设政策背景与实践，探索了生态文明竞争力的内涵，通过借鉴国内外生态文明竞争力相关评价指标体系，从生态安全屏障、生态资源利用、生态环境治理、生态体系保障和生态经济支撑等方面选择了28个指标，利用熵值TOPSIS评价方法构建了中部地区生态文明竞争力评价模型，实证分析了2010~2014年中部地区的生态文明竞争力水平。

（8）模糊综合评判法。赵春容和赵万民（2010）运用压力—状态—响应（PSR）框架模型，筛选评价指标，尝试建立通用的城市生态安全评价指标体系，建立了包括目标层、准则层和指标层的3层26个指标的城市生态安全评价指标体系，选择评价效果较为理想的模糊综合评价法作为本次定量研究的方法。徐倩和齐蕾（2015）在“五位一体”视角下，从生态经济文明、生态文化文明、生态社会文明、生态政治文明、生态环境文明5个层面，选取47个要素指标，构建城市生态竞争力评价指标体系，在此基础上，运用层次分析法和模糊综合评价法对青岛市城市生态竞争力中的5个层面进行评价分析。杨晴青等（2017）从人居环境与城市生态竞争力的关联性入手，将生态、居住、生产环境纳入一个分析框架，运用AHP与多级模糊综合评价相结合的方法，构建了涵盖生态环境、居住环境、公共服务环境、休闲环境、经济发展环境5个领域的城市人居环境竞争力评价指标体系，并对长江中游城市群城市人居环境竞争力进行评估并解析了其空间分异特征。

（9）其他方法。此外，学者们还运用了诸如BP神经网络评价、结构方程、DEA、均方差法赋权法等多种方法评价研究了我国城市竞争力。王建军（2008）利用二维决策矩阵模型对城市竞争力进行要素识别。李霄霞和陆玉麒（2008）运用BP神经网络评价了淮海经济区的20个城市的城市竞争力。王影和郭涛（2010）结合重置算法和统计方法改进了神经网络结构，并用此对江西省11个城市的城市竞争力进行了分析。李永强（2001）首次将结构方程模型应用于城市竞争力评价中。管伟峰等（2010）在评价城市竞争力时运用结构方程模型。郑欣（2003）进行了DEA-APH的城市竞争力研究。赵丹和张孝远（2009）构建了CCR-Nash的城市竞争力评价模型，但没有进行实证检验。钱文婧（2010）运用DEA方法从资源利用效率角度对珠江三角洲城市竞争力进行了评价。韩学键等（2013）运用DEA模型中的C^2R模型，综合评价了我国东北地区一些资源型城市的城市竞争力。王桂新和沈建法（2002）运用均方差法赋权法构建了城市发展的三维竞争力模型。

（二）城市生态竞争力研究方法

我国生态城市研究方法主要以定量分析为主，被学者广泛应用的定量分析方法有多边形图示指标法、生态足迹法等，并对某一地区进行实证研究，以得出相关城市的生态发展水平。国外生态城市研究方法主要包括有机疏散论、定量测量方法等。

吴琼（2005）等采用全排列多边形图示指标法，利用扬州市建设现有数据和规划数据，对其生态城市建设进行了实证研究，得出结论：扬州市发展状态指数较低，发展动态相对于发展状态和发展实力指数而言较好，发展实力不强，生态城市综合发展能力较差。叶田（2005）等对生态足迹理论和生态足迹模型进行了说明，对上海市的生态足迹进行计算，得出结论：上海市年人均生态赤字高达2.9公顷，远高于全国平均水平。高成康、将大和（2008）对生态足迹的发展过程和模型做了介绍，根据上海市部分数据进行分析，得出结论：对周边城市的资源、能源的依赖度大，会导致生态城市的要素不完整；较大的人口密度、过量的物质消耗，对资源和能源造成更大的压力；上海的科技利用率较低，没有发挥其优势。陈文俊等（2016）在现有城市生态竞争力分析的国内外研究成果基础上，依据城市竞争力和生态系统相关理论，借鉴国内外评价机构的评价模型和分析体系，构建出基于 PSR 框架的湖南省地级城市生态竞争力的评价指标体系，并根据 2012～2013 年统计数据，运用直觉模糊综合评价模型，横向比较分析了湖南省 14 个地级市的城市生态竞争力情况，明确了现阶段影响湖南省各城市生态竞争力的主要因素，评价了各城市的现状及潜力以及各城市间所具有的竞争优势和劣势。陈文俊等（2017）基于所构建的城市生态竞争力的评价指标体系，运用直觉模糊综合评价模型，从状态、压力、响应三个准则层面，对长株潭城市群城市生态竞争力进行综合评价，以此为基础分析长株潭各城市现状及潜力以及长株潭三市各自具有的竞争优势和劣势。

帕特里克·盖迪斯（Patrick Geddes，1985～1932）在 1915 年出版了《演变中的城市》，提出调查—分析—规划（survey－analysis－plan）方法，最早提出区域研究和区域规划，着重强调城市规划应该建立在严密的调查基础之上，认为把自然地区作为规划的基本框架，根据周边的环境、资源等限制确定建筑的建设和经济的发展。伊利尔·沙里宁（Eliel Saarinen，1873－1950）在 1942 年出版了《城市：它的生长、衰退和将来》一书，在书中他对有机疏散论（theory of organic decentralization）“随着城市范围的不断扩大，可以根据功能将其分为不同区域，根据活动所需又可分为不同地段”作了系统阐述，认为城市需要有一个合理的城市规划，进而进行革命性的演变，使城市有良好的结构，以利于健康发展。香港理工大学的约翰·伯内特（John Burnett）在 2007 年提出建立建筑物环境测试方法（building environment assessment method，BEAM），通过对建筑物进行测量，得出相关数值，发现其在各个方面的差距，进而采取不同的措施进行解决。

Paul A. Murtaugh（1996）提出一种统计方法来处理生态指标。成金华（2005，2007）分析了新型工业化进程对生态环境的影响。魏建兵（2006）评价了人类活动对生态环境的影响。王云才等（2007）提出了 5 个层次的生态城市评价指标体系。郑醉文、沈清基（2008）根据城市生态建设、用地多样性、城市规划的协同，提出了城市用地多样性评价指标体系。从能值分析的角度，张雪花等（2011）提出了能值—生态足迹整合模型，并据此评价了天津市的城市生态情况。基于TM遥感数据以及GIS平台，龚建周等（2008）提出了基于网格的空间模糊综合评价方法，并以此测算分析了广州市的情况。周晓唯、王拓（2009）基于陕西省省情，构建了生态城市指标体系，并用德尔菲法和语文变量分析法相结合的方法计算权值，并分析和评价了2008年陕西省建设生态城市的情况。陈浩等（2015）测算了32个资源型城市的生态效率，并对生态效率进行了分析对比。

第四节　城市生态竞争力的影响因素研究现状

在城市竞争力理论模型中，国内外学者认为经济综合实力、产业竞争力、企业竞争力、科技竞争力是构成城市竞争力模型的关键要素，而这些关键要素受金融环境、政府作用、基础设施、国民素质、对外对内开放程度、城市环境质量等因素的影响。

一、国内学者对城市竞争力的影响因素分析

在国内，已有许多学者从多方面对城市竞争力进行研究。例如，倪鹏飞（2002）认为基础设施和经济实力是城市竞争力最重要的影响因素，技术性基础设施对城市竞争力变的越来越重要。黄关春（2003）认为影响城市竞争力的众多因素中，产业竞争力、科技竞争力、环境竞争力、城市聚集力和特色文化是关键因素。戴兰等（2016）通过对黄三角高效生态经济区的产业竞争力的科学评价分析，同样也认为产业竞争力是城市竞争力的核心，对提升城市竞争力水平具有至关重要的作用。宋小芬、阮和兴（2004）和阮平南、宋怡（2006）从独特的生态文化形象、城市文化与城市劳动力的和谐发展和培育城市性格3个方面指出，生态文化对提升城市竞争力具有非常重要作用和影响。在梁凤莲（2015）对未来中国城市发展的趋势研究中，同样得出生态文化是增强城市生态竞争力的关键因素，城

市未来的发展必然以生态为主导，以文化为引领。刘泽仁等（2005），阮平南和宋怡（2007）则认为产业集群对提升城市竞争力的重要作用。李涛（2005）认为人力资本投资对城市竞争力具有显著的影响。景治中和周加来（2008）认为市场开放环境与城市创新环境、企业竞争力、产业竞争力、城市治理结构与政府机构的效率、城市人力资本与居民的人文素质是影响城市竞争力的内部因素，城市区位、国家的城市发展政策、城市网络体系是影响城市竞争力的外部因素。蒋玉宏和单晓光（2009）通过上海市创新资源优化配置对城市竞争力影响的实证研究得出知识产权制度能够促进城市竞争力的提升。

此外，还有学者从城市的生态用地、森林竞争力、城市物流竞争力、大型体育赛事、人居环境等方面分析与城市竞争力的影响关系。例如，石忆邵和周蕾（2015）认为城市生态用地与城市竞争力之间具有密切动态关系，通过相关性实证分析，探讨生态用地规模和结构与城市竞争力各组成因子间的动态关系。分析结果表明：国内部分大城市生态用地的规模与城市竞争力呈负相关关系，而与城市竞争力组成因子中的经济规模、经济效益、经济结构以及人民生活质量有着显著正相关性；部分国际大城市的生态用地规模与城市竞争力、经济结构和人民生活水平均呈正相关关系。陈文俊和黄靓靓（2016）对城市森林生态竞争力进行研究，以主成分分析法为例对我国中西部15个省会城市的森林生态竞争力进行了具体的比较研究，研究发现森林生态竞争力是城市生态竞争的显著性指标。唐立新（2016）认为城市物流竞争力是城市竞争力的重要组成部分之一。因此以波特钻石模型作为研究分析范式，从区域经济发展水平、物流发展水平、信息化水平和教育科研发展水平4个方面构建基于生态位视角的多维物流产业竞争力评价体系。并以长江中游城市群为例，分析长江中游城市群内16个城市的物流产业生态位大小，运用聚类系谱图将16个城市物流产业竞争力分为6个梯度等级，并对每个梯度中城市的物流产业竞争力进行分析。卓明川和林晓（2017）从城市环境竞争力着手，论述了广州亚运会和东莞CBA篮球联赛对广州和东莞两座城市的市容建设、基础设施建设、体育场馆设施建设、城市生态和居住环境的影响进行了探讨。证实了大型体育赛事对城市整个环境具有改善和推进作用。杨晴青等（2017）从人居环境与城市生态竞争力的关联性入手，将生态、居住、生产环境纳入一个分析框架，运用AHP与多级模糊综合评价相结合的方法，构建了涵盖生态环境、居住环境、公共服务环境、休闲环境、经济发展环境5个领域的城市人居环境竞争力评价指标体系。研究表明：人居环境与城市生态竞争力具有显著的关联性，是城市生态竞争力的关键因素，是促进城市可持续发展的重要依据。

二、国外学者对城市竞争力的影响因素研究

国外学者对城市竞争力水平提高的制约以及影响因素进行了深入的研究。部分学者认为区域性产业竞争对城市的竞争力具有显著的影响。例如，Peter（1990）认为城市竞争力受“生产要素、需求状况、相关支持产业、企业战略、结构和竞争”四要素和“政府”“机遇”两影响因素共同作用。Storper（1995）的观点认为地方产业化集群是城市竞争行为的重要来源。Duffy（1995）认为城市竞争的关键是城市内部不同制度下各集团之间的协调。Gordon和McCann（2000）实证了相互联系的企业集群及相关机构产生了大量的竞争力。Markusen和Venables（2000）认为城市竞争的关键是“公共设施、引资渠道及制度”等的竞争。Turok和Bailey（2004）考察了文化创意产业对城市竞争力的影响。部分学者认为城市竞争力主要从产业层面考虑（基于创新协同的资源型城市竞争力提升模式研究，刘丹），波特教授认为是需求、相关支持产业以及企业战略、结构和竞争对手等要素间互动的。Sabel，Storper和Porter认为城市竞争力受地方产业集群的影响较为显著。Loo－Lee Sim（2003）认为城市竞争力源于制度环境的安全有效性与市场体系的自由性。Duffy（2004）认为城市竞争中，在不同内部制度下，集团间是否能相互协调是关键，而城市公民、企业及地方政府的有效合作具有决定作用。Florida（1995），Docherty（2001）在城市竞争力的核心影响要素分析中指出文化活动、环境适宜度与制度是关键因素。Jensen－Butler从社会学角度分析了社会公平与信任对城市竞争力存在影响。Docherty在研究中指出产业集群发展的溢出效应对城市发展具有重要促进作用，提出了城市聚集经济的重要性。Saxenian和Angel等学者认为社会网络竞争是城市竞争的实质。

还有一些学者认为城市竞争力是由区域贸易条件决定，生产过程与产

品创新对城市竞争力具有着重要影响。例如，Saxenian（1994）认为城市的竞争很多时候可以归纳为社会网络的竞争。Storper（1997）认为决定城市竞争力的关键因素是城市制度和社会环境。Mclntosh（2000）认为影响城市竞争力的重要因素是信息体系、投资、货币或财政政策。Jensen - Butlelisi（1999）研究了社会公平、公正与信任对城市竞争力的影响。Douglas Webster（2000）从经济结构等4个方面考察影响城市竞争力的因素。Loo - Lee Sim（2003）认为安全有效的制度环境及自由市场体系是提高城市竞争力的根源，同时以经济全球化中城市发展产生的新生产要素也容易对城市竞争力产生影响。Florida（1995）、Docherty（2001）认为“文化活动、环境适宜度与制度等”是影响城市竞争力的核心。Begg（1999）认为影响城市竞争力的决定性因素是知识积累与财富分布。Imrie（1999）提出影响城市竞争力的关键因素是创新文化与制度密度。Camagni 和 Capello（2010）认为城市竞争模式的侧重点正逐步由功能化转变为集成化、由发展因素转变为创新因素、由硬要素转变为软要素。

第五节　提升城市竞争力和城市生态竞争力的对策建议梳理

一、提升城市竞争力对策建议

随着政府对城市未来的发展，对竞争力水平愈来愈关注和重视，学者们对如何提升城市竞争力水平提出了许多对策建议，主要集中在对政府政策建议方面，主要包括相关政策咨询建议、进行宏观经济结构及产业调整、对外开放政策、提升科学文化和人才建设质量、环境污染共治、基础设施建设以及城市管理等。顾光青、刘社建（2004）认为需要把企业竞争力纳入城市竞争力评价框架中并深入研究两者之间的影响关系。吕斌和朝东（2005）从区域与城市空间联动相互关系、对外开放程度、产业发展水平、景观环境建设及城市管理等方面出发提出提高烟台市的城市竞争力的建议。黑龙江省社会科学院课题组（2006）建议哈尔滨相关部门关注和重视中国社会科学院每年推出的城市竞争力排行榜，着力解决目前影响城市竞争力的"短板"问题，跟踪研究城市综合竞争力课题。庆斌、文辉（2007）提出城市政策制定者应该综合考虑城市发展战略、产业政策和环境政策，并找到彼此之间合理的结合点，选择合适的发展模式。张志新（2007）提出通过树立经营城市的意识、明确城市地位以及加大产业集中度三个方面提高城市竞争力。张静（2011）等对提升山东省城市竞争力提出了增强内生动力机制、加大科技投入、改善人民生活条件、提升和优化产业结构等方面提出了建议。郭巧云（2005）认为加强城市的人力资源能力建设进而能提升城市综合竞争力。刘晓英（2011）提出人力资本投资在提升城市竞争力的因素中处于核心地位，提出加强城市的人力资本投资。程乾和方琳（2015）在分析了长三角16个城市的文化旅游创意产业生态位大小并对每个梯度中城市的文化旅游创意产业竞争力进行分析的基础上，认为旅游创意产业发展的竞争力强的城市应采取生态位扩充或协同发展的方式以获得更优的竞争力，实现与周边城市的联动效应和区域整体效益最大化。李利利（2015）通过对秦皇岛城市竞争力研究，提出提高秦皇岛的金融能力、政府调控能力、人才和科技水平以及对外开放程度可更大限度地提高秦皇岛的城市竞争力。王义龙（2016）在分析了河北省城市核心竞争力现状的基础上，提出了邯郸市核心竞争力提升的方式：产业升级，提升城市产品竞争力；创新投入，发展生态经济；挖掘城市内涵，增强文化软实力系统策划，全面提升城市形象等建议。梁明珠和蒋璐（2016）认为在全球工业化与城市化快速发展的大背景下，生态环境不仅成为影响城市持续发展的重要因素，也成为构成城市生态竞争力的核心要素，提出提升广州市的生态竞争力，首先必须对城市品牌进行准确定位，应该将"田园绿城"和"生态水城"品牌结合起来，将广州市建设成为具有珠江游、湿地游和岭南水乡三大亮点的人文和谐生态水城，通过"四季花城""田园绿城"和"生态水城"城市品牌的综合塑造，打造广州市的生态城市整体形象，提升广州市的城市竞争力。魏玲丽（2016）对水磨镇生态旅游业竞争力进行深度剖析，剖析结果发现市场主体缺失、客源后继乏力、旅游基础设施落后、旅游产业结构不协调、经济效益低下等问题严重制约着水磨镇生态旅游业竞争力，针对当前水磨镇生态旅游业面临的缺陷，提出要加快完善旅游基础设施、培育旅游品牌和市场主体等具体措施以实现水磨镇生态旅游业可持续健康发展。孙云（2016）从经济竞争力、社会竞争力、生态竞争力3个方面构建了城市综合竞争力评价指标体系，提出积极调整产业结构，推动工业结构转型升级；加强生态文明建设和环境保护，推动循环经济发展；抓住“丝绸之路经济带”的战略机遇，扩大对外开放合作等政策建议来提高城市综合竞争力。

叶南客和黄南（2017）对长三角城市群的国际城市竞争力进行了研究，提出通过区域空间规划、产业要素布局、环境污染共治、基础设施建设以及体制机制的创新，来促进长三角城市群国际城市竞争力的提升。陈文俊等（2017）通过对长株潭城市群城市生态竞争力综合评价，提出提升长株潭城市生态竞争力，要从加快产业升级和转换经济发展模式、转变政府考核方式、加大政府财政补贴、落实政府监管职能4个方面着手。王硕（2017）分析了天津历史文化街区特征，提出影响城市与相应历史街区发展的重要因素在于其文化生态的完整程度，指出其文化结构、价值观念继承等方面存在的相关问题，并从文化生态角度为当地旅游开发提出了改进策略。张捷报等（2017）根据太仓港2007~2015年的运营数据对太仓港的绿色竞争力进行评价，并提出绿色港口建设、提升竞争力的改善策略，以改善港口的环境，提升港口的竞争力，抢占市场份额。孙潇慧和张晓青（2017）以“一带一路”沿线18省市为研究区域，在分析2005~2013年区域绿色竞争力变化的基础上，提出转变产业结构、积极发展高技术产业和绿色产业等对策建议。

二、提升城市生态竞争力建议对策

国内学者对提升城市生态竞争力提出了以下主要建议：通过引导政府制定相关符合科学发展的政策，促进经济发展模式转型，减轻经济发展对城市生态环境的负面影响，并且不断提高公众的生态环保意识，共同参与城市生态建设。

王如松（2001）从生态学角度出发，对城市发展中的环境问题进行了研究，根据建设城市居住环境的生态转向和生态学动向，分析了城市生态建设转型的新方法。颜京松和王如松（2004）通过分类城市生态建设的不同类型，进一步阐述和分析了城市生态建设的目标和目的。张丽杰等

(2009) 根据城市森林的生态调节功能，认为城市森林是城市生态建设中的重要一环。

基于不同城市地理环境区位及资源方面的差异，各城市在建设生态城市的进程中，侧重点也存在着较大的差异，相关学者的研究成果有：张颖和刘方（2009）针对城市湿地对城市环境的重要作用，提出了建设城市湿地公园等的建议。项学敏和唐皓（2005）阐述了人工湿地对我国城市生态建设中的污水处理、生态社区、生态景观建设等方面的改善作用。吕亚妮、车亦舟（2005）介绍了成都市活水公园对城市污水治理的流程。陈洪昭（2014）认为与发达国家相比，当前发展中国家的整体环境竞争力偏弱。除发展中国家自身环境保护意识薄弱、经济增长方式不可持续以及环境监管不力外，还有发达国家向发展中国家进行污染转移的因素，提出强化环境保护意识，转变经济增长方式；推进产业结构调整，发展新兴产业；完善环境监管机制，制约污染产业扩张等对策建议。李敏琪（2010）从绿化和水资源治理角度，阐述和分析了合肥市城市生态建设情况。刘美芬（2015）通过济南市城市综合竞争力研究，认为要提升济南市的综合竞争力，政府要转变考核导向，凸显在城市发展中生态因素的重要作用和地位，提高生态发展考核在综合测评中所占比例，提升济南市人民群众的参与力度，促进济南市的可持续发展和城市生态竞争力持续增强。杨春玲（2015）认为城市是不断发展变化的有机体，从城市经济生态位、社会生态位、环境生态位、政策生态位 4 个维度出发，运用生态位理论，分析了河南省 18 个地市的城市综合生态竞争力，依据结果挖掘各个地市的优势和发展潜力，并提出利用生态位分离策略，集中发挥各城市优势资源，避免同性竞争；借鉴生态位扩充策略，拓宽发展渠道，避免竞争力下降；运用生态位的共生策略，城市间协作发展等建议来提升河南省的综合实力。杜士贵（2015）建立了一套合适的区域生态农业竞争力评价指标体系，对西部地区生态农业竞争力状况进行了比较分析，提出西部地区应该从产业发展布局与规划、注重生态环境保护、保障体系建设、产业化发展、加强国内外交流与合作等几个方面促进生态农业发展，从而提高其生态竞争力水平。

此外，还从城市生态环境用地、区域旅游、森林生态、城市财政支出结构以及生态农业等方面提出提高城市生态竞争力水平的对策建议。石忆邵和周蕾（2015）认为城市生态用地与城市竞争力之间具有密切动态关系，通过相关性实证分析，表明：国内部分大城市生态用地的规模与城市竞争力呈负相关关系，而与城市竞争力组成因子中的经济规模、经济效益、经济结构以及人民生活质量有着显著正相关性；部分国际大城市的生态用地规模与城市竞争力、经济结构和人民生活水平均呈正相关关系；并提出优化园林绿地空间分布、因地制宜开发城郊生态空间、将生态文明作为城市新的软实力和竞争力来培育等建议。王格（2016）认为区域旅游竞争力包括核心竞争力、基础竞争力、环境竞争力和创新竞争力，提出生态经济视角下的扬州旅游竞争力提升策略：加快城市生态巩固与修复，提升扬州自然生态环境；加大历史文化传承，保护扬州特色文化生态土壤；注重社区生态文化培养，构建全局生态发展观；依法加强服务和管理，营造生态健康的产业氛围；多元化资源开发，推动旅游产品完善与创新。张蕾（2017）也认为旅游业竞争力提升是城市生态竞争力的具体表现，提升南昌旅游业的竞争力对促进南昌旅游业以及城市经济的发展均有重大的意义，要提升南昌市的旅游竞争力，应充分发挥南昌在旅游资源方面的优势，统筹规划、整合资源、加强宣传力度、打造具有南昌特色的知名旅游品牌，品牌效应可以吸引客源，同时还要完善相关的配套设施，从而让游客享受到旅程的美好，扩大景区的影响力。陈文俊和黄靓靓（2016）对城市森林生态竞争力进行研究，认为城市森林生态系统对环境的调节具有重要作用，可以很好地改善城市空气质量和居住环境，可以吸引更加优秀的高层次人才定居落户，从而带动城市的经济发展，将生态资源转化为人才资源，再通过人才资源带动经济引擎的高速转动，增强城市生态竞争力。王丛霞等（2015）认为随着全球生态环境的恶化，国际竞争的重点从最初的生存竞争转向发展竞争，城市生态环境成为市场经济发展中新的竞争要素，城市环境竞争力这一概念逐渐被学者所提及并展开研究。随着生态文明建设步伐的推进，城市生态环境竞争力日益受到重视。提出城市生态竞争力建设必须遵循自然规律，把握水资源利用的度；明确经济发展方式转型方向，大力发展绿色经济；突出生态意识教育的重点和途径；加大生态建设投入力度，加快技术推广和技术创新等对策建议来提升城市生态竞争力。

第六节 "五位一体"复合生态管理系统研究现状

一、"五位一体"复合生态管理系统的定义、理论和功能

马世骏和王如松（1984）针对当时城市发展与郊区环境协调问题和人与自然关系失调问题，认为长期以人类活动为导向的城市和区域系统认识的方法论已不能再指导经济社会的可持续发展，因此在国际上首次提出了社会—经济—自然复合生态系统理论，并指出城市与区域是以人的行为为主导、自然环境为依托、资源流动为命脉、社会文化为经络的社会—经济—自然复合生态系统，"社会、经济、自然三个不同性质的子系统，都有着各自的特性、功能和运行规律，但在各自的生存和发展中，又会受到其他两个子系统作用的制约"，复合生态系统中"人是最活跃的因素，也是最强烈的破坏因素，兼有社会和自然两重属性，其一切经济活动也会受到自然条件的约束与调节""自然子系统是由水、土、气、生、矿及其间相互关系构成的，是地球上所有生命赖以生存、繁衍的生存环境；经济子系统是指人类主动地为自身生存和发展组织有目的的生产、流通、消费、还原和调控活动；社会生态子系统由人的观念、体制及文化构成"，这三个子系统是相生相克、相辅相成的。"自然子系统、经济子系统和社会子系统相互间的生态耦合关系和作用机制决定了复合生态系统的发展与演替方向。复合生态系统理论的核心是生态整合，通过结构整合和功能整合，协调三个子系统及其内部组分的关系，促进和不断完善复合生态系统中自然、经济、社会三者关系的协调发展，实现人类社会、经济与环境和谐共生、共同进步"。基于复合生态系统理论为基础，王如松提出了"循环再生、协调共生、持续自生"的"三生"原则，从自然、经济、社会三个不同层次去调整资源利用效率，改善生态环境与经济社会发展的关系，拓宽生态位，增强复合系统的活力，促进城市与区域可持续发展，进而解决人

类生存和发展问题。复合生态系统理论为调控人与自然的耦合关系提供了新方法，也为探索我国生态县、生态城市、生态省的可持续发展模式，以及生态文明建设和生态学的发展奠定了理论基础。

城市生态系统的生产功能、生活功能、还原功能和调节功能是靠其中连续的物质流、能量流、信息流、货币流及人口流来维持的。它们以人为中心将城市的社会生产活动与生活活动，资源与环境，时间与空间，结构与功能串联起来。阐明了这些流的动力学机制和调控方法，就能基本掌握城市这个复合体复杂的生态关系。城市问题的生态学实质是人类与自然界的和谐关系失调，一是“流”或过程的失调。城乡环境污染及区域资源耗竭的根源在于资源的过量和不合理的开发利用以及资源利用效率不高，导致或者引起环境中物质能量的过度释放或保留，或者低投入高产出，超过了维持自然生态系统承载能力的限度，造成自然生态系统得不到足够的补偿、缓冲和休养生息。二是“网”或结构的失调。城市以各种错综复杂的物理网络、经济网络和社会文化网络交织组成，是一个庞大的社会经济生态复合系统。目前由于城市系统中存在各种组分关系不均衡耦合问题，导致城市发展中各种矛盾尖锐突出。三是“序”或功能的失调。城市建设与管理只注重城市社会生产和生活功能，忽略资源、环境、自然的供给、接纳、缓冲及调控功能。在城市生态管理或者城市建设中实现系统观、自然观、经济观和人文观的有机结合，解决城市发展中资源与环境不协调的矛盾，推进整合、适应、循环、自生型的生态调控。城市生态管理是一种人类社会得以持续发展的管理方式，通过对城市生态资产、代谢和服务的管理，提升城市自然环境对经济社会发展的支撑能力，保障城市生态安全与可持续发展。国际城市生态建设的基本框架由生态安全、生态卫生、生态景观、生态代谢和生态文化五层次城市生态调控体系构成。

城市是人为改变了结构、改造了物质循环和部分改变了能量转化的、长期受人为活动影响的、以人为中心的陆生生态系统（宋永昌，2000）。从生态学和景观生态学意义上讲，城市作为典型的社会—经济—自然复合生态系统（social - economic - natural complex ecosystem，SENCE），是一个包括自然景观（地理格局、水文过程、气候条件、基质条件、植被覆盖、生物活力等）、经济景观（农业、能源、交通、通讯、电力、基础设施、土地利用/覆盖、产业过程等）、人文景观（人口、体制、文化、历史、风俗、时尚、伦理、信仰等）三类异质性景观的格局、过程和功能的多维耦合的生态景观（ecological landscape or ecoscape），是由物理的、化学的、生物的、区域的、社会的、经济的及文化的组分在时、空、量、构、序范畴上相互作用形成的人与自然的"五位一体"复合生态体（王如松，2003）。城市是以人的行为为主导、自然环境为依托、资源流动为血脉、社会体制为经络的人工生态系统，它比自然生态系统更复杂、更高层次（马世俊、王如松，1989；王如松，2001）。它包括人与自然之间的促进、抑制、适应、改造关系；人对资源的开发、利用、储存、扬弃关系，以及人类生产和生活活动中的竞争、共生、隶属、互补关系。它包括自然、经济、社会3个子系统：（1）自然子系统由自然基础和设施，包括水（水资源和水环境）、土（土壤、土地和景观）、生（植物、动物、微生物和生物质产品）、气（大气和气候，能和光）、矿（矿物质和营养物）"五位一体"相生相克的基本关系所组成，自然界中物质流的循环和演变是生物地球化学循环过程的物质和以太阳能为基础能量的输入、迁移、转换、输出过程所主导；（2）经济子系统由生产、流通、消费、还原和调控"五位一体"相辅相成的基本关系耦合而成；（3）社会子系统由体制网、知识网、文化网等三类功能网络间错综复杂的系统关系所组成，以人口、人治、人道、人权和人文"五位一体"为中心。"五位一体"城市复合生态系统网络结构如图2-8所示。

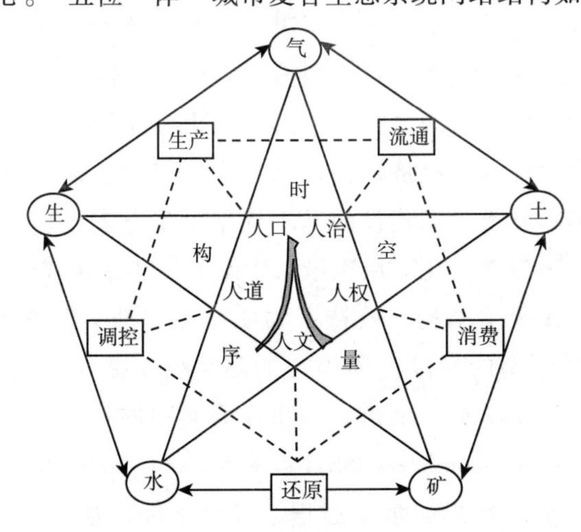

图2-8 "五位一体"城市复合生态系统网络结构

注：外围圈为自然子系统、中间为经济子系统、核心圈为社会子系统。

二、“五位一体”复合生态管理系统研究进展

有关“五位一体”复合生态系统管理的研究成果颇丰，许多学者从不同方面进行了研究。王如松和李锋等（2014）认为城市是一类基于区域“水—土—气—生—矿”五类生态因子，“生产—流通—消费—还原—调控”五类生态过程，以及“经济—政治—文化—社会—环境”五类生态功能，在“时间—空间—数量—结构—功序”范畴耦合的复合生态系统。城市生态管理不仅指对城市生物的保护，还包括城市涵养、调节、流通、供给和支持五类生态服务功能的调节、修复和建设。城市生态空间是指城市生态系统结构所占据的物理空间、其代谢所依赖的区域腹地空间，以及其功能所涉及的多维关系空间。杜士贵（2015）以西部地区为例，对区域生态农业竞争力的形成机制及其内涵、构成和影响因素进行了研究。从大农业及其多功能性视角出发，认为区域生态农业竞争力是生态农业根植于区域“自然—经济—社会”复合系统，立足于区域比较优势和各类资源要素的优化配置构建结构合理和功能完善的生态农业产业经营体系，充分发挥生态农业经济的、文化的、生态的、社会的多样化功能，它包含自然生态竞争力、经济竞争力、社会竞争力三个层次的内容。其中区域生态农业自然生态竞争力包括自然资源保障能力、良好生态维持能力、抗灾能力 3 个维度；区域生态农业经济竞争力包括经济效益和经济效率两个维度；区域生态农业社会竞争力包括制度、政策保障能力和产业发展要素积累能力两个维度。凌立文和郑伟璇（2015）结合生态竞争力的内涵，构建了以“社会发展—经济发展—自然发展”为准则层的生态竞争力评价模型，运用层次分析法对模型进行了权重设计，并对广州市 2001 ~2012 年的生态竞争力进行测算。研究表明，在研究期限内，广州市生态竞争力呈明显的上升趋势，城市具有良好的可持续发展能力。汪嘉杨等（2016）在深入分析区域资源、环境、社会、经济综合系统的基础上，建立了四川省 2001 ~2010 年“社会—经济—自然”复合生态系统生态位评价指标体系，复合生态系统综合生态位包括资源、环境、经济和社会 4 个子系统生态位。将耦合投影寻踪模型应用于复合生态系统生态位评价，采用并进行模拟算法对评价模型参数进行优化。研究表明：四川省复合生态位在 2000 ~2010 年期间呈现

先下降后上升的趋势，从 2001 年 3.1325 下降到 2005 年的 2.8499，2005 年后，复合生态位逐渐增加至 2010 年的 3.3304。表明环境重视程度的提高，环保意识的加强，促进了复合生态位的提高，区域自然生态和环境得以改善。谢方和徐志文（2017）认为，在对乡村复合生态内部结构关系进行梳理的基础上，从物质循环、能量利用、信息传递 3 个方面来解读乡村复合生态系统良性发展的演变规律；进一步从乡村复合生态系统管理原则和方法着手，强调在对乡村复合生态系统进行调控和管理时，要遵循系统间的耦合关系及系统要素间的竞争与共生性、自生性与再生性及其秩序。

第七节　研究述评

从 20 世纪 80 年代以来，国内外学者对城市竞争力和城市生态竞争力方面的概念、理论特征、指标体系、影响因素以及方法应用进行的艰苦探索已经取得了不少具有学术价值和应用价值的研究成果，为后续的研究提供了良好的理论基础和借鉴价值。从已有研究来看，相比于西方，国内城市竞争力仍处于起步研究阶段，且多数研究是基于西方理论和以实证分析方法为主，论文数量非常多却多侧重于研究城市竞争力的评价和排名，缺乏对其内在影响因素的系统理论分析。

城市竞争力及城市生态竞争力无疑是一个比较复杂、综合而且重要的概念，尤其在新经济条件下，城市竞争已经不再是简单的经济增长、经济竞争问题，而是需要在城市可持续发展中探索城市的竞争，因此从城市竞争力的研究脉络看，城市可持续竞争已经成为研究的主题，支持城市可持续竞争的新资源要素被日益认知并加以研究，城市竞争力理论模型、城市竞争力评价模型以及城市竞争力的实证研究方面都已取得了丰硕的成果，但是这些研究还不能尽善尽美地解释城市生态竞争力的形成和表现，主要体现在：

（1）现有研究对城市竞争力的界定不一致。波特（1990）、Cheshire 和 Gordon（1995）、郝寿义（1998）等学者从城市产出的角度界定城市竞争力；张京祥、朱喜贵和刘增荣（2002）以及杨晓兰（2013）等学者从资源投入、配置角度界定城市竞争力；倪鹏飞（2001，2007），宁越敏、唐理智（2001），徐康宁（2002），连玉明等（2003）以及周玉波（2009）等学者将两者结合界定城市竞争力。

（2）尽管现有城市竞争力理论模型试图将城市竞争力的来源与结果加以结合，从城市竞争力的源泉上解释城市竞争力的表现，但由于对城市竞争力的理解不一致，因此现有的理论模型不能系统解释新经济条件下城市竞争力的来源问题，从而导致现有理论模型不能解释这些来源如何影响城市的竞争、不能科学指导城市竞争。

（3）由于对城市竞争力界定和理解不一致，因此现有的城市竞争力评价指标体系设置差异很大，尤其国内学者在城市竞争力研究上主要以部分城市为例，这些城市特点不同，因此在评价指标选择上比较随意，带有较强的主观色彩，缺乏全球化视野，难以指导我国城市的全球化竞争。而且绝大多数城市竞争力评价指标体系将城市竞争力的来源与结果混合在一起，因此这些研究使城市竞争力评价指标体系难以与城市竞争力理论模型对接。

（4）城市竞争力评价方法的选择、评价模型的构建以及实证研究方面，主要由于对城市竞争的实质、城市竞争力来源与表现以及城市竞争力研究的目的认识不清，因此这些研究：一方面，更多地侧重于简单选择模型对某些城市加以排序，因此静态研究较多、动态研究较少，而且表面上看成果丰富，但实际上只是评价指标、评价城市的选择不同，真正方法、模型构建上雷同现象比较严重；另一方面，没有考虑评价方法、评价模型自身的局限性及适用性，甚至有的模型简单假定城市竞争力来源与表现两者之间为线性关系，导致这些评价方法或评价模型并不能很好地解释城市竞争力的形成及其结果的关系。

综上所述，各学者在研究城市生态竞争力时，虽然从不同领域、不同研究方法上对生态竞争力进行研究，但现有研究在指导城市提升生态竞争力上多数是就事论事，不能很好地为其他城市提升竞争力和实现可持续发展提供借鉴。同时对省会城市进行城市生态竞争力的研究极少，并且现有指标体系仍然存在一些不足，大多数指标体系的构建将生态竞争力置于生态环境的大系统中来进行评价研究，未将经济环境、社会环境纳入其中，针对性不够强，评价指标体系的建立基本停留在各自的研究领域范围内。

此外，研究生态竞争力的方法较为相似且单一，多数为因子分析法，多数研究是对研究对象进行横向比较，缺乏总体比较。而且，有关于“五位一体”复合生态系统多应用于城市管理。

因此，本书尝试以自然—经济—社会复合生态系统的3个子系统出发，以自然子系统、经济子系统、社会子系统为准则层，以水、土、气、生、矿“五位一体”，生产、流通、消费、还原、调控“五位一体”，人口、人治、人权、人道、人文“五位一体”15个指标作为指标层，并拟建立27个分指标层，38个子指标层，构建了城市生态竞争力指标体系，拟用熵值法确定指标权重，运用综合评价模型测算出国内的省会城市生态竞争力，多层次多角度对结果进行分析，全面探讨国内各个省会城市生态竞争力的比较优势和竞争劣势，根据分析结果针对性地提出改进优化国内各个省会城市生态竞争力的对策和建议，为生态文明建设环境下城市的科学、和谐、可持续发展提供科学依据。

第八节　本章小结

第一，本章对国内外城市竞争力研究现状和国内外城市生态竞争力研究现状进行了回顾，把握国内外关于城市生态竞争力研究的前沿信息；第二，对城市竞争力和城市生态竞争力分别从研究模型和研究方法进行了梳理，全面了解当前所使用的最新模型和方法；第三，对影响城市竞争力和城市生态竞争力的制约因素进行了梳理，对提升城市竞争力和城市生态竞争力的对策建议进行了回顾；第四，对“五位一体”复合生态管理系统研究现状进行的全面的回顾；第五，对城市竞争力和城市生态竞争力进行了简要的述评。

第三章　城市生态竞争力的内涵和评价指标体系的构建

第一节　城市生态竞争力的内涵

一、城市生态竞争力概念

城市生态竞争力的概念来源于城市竞争力，并在此概念的基础上得以深化和发展。通过总结现有文献发现城市竞争力的内在含义应该至少包括以下几点：（1）参与竞争的主体是城市。在经济全球化的趋势下，以人口聚集和政治、经济、文化为中心的城市在国家战略发展中所起的作用越来越大，国家与国家之间的竞争更突出地表现为城市与城市之间的竞争。城市的“资源竞争”与“竞争过程”统一为城市竞争力。其中，资源竞争指的是城市在自身发展的过程中所需要的资源，竞争过程指的是城市在利用自身竞争资源生产的产品、提供的服务以及为其城市居民提供福利的过程，竞争资源与竞争过程关系密切；（2）城市所在区域的环境也是城市竞争力研究的重点。一个城市依赖于它所处的区域的环境并在此区域环境内进行发展，城市所在的区域环境的不同是影响其竞争力的重要因素之一；（3）城市竞争力大小的表现形式最终体现在城市的快速发展张力和城市可持续发展的能力上。也就是说，发展速度，尤其是经济方面的发展速度并不能决定该城市的竞争力，而更多地应该是一种开放、协调和可持续的发展态势。

不同的学者对城市生态竞争力下了不同的定义。何炎炘（2012）认为区域环境内的资源状况对该地区经济、社会等方面的可持续发展的支撑力称之为城市生态竞争力，而这种可持续发展的支撑能力主要表现在自然、经济、社会等的相互协调。任子君（2015）认为城市生态竞争力指的是在一个城市地理的范围内，该范围的生态资源为该城市自身的经济社会可持续发展所需具备的资源优化配置能力提供支撑，主要通过资源的优化配置、生态质量的提升、环境美化的措施等进一步推动经济、自然与社会的和谐相处，并最终实现具有更强、更稳定的可持续发展水平能力的城市。洪涛（2016）认为城市生态竞争力的概念为在生态化的理念的引导下，在发展中逐渐重视人类在城市活动的行为及其造成的结果所对整个生态系统所造成的直接或者间接的影响，并在其过程中逐步探索城市的发展途径、转变城市发展方式、促进城市的管理模式并不断加强其创新能力，使得城市在发展过程中与生态发展相互协调，相比于其他城市而处于一种具有竞争优势地位的能力。吕楚群（2017）认为城市生态竞争力主要指的是城市在确保生态环境质量的前提下，借助吸引和聚集到的多样、有效的生产要素，并通过这些资源的有效优化配置为该城市的竞争力发展提供源源不断的活力。城市的生态竞争力主要取决于该城市对这类生产要素资源的聚集和吸引能力，城市对生产要素资源的聚集和吸收能力越大，该城市的城市生态竞争力也就越大，城市范围内的经济、社会和生态环境三大主题的和谐共生、协调发展主要通过城市生态竞争力的提高得以促进，并实现城市生态系统的可持续发展。

通过上述学者们对城市生态竞争力的定义描述可以了解到，城市的生态竞争力不仅包含了以上关于城市竞争力的内在涵义，还包括了以下几个方面：城市生态竞争力包含的是一个复杂的生态服务系统，该竞争力的目标主要是维持生态服务系统的可持续发展；在此过程中，城市的生态竞争力强调的是以人为本，人类的行为及造成的结果对城市有重大的影响作用。城市生态竞争力要求实现生态资源的合理优化配置，促进自然、经济、社会的和谐稳定发展。城市生态系统是一个复合的生态系统（洪涛，2016），具有以下几个特点：城市生态系统作为一个保持高度开放的生态系统，它与外界一直存在着持续的物质和能量交换。一方面，城市所需要的大量物质和能源来源于外部；另一方面，城市又一直持续不断地向外界输出产品、能源、废物等。城市生态系统是指以人为主体、人工化、协调性的环境系统，该生态环境是由人的生产劳动所创造，并在运行中受到人类行为的持续影响。而城市生态系统的薄弱环节在于其系统的自我调节能力和自我改善能力。该生态系统在遭受到外界的干扰或者污染时，并不能像其他系统能够通过借助自身的调节能力和维持能力保持稳定状态，而是在受到干扰或污染时依赖于人们的正确行为才能保持平稳状态。

对城市生态竞争力的研究已经从最初的在城市竞争力中加入单一的生态系统中的自然环境指标，发展到集城市自然、经济、社会维度为一体的综合的城市生态竞争力。本书认为城市生态竞争力具体是指在与其他城市相较时，一个城市在其发展过程中具有可持续的生态安全优势和维持长期稳定的生态系统服务能力。作为保证城市生态系统可持续发展的首要价值准则，城市生态竞争力也能够促进该城市的社会经济以及生态环境的内在竞争力的提升。其中，城市生态竞争力中的“生态”二字并不仅仅局限于环境，而是有关人类生产的各个方面。城市的竞争力越强则表现为该城市自身的资源优化配置能力和可持续发展的能力愈强，进而在全球城市群中有更强的整体实力。城市生态竞争力的内涵会因时代的不同而略有差异，但不论内涵发生何种改变，城市一定是城市生态竞争力主体，而并非一个国家。如果从微观经济学的角度了解城市生态竞争力，则其本质是将城市看作为微观经济学中独立的“企业”，自然城市之间的竞争具体表现为企业与企业之间的竞争。除此之外，城市生态竞争力具体表现为一个有机整体，它并不只是强调其中一个或者几个的关键因素，而注重强调所有因素在其发展过程中所起到的相关作用，这种有机整体的研究避免了盲目性和片面性。城市生态竞争力的核心是通过聚集、吸收和引用各种资源使得城市能够保持高效的可持续发展，其目的是在城市发展过程中促进城市自身的经济、环境、社会的和谐发展，并将和谐发展转化为文明要素，即城市的物质与精神方面的文明、城市中吸收、转化、利用各种资源的能力越强时，该城市的生态竞争力就越强，其竞争力所产生的文明要素的影响力也就愈大。城市生态竞争力涉及多个方面、多个层次。一个城市的生态竞争力更多地侧重其发展过程上，这个过程被看作是动态的、变化的。因此，城市生态竞争力的内涵是一个开放的系统，其开放性保证了城市生态竞争力的时代性、科学性、合理性与可持续性。

二、城市生态竞争力和城市竞争力的区别与联系

城市竞争力主要表现的是该城市在各个方面的综合能力，主要变现为城市的社会、经济、环境的发展能力；作为城市竞争力的重要内容和支撑的城市生态竞争力，其目标和动力是保障生态系统的平衡和可持续发展，具体表现为城市在生态安全具有优势、生态系统服务以及可持续发展的潜力等方面的竞争。系统性、动态性和相对性是它们的共同特点，但其侧重内容又各有不同。城市竞争力和城市生态竞争力的区别，见表3－1。

表3－1　　城市竞争力和城市生态竞争力的区别

编号	要点	城市竞争力	城市生态竞争力
1	主要目标	促进社会、经济、环境等方面的综合发展能力，主要侧重于市场竞争力	复合生态系统的平衡及协调能力，侧重于生态安全及可持续发展潜力
2	实施手段	吸引、拥有和转换资源，争夺、占领和控制市场，创造价值并为其居民提供福利	保护生态环境，优化生态系统结构，合理有效利用环境资源，维护生态系统服务，提高生态安全
3	研究重点	产业和企业竞争力	生态安全和可持续发展潜力
4	发展观念	传统的发展观念	可持续的发展观念
5	经济发展方式	传统经济	循环经济
6	资源利用效率	低资源利用效率	高资源利用效率
7	是否符合生态学原理	否	是
8	竞争力的可持续性	具有不可持续性	具有可持续性
9	生态整合能力	弱	强

从表3－1中可以看出，城市生态竞争力是在维护生态系统服务、提高生态安全的前提下，以循环经济发展方式，实现城市的可持续发展。城市生态竞争力的内涵主要包含以下几个主要方面：城市生态竞争力依托于良好的生态环境，是一个集水、土、气、生、矿"五位一体"的复合生态系统为有机整体，通过人类理性的生态意识准则，运用协调、高效的资源配置手段并借助科学文明的社会体制保障，以实现维护和建立一个循环、持续、长期平衡的城市生态系统为目标。城市生态系统在生态学意义上是参

与城市生态竞争力的主体。城市生态系统追求的目标是社会、经济、政治、文化与自然“五位一体”，协调统一与可持续的共同发展。因此，对城市生态竞争力的研究也应结合生态学、景观生态学、生态伦理学和生态经济学等原理从中观角度进行城市生态学探究，重点是在生态产业、城市生态安全及复合生态系统可持续发展的研究；城市生态竞争力应以保护和改善生态环境，优化生态系统结构，促进生态系统的物质循环、能量流动、价值转移、信息流动、人类进步等功能，通过生产、流通、消费、还原、调控“五位一体”在时、空、量、构、序上的运转与平衡，合理有效利用环境资源，维护和提高生态系统服务质量为主要手段和途径；城市生态竞争力以实现城市培育其社会、经济、文化及自然环境之间相互耦合、协同演化及持续发展的能力为本质，其中心点是实现以人为主体的人口、人文、人治、人道和人权“五位一体”的最佳整合，区域和城市复合生态系统的良性整合和长期稳定是城市生态竞争力的战略目标。随着生态环保理念的不断深入以及两型社会构建的不断发展，地区竞争力特别是城市与城市之间的竞争更加依赖于城市生态服务功能中可持续提供的能力，因此，生态环境方面的因素也逐渐是城市竞争力研究的重点，也必将是区域和城市可持续发展研究的共同趋势。

基于生态学角度，城市竞争力不仅仅表现在经济、社会以及环境发展等方面的能力，而应该更关注的是“社会—经济—自然”复合生态系统的平衡与可持续发展的能力，其焦点则是生态服务功能的持续供给能力，这样城市才更具竞争力。由此，本文提出了城市生态竞争力的概念，它可以表述为：城市与自身纵向相比或者与其他城市横向相比时，按照生态学原理及规律所能维持的持续的生态环境及可持续发展的潜力，这种能力能够保证社会、经济和自然复合生态系统维持长期稳定、协调以及高层次良性循环。即一个城市在进行横向或纵向比较时所具有的可持续的生态安全优势和维持长期稳定的生态系统服务的能力。

三、城市生态竞争力的理论基础

城市生态竞争力是一个复合的生态系统，这个生态竞争力的构建需要遵循生态学、区域经济学、区域竞争力、城市竞争力、可持续发展、生态城市发展等相关理论，并运用技术和非技术等相关措施，建立适用型城市生态系统结构，从而高效发挥城市生态系统功能，促进系统中物质和能量的合理流动，实现人与自然关系的协调发展，协调人类在城市中相关资源的利用方式、利用程度等方面与生态系统的演进过程，最终实现结构合理、功能高效、关系和谐的城市生态系统的构建（王祥荣，2001）。

（一）生态学理论

生态学是一门研究生物和人与环境之间相互关系、探究自然和人类生态系统结构和功能的学科（尚玉昌，1992）。生态学的研究共分为个体生态学、种群生态学、群落生态学和生态系统生态学四个层次。其中，个体是生态学研究中的最本单位；个体的出生和死亡引起种群的动态变化；群落的结构受不同种群的相互作用影响；生态系统中的生物成分是群落，群落和非生物成分的总和构成了生态系统。

生态系统具有能够长期维持一个平衡状态或者稳定状态的重要特征，这种状态称之为生态平衡，这种平衡状态是通过自我调节系统内的所有成分来实现相互协调的。其中，生态系统也包括结构、功能和能量流动的稳定，并在一定程度上能够承受和削弱外部因素的干扰。在一定程度上可以将生态系统比作弹簧，其可以承受一定限度的压缩或者拉伸的压力，在压力消失后弹簧还能回到本来的状态，而超过一定限度后，弹簧本身会受到损坏。生态系统的本质也是如此，其自身的自我调节能力是有固定的范围，当外来的压力巨大，如地震、火山、泥石流、人为因素造成的毒物排放、大型建筑工程等造成的生态失衡超过生态系统能够承受的范围的时候，生态系统的自我调节功能就会受到损坏，进而引起严重的生态安全问题，甚至是生态危机。

（二）区域经济学理论

区域经济学是一门研究区域内经济发展以及区域之间相互关系的科学。区域经济学所要回答的问题主要是怎样实现区域的经济增长与发展，各地区和主要城市在全国范围内关于劳动地域等分工内具有什么样的优势，应该位于什么样的地位，又分别具有什么样的功能。简单的自然、人文、技术和人力等可利用的资源随着经济与社会的飞速发展已经不能满足区域经济发展了。伴随着区域经济发展水平的不断提高，新兴资源在区域经济发展起着重要作用，对区域发展的贡献也更加明显。区域经济学的研究学者认为，区域经济理论是一个将经济社会的发展进步与生态环境保护、资源有效利用等内涵相结合的新型发展理论（高洪深，2010；戴宏伟，2008）。

（三）区域竞争力理论

区域竞争力具体指一定区域内的经济主体在进行市场竞争过程中形成或表现出的夺取资源以及占有市场的能力。这种能力可以从以下几个方面体现：

目标性：区域竞争力以一定资源禀赋的限制条件下达到经济发展的最优值为目标。区域竞争力依据经济学原理对各类资源进行最优化配置的选择，并在发展过程中将产出所付的代价减少到最小。当然，区域竞争力在实现上述目标的同时，也需要满足可持续的目标，保护人类生存环境，保持资源持续利用率以维护生态平衡。

整体性：区域竞争力的构成基于多种要素结合，其中不同要素所起的作用也不相同，对区域的整体发展都有特定的影响。区域经济运行中综合了区域内所特有的制度体制、社会背景、文化底蕴和道德价值观，这些要素对区域的发展有着重要的作用与反作用，要素之间交互而产生的综合即完整的区域竞争力。

层次性：区域竞争力这一大系统中囊括多种类别的子系统和子系统间的组合，内容复杂。简单来说，区域竞争力的决策来自于政府，而各个产业结构中的企业是企业区域竞争力的承担和执行者。因此，区域竞争力中包含多类别、多层次的运行能力和机制，依赖于它们之间的协调配合才能实现稳定的发展。

相关性：区域竞争力中各要素之间存在互相作用、沟通和制约的关系，具体表现在以下三点：一是与外部环境的关系与适应性，主要反映在区域的应变能力；二是各种要素之间的耦合关系，如产业结构的比例；三是各要素与区域竞争主体之间的相互关系，如发展动力和区域竞争力提高的相互关系。

动态性：区域竞争力的结构与功能一直处于变化发展的状态。内部要素的改变会导致主体结构的改变，外部环境的变化也会导致各个要素变化发展。所以优势区域并不是永久地占据优势地位，而劣势区域正确的发展方向和手段也存在机会超越。如此看来，区域竞争力是动态变化的。

在有些大区域内，各个小区域的经济发展会存在不平衡的状态，有些小区域的增长势头强劲，产业市场的份额也不断提升；而有些小区域的经济增长可能相对较缓甚至是衰退，产业市场的份额也呈下降趋势。正是区域内部的小区域的比较优势和产业内部之间的优势企业决定了区域内部的这种差异。

（四）城市竞争力理论

城市竞争力自20世纪80年代提出以来，其内涵随着科技、信息、经济全球一体化的发展不断完善。国内外学者关于城市竞争力的定义均建立在调整国家竞争力理论的基础上，研究对象由国家转变为城市；国内学者对城市竞争力理论的研究尚处于发展阶段，未形成完整的理论体系，但整体而言对城市竞争力的本质一致认为：在满足外部市场环境需求的条件下，城市为居民提供公共基础服务、提高居民收入、维护社会可持续发展的能力。城市之间的竞争具体指"竞争资本"与"竞争过程"的统一，这一竞争需要政府从政策、制度、措施等多方面协调。目前国内外学术界普遍认可的涉及城市竞争力的代表性理论主要有：世界经济论坛（WEF）和瑞士洛桑国际管理发展学院（IMD）的"国际竞争力理论"、美国哈佛大学迈克尔·波特的"产业竞争力理论"、北京城市发展研究院（IUD）的"城市价值链理论"和中国社会科学院提出的"弓弦理论模型"。

（五）可持续发展理论

可持续发展是一种在保护生态环境的条件下，既满足当代人需求，又不损害后代人需求发展模式。可持续发展的内涵包含了满足"需求"和对"需求"进行限制这两项基本要素。满足需求需要做到的是满足贫困人民的基本需求。而对需求的限制则具体指对未来环境需要的能力构成危害的限制，这种能力如果超越一定的界限，必将威胁支持地球生命的自然系统正常运行的大气、土壤、水体和生物等。可持续发展是一项关于经济和社会发展的长期战略，其中主要包括资源和生态环境、经济和社会三个方面的可持续发展。首先，可持续发展基于资源的可持续利用和良好的生态环境。其次，可持续发展的前提是经济的可持续发展。最后，可持续发展问题以人为中心，以实现社会的全面进步为目标。生态经济早已成为可持续发展的中心，同时也是影响经济环境的重要变量。人类社会可持续发展的前提必须是经济增长与保障生态环境的相互平衡、稳定发展。现如今，社会的“高投入、高消耗、高污染”的粗放型经济模式亟须变革。而为了实现集约高效型经济发展就必须以可持续发展新思维、高科技模式代替旧的发展模式，进而实现人类社会与自然生态系统的和谐发展。

（六）生态城市发展理论

“生态城市”这一概念最早由联合国科教文组织在“人与生物圈（MAB）”中提出，报告中指出生态城市的规划应该具体结合自然生态和社会理论，实现人类活动环境中科技与自然的高度融合，激发人类的创作力和生产力，实现高水平的物质生活方式，并基于城市自身环境的承载力规划城市化发展，使城市生态复合系统保持动态均衡状态，并基于生态学原理建设自然、经济与社会三方面协调发展的环节，进而实现人与自然和谐共生，保障环境资源的高效利用，并进一步提升和改善人类的生产和生活方式。生态学家马世俊与王如松也提出了“社会—经济—自然”复合生态系统理论与生态城市建设标准与生态控制原理。

第二节　城市生态竞争力评价指标体系构建

一、城市生态竞争力评价指标体系的研究学习

（一）大尺度城市生态竞争力评价指标体系

陈文俊（2017）在 PSR（压力—状态—响应）框架下建立评价指标体系，并对中部城市生态竞争力进行评价。其中，目标层为城市生态竞争力；准则层为压力、状态、响应；压力准则层下面指标层分为市辖区人口

自然增长率、市辖区生产总值增长率、工业二氧化硫排放增长率、工业废水排放量；状态准则层下面指标层分为人均供水量、工业二氧化碳排放量、建成区绿化覆盖率、市辖区人口密度、万元 GDP 综合能耗；响应准则层下面指标层分为万元 GDP 综合能耗变化率、绿化覆盖变化率、工业废水排放变化率。李兴华（2006）认为城市竞争力模型的四个核心因素为经济实力、金融实力、政府实力和基础设施，并且受产业结构、人才科技水平、国际化程度和环境质量的支撑，他构建了一套由 8 大要素（一级指标）、28 个具体指标（二级指标）组成的指标体系。城市竞争力指标体系包括的 8 大要素为经济实力、金融实力、产业结构、人才科技水平、政府实力、基础设施、国际化程度和环境质量。他选用了国内生产总值（GDP）、固定资产投资总额、社会消费品零售总额、人均 GDP、GDP 年增长率这 5 个指标来表示一个城市的经济总量或经济规模，进而反映一个城市的经济实力；金融实力包含分别为年末金融机构贷款余额、城乡居民储蓄年末余额和保险保费总额；政府实力则选用了地方财政预算内收入和地方财政预算内支出两个指标来反映；产业结构在城市竞争力中的作用选用了第三产业增加值和第三产业增加值占 GDP 的比重两个指标反映；城市竞争力中的人才科技水平则用每万人拥有高等学校学生数、每万人拥有各类专业技术人员数和科学事业费用支出 3 个指标反映；基础设施运用了人均住房使用面积、人均铺装道路面积、人均生活用水量、人均生活用电量、每十万人拥有医院床位数和每万人拥有公共汽车数 6 个指标反映；国际化程度选取了进出口总额占 GDP 的比重、实际利用外资、国际旅游收入 3 个指标反映；环境质量则使用了人均园林绿地面积、建成区绿化覆盖率、环境噪声达标面积、工业废水排放达标率 4 个指标来反映。

凌立文等（2015）构建了以社会发展—经济发展—自然发展为准则层的生态竞争力评价模型，对广州市的生态竞争力进行测算，社会发展下面指标层指标有城镇居民可支配收入、城镇居民人均住房面积、人均生活用电量、公共事业支出、就业率、人口自然增长率、各类医疗机构床位数、每万人拥有在校大学生；经济发展下面指标层有人均地区生产总值、人均 GDP 增长率、有效发明专利数、固定资产投资额、进出口总额、万元 GDP 能耗、地区用电总值；自然发展下面指标层有可吸入颗粒平均浓度、废水排放量、工业粉尘排放量、工业固体废物产生量、SO_2 年日均值、建成区绿化覆盖率、人均公园绿地面积。任子君（2015）将社会、经济、资源、环境四大类为框架，归集各项指标建立合肥城市生态竞争力评价指标体系。环境、资源、经济、社会四个类别分别对应绿色经济、生态环境、资源效率和生态家园4个准则层，生态环境下面指标层有单位面积二氧化碳排放量、单位土地面积氨氮化物排放量、林木绿化率、森林覆盖率、单位面积化学需氧量排放量、空气质量达到及好于二级的天数、水功能区水质达标率；绿色经济下面指标层有单位国内生产总值能耗、服务业增加值占GDP比重、战略新兴产业产值占工业产值比重、农用化肥的施用强度、R&D经费占GDP比重；资源效率下面指标层有单位工业增加值能耗、开发区工业用地投资强度、主要再生资源回收利用率比重、水资源产出率、农作物秸秆综合利用率；生态家园下面指标层主要有农村卫生厕所普及率、城市污水处理率、集中式饮用水源水质达标率、城市生活垃圾无害化处理率。

（二）省域内地市级、县级城市生态竞争力评价指标体系

张进龙（2012）对福建省内地级市的城市综合竞争力进行研究，构建了经济实力、金融实力、科技实力、政府管理、对外开放程度、基础设施、城市环境、国民素质8个准则层指标。其中经济实力具体指标包括地区生产总值、人均地区生产总值、地区生产总值增长率、社会消费品零售总额、固定资产投资总额；金融实力具体指标包括金融机构年末存款余额、金融机构年末贷款余额、城乡居民年末储蓄余额、保险业务承保额、金融从业人数；科技实力具体指标包括科技事业人员数量、教育从业人员数、科学事业费、教育事业费、高校在校学生数、高校专任教师数；对外开放程度具体指标包括国际旅游人数、国际旅游外汇收入、进口总额、出口总额、新签外商直接投资协议合同数、实际利用外商直接投资金额；政府管理具体指标包括地方财政收入、地方财政支出、在岗职工平均人数、在岗职工平均货币工资、单位从业人数占总人数比重；城市环境具体指标包括绿化覆盖面积、污水处理总量、生活垃圾清运量、工业污染治理投资额、“三废”综合利用产品产值；基础设施具体指标包括人均日生活用水量、人均公共绿地面积、每万人拥有公共交通车量数、人均拥有道路面积、城市用水普及率、城市燃气普及率；国民素质

具体指标包括人均教育与科学事业费支出、每万人拥有高校教师数、每万人拥有高校在校生数、每万人拥有医生数、每百人公共图书馆藏书册数。何炎炘（2012）构建了1个一级指标、3个二级指标、9个三级指标及20个四级指标，并依据二级指标对安徽省各市生态竞争力进行评价。一级指标为生态竞争力；二级指标为生态环境现状、生态环境压力、主动协调能力；生态环境现状下面的三级指标有生物丰度、植被覆盖、水网密度、土地退化；生态环境压力下面的三级指标为资源压力和环境压力；资源压力下的四级指标有森林面积比重、人均水资源量、农民人均耕地面积、城市建设用地比重；环境压力下的四级指标具体有单位耕地面积的农药负荷、单位耕地面积的化肥负荷、单位面积工业废水排放密度、单位面积工业固体废弃物排放密度、单位面积工业废气排放密度；主动协调能力下面的三级指标有社会基础、环保措施、区域潜力；社会基础下面的四级指标具体包括城镇居民人均可支配收入、万元GDP综合能耗、第三产业占GDP百分比、环保类支出占财政支出比重、十万人大专以上学历人数、科学技术支出占财政支出比重、教育事业支出占财政支出比重；区域潜力下面的四级指标具体包括R&D投入占GDP的比重、有效发明专利数；环保措施下面的四级指标具体包括各市工业废水排放达标率、各市工业固体废物综合利用率。

单元（2014）通过收集江苏省48县级城市的经济外贸科技环境等7个方面的39项指标对城市综合竞争力进行评价，7个准则层分别为经济实力、财政、金融实力、消费实力、科教文卫、开放程度、交通运输、宜居环境。经济实力具体指标包括：地区GDP、人均GDP、总人口、第三产业比重、工业生产总值、固定资产投资、职工平均工资、全年用电量、从业人数；为衡量地区开放程度选取了实际外省直接投资、进出口总额、外贸依存度等指标；消费实力选取了社会消费品零售总额、城镇居民人均可支配收入、城镇居民人均生活消费支出、农村居民人均纯收入、农村居民人均生活消费支出指标；财政、金融实力这方面的指标采取了公共财政预算收入、年末金融机构贷款余额、居民储蓄存款；科教文卫这方面的指标选取了公共图书馆藏书量、卫生机构床位数、卫生技术人员数、卫生机构数、在校学生总数、专任教师总数、专利申请受理量、专利申请授权量；交通运输这方面采取了公路客运量、公路里程、民用汽车拥有量、公路货运量4个指标；宜居环境指标涵盖了城镇居民人均住房建筑面积、邮电业务总量、建成区绿化覆盖面积、移动电话用户、人口密度、互联网用户、建成区面积。张毅（2014）认为生态文明需要以人与人、人与社会、人与自然的和谐共处为主要建设核心，以生态经济、生态社会、生态政治、生态意识、生态环境这5个方面为主要建设领域，最终实现生态经济协调、生态社会协调、生态环境协调的良性局面，从而建立了3个二级指标，18个三级指标评价体系。3个二级指标为生态经济、生态社会、生态环境。生态经济下面三级指标具体包括人均GDP、第三产业占GDP比重、单位GDP能耗、农村居民年人均纯收入、城镇居民年人均可支配收入、R&D经费占GDP比重；生态社会下面三级指标具体包括基尼系数、恩格尔系数、千人拥有卫生技术人员、城镇化率；生态环境下面三级指标具体包括森林覆盖率、城市生活垃圾无害化处理率、建成区绿化覆盖率、城区集中式饮用水水源水质达标率、污水集中处理率、农村集中式饮用水水源水质达标率、全年AP工指数优良天数、区域环境噪声平均值。

（三）跨尺度的城市生态竞争力评价指标体系

万宇（2007）对环渤海地区11个省级、地级市的样本城市进行城市综合竞争力评价，指标体系从层次上可以分为三个层次：第一层次为目标层，即城市竞争力；第二层为准则层，即城市综合经济实力、城市经济开放力、城市基础设施建设水平、城市资金实力、政府管理、城市国民素质、生态环境7个部分；第三层为指标层，共有33个指标。其中，城市综合经济实力下面指标层有GDP、人均GDP、GDP增长率、第三产业占GDP增长率、市区固定资产投资总额、第三产业从业人员比重、社会消费品零售总额、市区限额工业总产值；城市资金实力下面的指标层指标有地方财政收入、地方财政支出、居民人均可支配收入、城乡居民储蓄余额；城市经济开放力下面的指标层指标有进出口总额、当年实际利用外资、协议利用外资总额、年客运总量、年货运总额；城市基础设施建设水平下面指标层指标有人均生活用水量、人均生活用电量、人均生活用气量、人均道路铺装面积、每万人拥有公交车量数；城市国民素质下面指标层指标有教育费用支出、每百人拥有公共图书册数、每万人拥有高校学生人数、市区每千人拥有的医生数；政府管理下面指标层指标有国家战略地位、城镇登记失业率、城市自主度、社会稳定性；生态环境下面指标层指标有建成区绿化覆盖率、人均拥有公共绿地面积、工业废水排放达标率。

通过对大尺度、省域内地市级、县级、跨尺度城市生态竞争力指标体系的学习可以发现：通过PSR（压力—状态—响应）框架构建的评价指标体系准则层为状态、压力、响应，准则层下面的指标层指标更多涉及资源、环境指标；对城市生态竞争力的评价部分学者从经济、社会、自然（生态）3个方面构建评价指标体系，部分学者对准则层进行细分，从金融实力、经济实力、对外开放水平、国民素质、科技文化水平、政府作用、城市环境、基础设施8个要素构建评价指标体系；大尺度城市生态竞争力评价指标体系同样适用于省域内地市级、县级和跨尺度的城市生态竞争力评价；城市是以人为本做为导向、自然环境为附着、资源流动为血脉、社会体制为经络的人工生态系统，它比自然生态系统更复杂、更高层次，但是以上指标体系的构建忽略了人在其中起到的关键作用；城市作为典型的"社会—经济—自然"复合生态系统，以上指标体系的构建都不太全面，更突出经济、社会对城市竞争力的影响，而自然系统对城市生态竞争力的影响重视程度不够。

二、城市生态竞争力评价指标体系建立的指导原则

一个科学可行的评价指标体系必须是要有一定的目标原则，并且以此为依据来搭建指标体系框架来定义各个指标内容。

（1）全面性和科学性原则。评价指标覆盖面要全，并且具有一定的科学性，带有涉及学科的科学理论指导。本书基于可持续发展理论、生态学理论、城市竞争理论、区域竞争理论等，目的是建立一个科学合理的能够衡量出省会城市生态竞争力的评价体系。城市生态竞争力是一个涉及自然、经济、社会的复合系统，因此评价城市生态竞争力需要建立一套科学、系统的指标体系。本书中自然子系统包括水、土、气、生、矿五个方面；经济子系统包括生产、流通、消费、还原、调控5个方面；社会子系统包括人口、人治、人文、人道、人权5个方面，涵盖了自然、经济、社会的方方面面，这是一个全面、科学的评价系统。

（2）时效性与代表性相结合。指标的选取要与时俱进，要选择年份最近的，新颖的指标，而评判的标准也会随着时代的变化发展。城市生态竞争力评价指标体系也是会随着学术的发展和进步不断完善，不断创新的。评价指标体系应该是根据评价对象的实际情况着手，构建出最适宜和代表性的评价体系，才能达到准确的结果。

（3）整体性与针对性原则。城市生态竞争力下的各个指标构建后应该是一个系统性的整体机构，可以在方方面面反映城市生态竞争力的特点，各个指标都能够表达出城市生态竞争力的核心要素，能够针对而代表性地反映人才、资金、信息、科技的发展情况。

（4）可操作性和可靠充分性原则。指标的选取中每一个指标都是要可量化，并且数据的可获取性和真可靠性都要保证，不然无法科学真实地对研究对象进行合理评价，只有这样才是实现评价目标。评价体系中涉及的指标类别十分复杂，可能会有难以衡量的指标，应该把数据的可获取和量化放在第一位，根据其难易程度选出最能够形象地反映城市生态竞争力的指标，提高指标的可行性。

（5）可持续性原则。选取指标的同时，不仅仅是只表现目前的生态竞争力状态，而应该是能够表示长远的未来发展。因而在指标选取时，应该同时兼顾符合现阶段城市竞争力的有关内容和能够表示出未来城市可持续发展能力的有关内容，如此才能使研究抓住现在和放眼未来，更加具有实践指导意义。那么在具体的指标中就有一些有关城市未来竞争力相互关联较强的指标，比如人治、人权、生产、还原、流通等指标。

（6）以人为本原则。城市是以人为中心的聚集地，最终目标是为人类所服务的场所，基础设施的建设也是为人们提供生产生活服务，推进人类的进步和发展，那么各个子系统下的指标一定要建立在人的需求之上。比如生存、日常出行、沟通交流、良好的生活环境等诸多方面，这些都在指标中所体现出来。举例，近几年全国性雾霾天成为了热点话题，在严重的工业污染的背景下，雾霾已经严重危害人们的身体健康和日常生活和工作，空气质量也成为了城市竞争力的重要部分，特别是 PM2.5 指数，能够反映出当下空气质量的好坏，那么在设置指标时将与净化空气相关的“一般工业固体废物利用率”和“工业固体废弃综合利用率”等一并纳入指标体系。

三、城市生态竞争力指标体系的建立

（一）大尺度城市生态竞争力指标体系的建立

（1）指标体系构建的思路。

在一般的传统发展理念中人类社会的功能主要有社会生活与经济生产两部分，常常忽视了其环境、资源、控制、接纳、人口与自然的供给、缓冲和自组织、自我调节的生态服务功能。但是生态服务功能是在人类生产和生活的背后，发挥着潜在的功能作用，其中包括环境拥有的自净和容纳功能、资源为人类提供的供给能力、自然保持的缓冲能力及人类的自组织和调节的能力，正是以上的功能相互作用和运行，才使得自然环境稳定平衡，经济和社会协调发展。

城市的可持续发展有赖于城市的自然、经济、社会的相辅相成，城市生态是通过人类社会经济活动在适应自然环境的基础上建立的"自然—经济—社会"复合生态系统，因此，本书认为城市生态竞争力的评价包括自然、经济、社会三个子系统，将自然子系统、经济子系统、社会子系统作为城市生态竞争力评价的准则层，而每一个准则层下又设置 5 个指标层，即"五位一体"。

自然子系统是人类赖以生存的基本物质环境，由自然基础和设施构成，包括水、土、生 、气、矿"五位一体"相生相克的基本关系所组成，为生物地球化学循环过程的物质和以太阳能为基础能量的输入、迁移、转换、输出过程所主导。因此，准则层自然子系统主要是以自然基础和设施为出发点，从水（水资源和水环境）、土（土壤环境和土地资源）、气（大气环境和气候资源）、生（生物环境和生物资源）、矿（能源生产和能源效率）"五位一体"视角构建城市生态竞争力指标层体系。水作为主要的自然要素之一，对自然环境空间的营造具有重要作用，节水护水有利于"水"的可持续利用，因此，指标层"水"主要从资源与所处环境构建指标，包括水资源和水环境两个分指标层；土地是最珍贵的自然资源，是人类生产资料和劳动的对象，而土壤是指地球陆地表面具有肥力、能够生长植物的疏松表层，不合理的人类活动能改变土壤环境，造成农田土壤肥力减退、土壤严重流失、草原土壤沙化、土壤环境污染等，从而影响自然环境，因此，指标层“土”主要从土壤环境和土地资源来构建分指标，包括土壤环境和土地资源两个分指标层，但是土壤环境指标中的土壤有机质含量不符合可操作性原则，因此在构建指标中去除了此指标；大气和气候是自然环境的重要组成部分，向大气中持续排放的物质数量越来越多，种类越来越复杂，引起大气成分发生急剧的变化，恶化自然环境，而气候是大气物理特征的长期状态，如果气候变化太快，将会使自然生态系统和人类社会不能适应，可见，大气和气候对自然环境具有重要影响，因此指标层“气”主要包括大气环境和气候资源两个分指标层；生物对自然环境有重要作用的根本原因是绿色植物的光合作用，而良好的生物环境能够促进生物的无限循环，因此指标层“生”从生物环境和生物资源两个分指标层构建指标；矿产能源是重要的自然环境污染源，要特别重视矿产能源的生产及其利用效率，因此，指标层“矿”主要包括能源生产和能源效率两个分指标层。构建分指标层后，在各个分指标层的基础上选取与分指标层紧密联系的 15 个子指标层。

经济子系统是人类物质资料的生产、流通、消费还原和调控的过程中，不同地区、部门、单位和环节等所构成的经济统一体；是生产、流通、消费还原和调控“五位一体”相辅相成的基本关系耦合而成。准则层经济子系统主要是以生产（第一产业、第二产业和第三产业）、流通（流通路径和流通工具）、消费（能源消费和消费模式）、还原（再生资源产业和废物处理能力）和调控（宏观调控和微观调控）“五位一体”相辅相成的基本关系耦合而成。生产是指人类从事创造社会财富的活动和过程，而生产活动主要为第一产业、第二产业和第三产业的生产活动，因此指标层“生产”包括第一产业、第二产业和第三产业三个分指标层；经济发展有赖于商品、服务与信息的流通，而流通路径和流通工具是流通的重要载体，因此，指标层“流通”包括流通路径和流通工具；消费是社会再生产过程中的一个重要环节，也是最终环节，它是指利用社会产品来满足人们各种需要的过程，消费又分为生产消费和个人消费，前者指物质资料生产过程中的生产资料和生活劳动的使用和消耗，后者是指人们把生产出来的物质资料和精神产品用于满足个人生活需要的行为和过程，是“生产过程以外执行生活职能"，为使"消费"指标具有生态学意义，选取能源消费和消费模式两个分指标层；还原是指对事物还原到原始状态，通过还原环节可以提高经济综合效益，指标层"还原"主要从再生资源产业和废物处理能力两方面构建分指标层；调控是指调节机体内外环境的调控功能，使之保持相对平衡，而宏观调控和微观调控是国家管理经济的重要职能，因此指标层"调控"应包括宏观调控和微观调控两个分指标层。构建分指标层后，在各个分指标层的基础上选取与分指标层紧密联系的17个子指标。

社会子系统涉及城市、居民、社会、经济及文化活动的各个方面，主要表现为人与人之间、个人与集体之间以及集体与集体之间的各种关系，由体制网、知识网、文化网等三类功能网络间错综复杂的系统关系所组成，以人口（人口素质和人口结构）、人治（社会治安）、人道（社会捐助体系）、人权（人权事故发生量）和人文（文化传统）"五位一体"为中心。准则层社会子系统由体制网、知识网、文化网三类功能网络间错综复杂的系统关系所组成，以人口、人治、人道、人权和人文"五位一体"为中心构建指标体系。人口是一个内容复杂、综合多种社会关系的社会实体，由性别和年龄及自然构成，多种社会构成和社会关系、经济构成和经济关系，调整人口结构，提高人口素质，是人口与社会可持续发展的重要保障。因此，指标层"人口"选取人口素质和人口结构为分指标层；人治是法治的对立概念，指依靠个人意志的作用来管理政权实行政治统治，主要为社会治安方面，考虑到数据的可获取性，指标层"人治"选取社会治安为分指标层；人文指人类社会的各种文化现象，而文化传统的传承有助于社会进步，因此指标层"人文"选取为文化传统为分指标层；人道是尊重人类权利，爱护人的生命，关心人性的道德理念，而社会捐助体系则可以有效提高人道水平，因此指标层"人道"选取社会捐助体系为分指标层；人权是指人因其为人而应享有的权利，而人权事故发生量是人权的量化体现，考虑到数据的可获取性，指标层"人权"则选取人权事故发生量为分指标层。

（2）指标体系构建的具体内容。

为使本书的指标体系臻于完善，且有其严格的与主题相关的生态学意义，依据"城市生态竞争力"的概念，运用"五位一体"复合生态系统的原理，构建了30个省会城市生态竞争力评价指标体系，设有1个目标层、3个准则层、15个指标层、27个分指标层、38个子指标层。主要从自然、经济、社会等方面，选择有代表性的或使用频率较高的指标组成本书的指标体系，自然子系统方面以水、土、气、生、矿“五位一体”作为指标层；经济子系统方面以生产、流通、消费、还原、调控“五位一体”作为指标层；社会子系统方面以人口、人治、人权、人道、人文“五位一体”作为指标层。指标层下又各自分为若干个分指标，直到该指标可以直接测量或获取为止。城市生态竞争力评价具体指标如表3－2所示。

表3－2　城市生态竞争力评价指标体系（初选）

目标层	准则层	指标层	分指标层	子指标层
城市生态竞争力	自然子系统	水	水资源	1. 人均生活用水量
			水环境	2. 工业废水排放达标率
		土	土壤环境	3. 土壤有机质含量
			土地资源	4. 城市建成区面积
		气	大气环境	5. 空气质量达标率
			气候资源	6. 降水量
		生	生物资源	7. 建成区绿化覆盖率
			生物环境	8. 森林虫害防治率
		矿	能源生产	9. 能源生产量
			能源效率	10. 能源效率
	经济子系统	生产	第一产业	11. 农业总产值
			第二产业	12. 第二产业产值
			第三产业	13. 第三产业产值
		流通	流通路径	14. 城市人均拥有道路面积
			流通工具	15. 每万人拥有公交车辆数
		消费	能源消耗	16. 能源消费量
			消费模式	17. 城市居民家庭人均恩格尔系数
		还原	再生资源产业	18. 各市固体废物综合利用率
			废物处理能力	19. 各市工业废水排放达标率
		调控	宏观调控	20. 公共财政预算支出
			微观调控	21. 社会捐赠收入

续表

目标层	准则层	指标层	分指标层	子指标层
城市生态竞争力	社会子系统	人口	人口素质	22. 教育费用支出
			人口结构	23. 男女比例
		人治	社会治安	24. 社会稳定性
		人文	文化传统	25. 公共图书馆藏书量
		人道	社会捐助体系	26. 社会福利院床位数
		人权	人权事故发生量	27. 城镇失业率

（3）城市生态竞争力指标体系筛选。

在27个指标的指标体系基础上，本书请了15位农业经济管理、人口、资源与环境经济学、旅游与城市管理等学科的专家对指标体系的研究提供意见和建议，并请专家填写问卷，对指标的重要程度作出判断。专家问卷一共进行了三轮，第一轮结束后根据专家意见对指标体系进行了调整，将统计结果反馈给专家，请专家再次对指标体系进行评判，得出第二轮统计结果，将统计结果再次反馈给专家，请专家评判，最终得到城市生态竞争力评价指标体系。每轮问卷共发出15份，各收回15份。

① 第一轮专家意见征询表（见附录一）。

第一轮专家意见征询表分为两部分：

第一部分是27个指标，将指标的重要程度分为“重要”“较重要”“一般重要”“较不重要”“不重要”五个等级，分别赋予9、7、5、3、1分值，请专家根据指标的重要程度打分；第二部分是一个开放性问题，其内容是请专家对不合理指标做出修改和调整。

② 第二轮专家意见征询表（见附录二）。

第二轮专家意见征询表分三个部分：

第一部分是根据第一轮专家问卷统计结果调整的新指标体系，共27个指标，请专家再次对指标的重要程度进行判断；第二部分是开放性问题，第一个问题是请专家对不合理指标做出调整，第二个问题是请专家对指标体系进行补充，增加他们认为重要的其他指标；第三部分附第一轮专家问卷的统计结果，为专家在填写第二轮问卷时提供参考。

③ 第三轮专家意见征询表（见附录三）。

第三轮专家意见征询表分三个部分：

第一部分是根据第二轮专家问卷统计结果调整的新指标体系，共38个指标，专家第三次对指标的重要程度进行判断；第二部分是一个开放性问题，请专家对指标体系的不合理之处做出修改和调整；第三部分是第二轮专家问卷的统计结果，为专家在填写第三轮问卷时提供参考。

（4）统计结果分析整理。

各指标按照“重要”“较重要”“一般重要”“较不重要”“不重要”五个等级，分别赋予9、7、5、3、1分值，用各指标所得分值的算术平均值来表示专家的“意见集中度”，用各指标所得分值的变异系数来表示专家的“意见协调度”，变异系数越小，指标的专家意见协调程度就越高。

假设 X_{ij} 表示第 i 个专家给第 j 个指标的评分，现在共有 n 个专家，m 个指标，则按照下面 3 个公式进行计算：

$$S_j = \sqrt{\frac{1}{n-1}\sum_{i=1}^{n}(X_{ij} - M_j)^2} \tag{3.1}$$

$$M_j = \frac{1}{n}\sum_{i=1}^{n} X_{ij} \tag{3.2}$$

$$V_j = \frac{S_j}{M_j} \tag{3.3}$$

其中，S_j 表示 j 指标的标准差；M_j 表示 j 指标的算术平均值，M_j 越大，j 指标的专家意见集中度越高；V_j 表示 j 指标的变异系数，V_j 越小，j 指标的专家意见协调度越高。为了保证指标选取的相对客观性和准确性，本书取 $M_j \geqslant 6$ 且 $V_j \leqslant 0.5$ 作为筛选指标的标准。

① 第一轮统计结果分析。

对问卷进行整理分析和计算，根据计算的 M_j（意见集中度）和 V_j（意见协调度）值及专家的意见对表 3－2 的指标集合做以下修改，如表 3－3 所示。

把 1.“人均生活用水量”，2.“工业废水排放达标率”，4.“城市建成区面积”，5.“空气质量达标率”，7.“建成区绿化覆盖率”，9.“能源生产量”，11.“农业总产值”，12.“第二产业产值”，13.“第三产业产值”，16.“能源消费量”，18.“各市固体废物综合利用率”，19.“各市工业废水排放达标率”，20.“公共财政预算支出”，21.“社会捐赠收入”，22.“教育费用支出”，24.“社会稳定性”，25.“公共图书馆藏书量”，26.“社会福利院床位

表3-3　城市生态竞争力评价指标体系（第一轮）

目标层	准则层	指标层	分指标层	子指标层
城市生态竞争力	自然子系统	水	水资源	1. 人均水资源量
			水环境	2. 人均工业废水排放量
		土	土壤环境	3. 土壤有机质含量
			土地资源	4. 人均园林绿化面积
		气	大气环境	5. 人均工业二氧化硫排放量
			气候资源	6. 降水量
		生	生物资源	7. 森林覆盖率
			生物环境	8. 森林虫害防治率
		矿	能源生产	9. 人均能源生产量
			能源效率	10. 能源效率
	经济子系统	生产	第一产业	11. 人均农业总产值
			第二产业	12. 人均第二产业增加值
			第三产业	13. 人均第三产业增加值
		流通	流通路径	14. 城市人均拥有道路面积
			流通工具	15. 每万人拥有公交车辆数
		消费	能源消耗	16. 人均能源消费量
			消费模式	17. 城市居民家庭人均恩格尔系数
		还原	再生资源产业	18. 工业固体废物综合利用率
			废物处理能力	19. 城市生活垃圾无害化处理率
		调控	宏观调控	20. 进出口差额
			微观调控	21. 每万人中社会捐赠受益人次
	社会子系统	人口	人口素质	22. 每万人中高等学院毕业生数
			人口结构	23. 男女比例
		人治	社会治安	24. 交通事故起数
		人文	文化传统	25. 人均图书馆藏书量
		人道	社会捐助体系	26. 每万人社会福利院床位数
		人权	人权事故发生量	27. 每万人中离婚登记率

数"，27."城镇失业率"分别修改和调整为"人均水资源量""人均工业废水排放量""人均园林绿化面积""人均工业二氧化硫排放量""森林覆盖率""人均能源生产量""人均农业总产值""人均第二产业增加值"

“人均第三产业增加值”“人均能源消费量”“工业固体废物综合利用率”“城市生活垃圾无害化处理率”“进出口差额”“每万人中社会捐赠受益人次”“每万人中高等学院毕业生数”“交通事故起数”“人均图书馆藏书量”“每万人社会福利院床位数”“每万人中离婚登记率”。

专家意见：指标设置应较多使用均值，从而避免了城市人口的差异给评价结果带来干扰，如“人均水资源量”“人均能源消费量”“每万人中离婚登记对数”等。

② 第二轮统计结果分析。

对问卷进行整理分析和计算，根据计算的 M_j（意见集中度）和 V_j（意见协调度）值及专家的意见对表 3－2 的指标集合做以下修改，如表 3－4 所示。

在水资源中加入“人均地下水资源量”，在土地资源中加入“建成区绿化覆盖率”，在大气环境中加入“人均工业烟尘排放量”，在气候资源中加入“平均气温”和“年平均相对湿度”，在第一产业中加入“人均粮食

表 3－4　　城市生态竞争力评价指标体系（第二轮）

目标层	准则层	指标层	分指标层	子指标层
城市生态竞争力	自然子系统	水	水资源	1. 人均水资源量
				2. 人均地下水资源量
			水环境	3. 人均工业废水排放量
		土	土壤环境	4. 土壤有机质含量均值
			土地资源	5. 人均园林绿化面积
				6. 建成区绿化覆盖率
		气	大气环境	7. 人均工业二氧化硫排放量
				8. 人均工业烟尘排放量
			气候资源	9. 平均气温
				10. 降水量
				11. 年平均相对湿度
		生	生物资源	12. 森林覆盖率
			生物环境	13. 森林虫害防治率
		矿	能源生产	14. 人均能源生产量
			能源效率	15. 能源效率

续表

目标层	准则层	指标层	分指标层	子指标层
城市生态竞争力	经济子系统	生产	第一产业	16. 人均农业总产值
				17. 人均粮食产量
			第二产业	18. 人均第二产业增加值
				19. 第二产业占 GDP 比重
			第三产业	20. 人均第三产业产值
				21. 第三产业占 GDP 比重
		流通	流通路径	22. 公路里程密度
				23. 城市人均拥有道路面积
				24. 城市排水管道密度
			流通工具	25. 人均电信业务
				26. 万人拥有公共汽车拥有量
		消费	能源消耗	27. 人均能源消费量
			消费模式	28. 城市居民家庭人均恩格尔系数
		还原	再生资源产业	29. 工业固体废物综合利用率
			废物处理能力	30. 城市生活垃圾无害化处理率
		调控	宏观调控	31. 进出口差额
			微观调控	32. 每万人中社会捐赠受益人次数
	社会子系统	人口	人口素质	33. 每万人中高等学校毕业生数
			人口结构	34. 男女比例
		人治	社会治安	35. 交通事故起数
		人文	文化传统	36. 人均公共图书馆藏书量
		人道	社会捐助体系	37. 每万人社会福利院床位数
		人权	人权事故发生量	38. 每万人中离婚登记数

产量"，在第二产业中加入"第二产业占 GDP 比重"，在第三产业中加入"第三产业占 GDP 比重"，在流通路径中加入"公路里程密度"和"城市排水管道密度"，在流通工具中加入"人均电信业务"。

专家意见：在构建评价体系时应较多用"密度"而不是"长度"，从而避免了不同城市面积存在的差异给生态竞争力评价结果带来的干扰，如公路里程密度、排水管道密度等。其中，能源消费效率 = GDP/能源消费总量；公路里程密度 = 公路里程数/土地面积；排水管道密度 = 排水管道长度/土地面积。

③ 第三轮统计结果分析。

第三轮专家调查问卷，专家提议土壤有机质含量均值和每万人社会福利床位数指标数据难以获取，建议去掉土壤有机质含量均值指标，把每万人社会福利床位数指标替换为每万人卫生机构床位数指标，计算 37 个指标的 M_j（意见集中度）和 V_j（意见协调度）值（见表 3－5）。

表 3－5　　城市生态竞争力评价指标体系（第三轮）

目标层	二级指标	三级指标	四级指标	五级指标	意见集中度	意见协调度
城市生态竞争力	自然子系统	水	水资源	人均水资源量	7.67	0.16
				人均地下水资源量	7.40	0.23
			水环境	人均工业废水排放量	6.87	0.30
		土	土地资源	人均园林绿地面积	7.40	0.23
				建成区绿化覆盖率	7.27	0.20
		气	大气环境	人均工业二氧化硫排放量	7.00	0.22
				人均工业烟尘排放量	6.20	0.32
			气候资源	平均气温	6.07	0.27
				降水量	6.20	0.27
				年平均相对湿度	6.07	0.17
		生	生物资源	森林覆盖率	7.27	0.23
			生物环境	森林虫害防治率	6.07	0.27
		矿	能源生产	人均能源生产量	6.07	0.27
			能源效率	能源效率	7.00	0.26
	经济子系统	生产	第一产业	人均农业总产值	6.20	0.27
				人均粮食产量	6.07	0.25
			第二产业	人均第二产业增加值	6.33	0.26
				第二产业占 GDP 比重	6.60	0.23
			第三产业	人均第三产业产值	7.67	0.13
				第三产业占 GDP 的比重	7.40	0.18
		流通	流通路径	公路里程密度	6.20	0.29
				城市人均拥有道路面积	6.07	0.25
				城市排水管道密度	6.20	0.27
				人均电信业务	6.07	0.35
			流通工具	万人拥有公共汽车拥有量	6.07	0.17

续表

目标层	二级指标	三级指标	四级指标	五级指标	意见集中度	意见协调度
城市生态竞争力	经济子系统	消费	能源消耗	人均能源消费量	6.33	0.31
			消费模式	城市居民家庭人均恩格尔系数	6.33	0.28
		还原	再生资源产业	工业固体废物综合利用率	7.27	0.14
			废物处理能力	城市生活垃圾无害化处理率	8.07	0.16
		调控	宏观调控	进出口差额	6.07	0.17
			微观调控	每万人中社会捐赠受益人次数	6.47	0.27
	社会子系统	人口	人口素质	每万人中高等学校毕业生数	6.87	0.26
			人口结构	男女比例	6.07	0.17
		人治	社会治安	交通事故起数	7.40	0.23
		人文	文化传统	人均公共图书馆藏书量	6.07	0.21
		人道	社会捐助体系	每万人社会卫生机构床位数	6.73	0.19
		人权	人权事故发生量	每万人中离婚登记数	6.07	0.17

从表3-5可以看出，各指标分值均满足$M_j \geq 6$且$V_j \leq 0.5$，说明各指标的专家意见集中度和意见协调度较高，故得到最终的城市生态竞争力评价指体系（见表3-6）。

经过三轮专家问卷调查，对专家开放性问题的回答进行整理，最终得到了大尺度城市生态竞争力评价指标体系。

（二）省域内地市级城市生态竞争力指标体系的建立

城市生态竞争力是在确保城市生态系统可持续发展的原则基础上，通过其内部社会经济和生态环境的竞争力水平的提高，做到实现在城市范围内社会、经济和资源三者的协调发展的过程。因而，城市生态竞争力是一个拥有多个层次结构的，较为复杂的系统，对其评价是这个城市的战略发展、

表 3－6　　城市生态竞争力评价指标体系

目标层	二级指标	三级指标	四级指标	五级指标
城市生态竞争力	自然子系统	水	水资源	人均水资源量（立方米/人）
				人均地下水资源量（亿立方米）
			水环境	人均工业废水排放量（吨）
		土	土地资源	人均园林绿地面积（平方米）
				建成区绿化覆盖率（%）
		气	大气环境	人均工业二氧化硫排放量（千克）
				人均工业烟尘排放量（千克）
			气候资源	平均气温（℃）
				降水量（毫米）
				年平均相对湿度（%）
		生	生物资源	森林覆盖率（%）
			生物环境	森林虫害防治率（%）
		矿	能源生产	人均能源生产量（吨标准煤）
			能源效率	能源效率（元/吨标准煤）
	经济子系统	生产	第一产业	人均农业总产值（元）
				人均粮食产量（千克）
			第二产业	人均第二产业增加值（元）
				第二产业占 GDP 比重（%）
			第三产业	人均第三产业产值（元）
				第三产业占 GDP 的比重（%）
		流通	流通路径	公路里程密度（公里）
				城市人均拥有道路面积（平方米）
				城市排水管道密度（km/km^2）
				人均电信业务（元）
			流通工具	万人拥有公共汽车拥有量（辆）
		消费	能源消耗	人均能源消费量（吨标准煤）
			消费模式	城市居民家庭人均恩格尔系数（%）
		还原	再生资源产业	工业固体废物综合利用率（%）
			废物处理能力	城市生活垃圾无害化处理率（%）
		调控	宏观调控	进出口差额（万美元）
			微观调控	每万人中社会捐赠受益人次数（人次）

续表

目标层	二级指标	三级指标	四级指标	五级指标
城市生态竞争力	社会子系统	人口	人口素质	每万人中高等学校毕业生数（人）
			人口结构	男女比例（%）
		人治	社会治安	交通事故起数（起）
		人文	文化传统	人均公共图书馆藏书量（册）
		人道	社会捐助体系	每万人社会卫生机构床位数（张）
		人权	人权事故发生量	每万人中离婚登记数（对）

市场定位的基本条件，要灵活而实际地制定城市的发展战略，就得构建一个具有科学性、合理性的评价指标体系，而对指标的选定更是重中之重，指标必须突出生态竞争力的含义、特点等，还必须综合反映出当下生态竞争力的状况和水平，以及将来城市的城市发展希望水平，全面构建出层次分明、可操作性强、系统结构、科学客观的评价指标体系（任子君，2015）。

城市生态竞争力本质上是为城市培植其生态政治、生态经济、生态文化、生态社会、及生态环境间相互耦合、协同演化、持续发展的能力，它们之间紧密相关，是决定城市可持续发展水平的关键因素。党的十八大提出大力推进"五位一体"的生态文明建设，本书在借鉴相关学者研究成果的基础上，坚持科学性、完备性、独立性的原则，并考虑数据的可得性，结合江西省发展的实际情况，建立最初的江西省城市生态竞争力评价的层次指标体系，包含生态政治竞争力、生态经济竞争力、生态文化竞争力、生态社会竞争力和生态环境竞争力，共5个一级指标、11个二级指标、44个三级指标，见表3－7。经过三轮专家的建议，进行修改和调整，最终确定了江西省地级市城市生态竞争力评价指标体系（见表3－8）。

（1）生态经济竞争力指标。

城市经济发展是城市可持续发展的根基，是生态竞争的核心发动机，唯有将强大的经济发展实力作为城市坚强的后盾，才能使得城市更加科学合理地优化资源配置，让生产力与生产要素相互之间高效和谐运转，当城市居民的物质追求得到了满足，才能实现生态发展。本书从城市经济发展的大环境来衡量其可持续发展水平和发展潜力。选取指标包括经济发展水

表 3－7　　江西省地市级城市生态竞争力指标体系（初选）

一级指标	二级指标	三级指标
生态经济竞争力	经济发展水平	人均 GDP
		职工工资水平
		城镇居民人均可支配收入
		城镇居民人均生活消费支出
	经济发展潜力	总人口
		工业生产总值
		第三产业占 GDP 比重
		有效发明专利数
生态政治竞争力	政府作用	政府财政收入
		政府财政支出
		单位从业人数占总人数比
		在岗职工平均货币工资
	政府激励机制	创省级生态乡镇个数
		创省级生态村个数
		生态奖励金额
		农业生态示范园试点个数
生态文化竞争力	拥有文化资源	高等学校在校学生数
		高等学校专任教师数
		公共图书馆藏书人均拥有量
		教育从业人员数
	文化重视程度	教育事业费
		教育业固定资产投资比（%）
		每万人拥有高等学校数
		教师平均工资水平
生态社会竞争力	居民生活状况	城市用水普及率（%）
		集中式饮用水源地水质达标率（%）
		城市人均天然气供气量（立方米）
		城镇居民家庭恩格尔系数
	社会基础设施	城市人均拥有道路面积
		人均邮电业务总量
		每万人拥有公共汽车辆
		城市用水普及率

续表

一级指标	二级指标	三级指标
生态环境竞争力	生态环境水平	森林覆盖率（%）
		空气质量优良天数（天）
		建成区绿化覆盖率（%）
		人均公园绿地面积（平方米）
	生态环境压力	单位面积农用化肥施用量（吨/平方公里）
		单位工业 GDP 二氧化硫排放量（吨/亿元）
		单位面积城市污水排放量（吨/平方公里）
		单位面积工业废水排放量（吨/平方公里）
	生态环境保护	生活垃圾无害化处理率（%）
		城市污水处理率（%）
		工业固废综合利用率（%）
		工业废水排放达标率

表 3-8　　江西省地级市城市生态竞争力指标体系

一级指标	二级指标	三级指标	性质
生态经济竞争力	经济发展水平	人均 GDP（元）	正向
		人均财政收入（元）	正向
		城镇居民人均可支配收入（元）	正向
	经济发展潜力	单位 GDP 能耗（万吨标准煤/亿元）	逆向
		城镇居民恩格尔系数（%）	逆向
		第三产业占 GDP 比（%）	正向
生态政治竞争力	政府信息公开度	主动公开环境政务信息量（条）	正向
		依申请公开（件）	逆向
	政府激励机制	创省级生态乡镇个数（个）	正向
		创省级生态村个数（个）	正向
生态文化竞争力	拥有文化资源	公共图书馆藏书人均拥有量（册）	正向
		每万人中高等学校毕业生数（人）	正向
	文化重视程度	市级生态文化宣传活动数（次）	正向
		教育业固定资产投资比（%）	正向
生态社会竞争力	居民生活状况	城市用水普及率（%）	正向
		集中式饮用水源地水质达标率（%）	正向
		城市人均天然气供气量（立方米）	正向

续表

一级指标	二级指标	三级指标	性质
生态社会竞争力	社会基础设施	城市人均拥有道路面积（平方米）	正向
		每万人拥有公共汽（电）车辆（辆）	正向
		每万人年末实有出租汽车数（辆）	正向
生态环境竞争力	生态环境水平	森林覆盖率（%）	正向
		空气质量优良天数（天）	正向
		建成区绿化覆盖率（%）	正向
		人均公园绿地面积（平方米）	正向
	生态环境压力	单位面积农用化肥施用量（吨/平方公里）	逆向
		单位工业 GDP 二氧化硫排放量（吨/亿元）	逆向
		单位面积城市污水排放量（吨/平方公里）	逆向
		单位面积工业废水排放量（吨/平方公里）	逆向
	生态环境保护	生活垃圾无害化处理率（%）	正向
		城市污水处理率（%）	正向
		工业固废综合利用率（%）	正向

平——反映城市经济规模、速度和所达到的水准，主要有人均 GDP、人均财政收入、城镇居民人均可支配收入；经济发展潜力——旨在反映研究区域未来经济潜力，主要包括单位 GDP 能耗、城镇居民恩格尔系数、第三产业占 GDP 比。其中单位 GDP 能耗指每生产出万元国内生产总值对应能源消耗，单位 GDP 能耗越低，能源使用效率就越高，资源的节能就越能得到体现。计算公式为：单位 GDP 能耗 = 能源消费总量（吨标准煤）/国内生产总值（万元，不变价）。

（2）生态政治竞争力指标。

经济发展水平的持续上升，生态危机在全球范围内不断蔓延，民众在生态环境保护上的意识慢慢加强，深刻地认识到在生态发展上的阻碍中不单单是经济不足，更主要是政治不足。政治和生态发展的关系密切，社会往往在严峻的生态环境危机中寻求政治力量的援助，以保全生态环境安全，从中就可以体现两者依存关系。故选取指标有政府信息公开度（主要从主动公开环境政务信息量、依申请公开量）、政府激励机制（主要从创省级生态乡镇个数、创省级生态村个数方面反映）。

（3）生态文化竞争力指标。

在文化科技的不断发展中，生态已经变为由简单的自然生态系统转变为复合型的人工生态系统，生态领域已经扩展到文化产业，逐渐影响人们的生活，因而要从生态文化的层面来衡量城市的发展情况。城市文化的教育对城市生态竞争力的发展起到指引作用，不仅包括城市拥有文化资源，还包括对文化的重视程度。故选取指标有拥有文化资源（主要从公共图书馆藏书人均拥有量、每万人中高等学校毕业生数来反映）和文化重视程度（主要从市级生态文化宣传活动数、教育业固定资产投资比来反映）。

（4）生态社会竞争力指标。

生态社会的建设目标是将健康自然的生态环境和国泰民安的社会环境相融合，构建一个健康的社会系统。在稳定、团结、和谐的社会环境下，更有利于推动实施生态文明的建设，但动荡不安的社会环境必然会阻碍生态社会的建设。因而社会中的和谐度越高，越能体现生态城市的建设效果水平。社会居民生活状况和基础设施直接影响城市生态竞争力。选取指标包括居民生活状况（主要从城市用水普及率、集中式饮用水源地水质达标率、城市人均天然气供气量来反映）和社会基础设施（城市人均拥有道路面积、每万人拥有公共汽电车辆、每万人年末实有出租汽车数）。

（5）生态环境竞争力指标。

“生态环境”是一切人类生产生活的物质基础，是城市在自然条件下能够承受整个城市生态系统压力程度的现状，更是一个城市是否能做到可持续发展的重要衡量指标。城市的发展不仅仅是对城市经济、城市政治、城市文化和城市社会层面的高要求，更是对生态环境可持续发展的强调，生态环境是城市生态发展的重要基础。选取指标包括生态环境水平（主要从森林覆盖率、空气质量优良天数、建成区绿化覆盖率、人均公园绿地面积等来反映）、生态环境压力（主要从单位面积农用化肥施用量、单位工业 GDP 二氧化硫排放量、单位面积城市污水排放量、单位面积工业废水排放量等来反映）和生态环境保护（生活垃圾无害化处理率、城市污水处理率、工业固废综合利用率）。其中，森林覆盖率指森林面积占土地总面积的百分比，计算公式为：森林覆盖率 = 森林总面积 × 100% / 土地总面积；空气质量达到及好于二级的天数是指城市空气中的大气污染物达到《环境空气指标标准 GB3095 - 1996》以及修订单二级标准以上的天数；工业固体废物综合利用率指工业固土废物综合利用量占工业固体废物产生量的百分率。

四、城市生态竞争力权重体系的建立

在城市生态竞争力评价中，包含了多层次以及多指标的构建，以及指标无量纲化工作，而赋予指标权重是整个评价过程的关键步骤。国内在20世纪70年代，各学者就已经开始系统性地对有关城市竞争力进行了研究，但在评价方法上并未得出一套成熟完善、系统固定的方法体系。至今绝大部分的评价方法仍然处于理论探索阶段。本书在对有关文献进行分类整理后发现，绝大部分文献采用了主成分分析法、因子分析法、层次分析法，只有极少的文献采用熵值法。在对许多分析方法进行针对性学习和探讨的基础上，本书主要聚焦在四种方法上，这四种方法在城市竞争力评价中各有优劣，经过研究和总结，得到表3－9。

表3－9　确定权重方法比较

分析方法	优点	缺点
主成分分析法	剔除重复信息，简化工作量、消除主成分之间相关影响、已有有关软件，便于计算	主成分的原始变量含义清晰、确切，但当主成分的因子负荷有正负号时，评价的意义变得不明朗且命名清晰度不高
因子分析法	保留原始变量，根据相关性将因子归类，化简数据。因子变量有各自含义且能够清晰命名	在计算因子得分时，采用最小二乘法，此时有时可能会失效
层次分析法	依据专家、学者打分的形式确定各指标权重，简化计算过程	主观因素影响较大，对权重的主观赋值缺乏客观性和准确性
熵值法	在没有任何降维技术情况下，直接对原始变量进行计算，拥有较高精确度和可信度，同时具备有较强的说服力	缺乏相关计算软件，仅能运用Excel进行，其过程十分复杂，特别是当指标的选取较多时不易操作，计算的难度特别大

这四种方法在运用中各有利弊，重点是如何取其精华，充分应用到城市生态竞争力的研究上。经以上四种方法的整理归纳和对比总结，为了保证计算结果的精准以及评价过程中分析的客观性，决定采取熵值分析法。

熵值法是根据各评价指标数值的变异程度所反映的信息量大小来确定熵值，熵值实际反映了一个指标的变化程度，熵值越小，表明该指标在实际的应用中发挥的作用越大，权重应该越大；反之，某项指标的指标值变异程度越小，信息熵越大，该指标的作用越小，权重也较小。

第三节　本章小结

本章以城市生态竞争力的内涵为依据，通过参考和总结目前已有城市生态竞争力的有关评价指标体系的文献，基于构建指标体系的全面性和科学性、时效性与代表性等原则，建立起关于自然、社会、经济的三个子系统，这三个子系统相互独立，并将这三个子系统比作城市生态竞争力评价的准则层，各个准则层下设 5 个指标层，因而称为“五位一体”，构建了全国各省会城市（除西藏、香港、台湾、澳门）生态竞争力评价指标体系。其中，自然子系统方面自然子体系分设水、土、气、生、矿五个部分；经济子系统方面经济子体系分设生产、流通、消费、还原、调控五个部分；社会子系统方面社会子体系分设人口、人治、人文、人道、人权五个部分。除了建立全国城市生态竞争力指标体系外，结合江西省发展的实际情况，从生态政治竞争力、生态经济竞争力、生态文化竞争力、生态社会竞争力和生态环境竞争力五个方面，构建江西省各城市生态竞争力评价指标体系。城市生态竞争力涉及多个层次，每个层次下又有很多个指标，对多层次多目标的体系进行评价常用的方法有主成分分析法、层次分析法、因子分析法等，在对许多分析方法进行针对性学习和探讨的基础上，本书主要聚焦在四种方法上，这四种方法在城市竞争力评价中各有优劣，经过研究和总结，整理归纳出结果，确定运用熵值法对指标体系进行评价。

第四章　城市生态竞争力评价方法

第一节　多指标综合评价法

一、评价概述

评价是一种理念，是指基于系统分析思想并运用多种模型方法对各种经济、社会和环境等问题进行分析。这是一种量化描述性统计分析，可以对研究对象结构进行差异化描述，从而为结构优化提供路径。在对城市生态竞争力的评价中，可以划分为时间维度上的动态变化对比和空间维度上的区域差异对比两个维度，从纵向上分别反映各地区城市生态竞争力演变水平，从横向上反映各地区城市生态竞争力间的相对水平。本书有机地将两个维度综合起来考量，以期更加客观、全面地评价城市生态竞争力水平，考核各城市的生态城市进程，及时发现发展进程中的问题，提出针对性建议和措施。

评价系统的本质特征是对信息进行综合评价，表现为将杂乱无序的信息处理成条理有序的信息，通过运用科学的方法和现代化的计算工具，来处理海量的信息数据。其中，评价者、评价目的、被评价对象、评价指标、权重系数以及综合评价模型是对问题进行评价的重要要素组成部分。（郭亚军，2007；杜栋，庞庆华，2005）。

（1）评价者。评价者在这里可以是某个人，也可以是某个团队。评价者的不同，将直接影响到评价目的的确定、评价指标的建立、评价模型的选择和权重系数的确定。在对城市生态竞争力评价中，进行评价的主体涉及多元，包括以研究为目的的高校学者及科研院所，以城市发展目的的政府相关主体以及处于特定目的的社会组织及团体等。

（2）评价目的。评价目的是进行评价工作最为根本性的指导方针。当围绕某个问题进行综合评价的时候，第一要义是要明确综合评价的目的，需要对研究对象哪些方面进行评价，以及评价的科学性、精确程度需要达到何种程度等。通常情况下，评价的目的往往会因为评价主体不同而有所差异，但也有其共通性。针对城市生态竞争力的评价，其主要目的是通过对城市生态竞争力的衡量，发现和诊断现代城市建设中存在的主要问题，从而促进城市经济、社会、生态、环境全面协调发展，进而提升区域乃至国家的综合发展水平。

（3）被评价对象。找对被评价对象，目的是为了评价事物在不同时间段的不同特征以及表现。在对城市生态竞争力评价中，被评价的对象为城市，实现对各城市生态竞争力的水平差异以及时间动态变化进行系统分析。

（4）评价指标。评价指标的选取是为了从各个角度，全面、系统地反映研究对象的特征。在评价指标的选取中，往往需要综合考虑研究对象方方面面的特征，选取不同的特征表现依据，从而刻画出研究对象的具体特征。城市生态竞争力具有丰富内涵，它是一个较为宽泛且包含多方面的概念。因此，想要科学衡量某些特定城市是否具备生态竞争力及其强弱，就必须尽可能科学、合理又不失针对性地选取指标，构成城市生态竞争力评价的综合指标体系，以此反映各城市生态竞争力的真实水平。

（5）权重系数。权重系数的合理设定尤为重要，权重系数体现为指标对总目标的贡献程度。因此权重系数设定的合理性，关系到各界对评价结果的可信程度。

（6）综合评价模型。综合评价模型体现了评价的系统性和科学性，是将多个评价指标通过数学模型的方法进行整体性的评价。在城市生态竞争力评价中，需要根据评价的目的和城市的特征来科学选择数学模型，以及合理设定权重系数。

二、多指标综合评价概述

在科学研究中，我们遇到的研究事物往往是复杂多样的，如果仅仅运用某个指标对事物进行评价，往往容易造成结果偏差，无法科学反映被评价对象的真实情况。因此，需要从各个方面进行指标选取，并最终汇总成综合性指标结果，从而达到评价事物综合水平的目标，这个过程也体现了多指标综合评价方法的本质。在对城市生态竞争力评价过程中，需要综合考虑城市的经济、社会、环境和生态等多方面的情况，适合采用多指标综合评价方法。因此，在评价过程中，其评价指标选取广泛且庞杂。

多指标综合评价法的基本原理是利用多指标综合指数的理论及方法，将所选择的具有代表性的若干个指标综合成一个指数，从而对事物的发展状况做出综合的评价。在综合评价过程中，通常需要根据指标的重要程度对其进行加权处理，评价的结果往往是以指数或者分值的形式来表示研究对象的“综合水平”。多指标综合评价法的基本步骤如下：

（1）确定多指标综合评价指标体系，这是城市生态竞争力综合评价的基础和依据。

（2）收集数据，并对不同计量单位的指标数据进行量纲化处理。城市生态竞争力评价涉及经济、社会、生态、环境等多个方面，不同统计数据，统计单位差异大，不能直接加以计算，只有统一量纲后才具有可比性和计算意义。

（3）确定指标体系中各指标的权重，以保证评价的科学性。权重对于评价结果的影响举足轻重，城市生态竞争力评价中权重赋值的方法较多，要根据研究需要合理选择恰当的赋权方法。

（4）根据权重处理后的指标，计算得到城市生态竞争力评价指标体系各个子系统的得分，最终加总得到城市生态竞争力指数或者综合评价分值。

（5）最后，根据评价指数或分值对各城市生态竞争力水平进行排序，从而得到最终的结果。

（一）指标的无量纲化处理

在多指标综合评价中，不同的指标往往具有不同的量纲。因此，首先需要对数据指标进行无量纲化处理，从而根本上消除量纲对评价结果产生的影响，达到不同计量单位指标能够进行综合评价的目的。当前，无量纲化方法可以概括为以下四种：

(1) 统计标准化。

统计标准化是学术界目前应用最为广泛的一种无量纲化方法（贾俊平，2000）。设多指标综合评价问题中指标集矩阵为 $X=\{X_1, X_2, \cdots, X_n\}$，转换后的标准值集矩阵为 $Z=\{Z_1, Z_2, \cdots, Z_n\}$。则其具体计算公式为：

$$Z_{ij}=\frac{X_{ij}-X_j}{\sigma_j} \tag{4.1}$$

其中，$\sigma_j=\sqrt{\frac{1}{n-1}\sum_{i=1}^{n}(X_{ij}-X_j)}$，$X_{ij}$表示指标的实际值，$X_j$表示 X_{ij}的均值；σ_j表示 X_{ij}的标准差。

(2) 极值标准化。

极值标准化转换的具体计算公式为：

当评价指标为正向指标时，有：

$$X'_{ij}=(X_{ij}-X_{min})/(X_{max}-X_{min}) \tag{4.2}$$

当评价指标为逆向指标时，有：

$$X'_{ij}=(X_{max}-X_{ij})/(X_{max}-X_{min}) \tag{4.3}$$

其中，X_{ij}表示第 i 年第 j 个指标的实际值，X'_{ij}表示标准化后的值。X_{max}、X_{min}表示第 j 个指标的最大值与最小值。

(3) 定基与环比转换。

定基与环比转化的具体计算公式分别为：

$$Z_{ij}=\frac{X_{ij}}{X_{0j}} \text{ 或 } Z_{ij}=\frac{X_{ij}}{X_{(i1)j}} \tag{4.4}$$

其中，X_{ij}表示报告期水平值，X_{0j}表示基期水平值，$X_{(i1)j}$表示前一期水平值，此法适合构造时间序列指数的指标转换。

(4) 指数法。

指数法是根据指数分析的基本原理，将指标的实际值与标准值进行比较，其形式与公式（4.4）同形，计算公式为：

$$Z_{ij}=\frac{X_{ij}}{X_{nj}} \tag{4.5}$$

其中，X_{nj}是用于指标的比较的标准值，比较标准可以采用平均水平或先进水平，适合于比较指数的指标转换。

（二）权重的确定

指标权重的设定在多指标综合评价中，具有至关重要的作用，设置得合理与否将对评价结果产生重要的影响。当前，指标权重设置方法大致可以分为两大类：主观赋权法和客观赋权法。在城市生态竞争力水平评价中，熵值法、因子分析法、成分分析法、TOPSIS 评价法和灰色关联度法等方法运用得最为常见。优点主要体现为客观性强，缺点为计算较为烦琐。

在多指标综合评价法的最终加总处理中，目前最为广泛的方式是利用加权平均法对其指标评价进行加总，其优点是简单明了、结论可靠、可操作性强等。多指标综合评价法的根本原理是利用加权平均法，将经过无量纲化的指标数据综合成一个最终的综合评价水平值。在城市生态竞争力研究中，层层递进，最终综合所得的指数就是城市生态竞争力指数。设所选择的 N 个指标为 $X = (X_1, X_2, \cdots, X_n)$，经过无量纲化处理后得到转换值分别为：$Z = (Z_1, Z_2, \cdots, Z_n)$，对各个指标赋予的权重分别为 W_1，W_2，…，W_n，则综合评价指数为：

$$I = \sum_{i=1}^{n} Z_i \cdot W_i \tag{4.6}$$

其中，$0 \leq W_i \leq 1$ 且满足 $\sum_{i=1}^{n} W = 1$。

三、多指标综合评价法在城市生态竞争力评价中的运用

在经济全球化的作用下，世界各国必将联系更为紧密，城市作为国家的重要组成部分，必将是未来紧密联系的主体。在未来很长一段时间，各国间城市竞争将成为主旋律，必将加速全球经济结构调整和地域分工重组，进一步加剧城市间的竞争。20 世纪以来，以追求经济高速增长的传统发展模式，给城市造成了很多问题，如资源枯竭、生态恶化、环境污染、土地紧缺、空气质量变差等环境问题，因此人类希望城市尽快向生态化发展的意愿越来越迫切。1971 年，联合国教科文组织（UNUSCO）首次提出了“生态城市”的概念，明确提出要从生态学的角度运用综合生态学方法来研究城市发展，在世界范围内推动了生态学理论的广泛应用以及生态城

市、生态社区、生态村落的规划建设与研究。城市化的快速推进如一把"双刃剑"，一方面为人类社会发展做出了巨大贡献，另一方面也带来许多生态环境问题，在一定程度上威胁了人类自身的可持续发展。在未来，世界城市间的竞争，除了财力、物力、人力的竞争外，生态竞争也将越来越重要。如何实现城市生态可持续发展，协调好经济、社会和自然之间的关系，一直是全球关注的焦点。因此，对城市生态竞争力进行评价的迫切要求。

在对城市生态竞争力评价的研究中，需要重点解决两个方面的问题：一方面是理论问题，即城市生态竞争力概念及其理论的研究；另一方面是现实问题，即如何提升城市的生态竞争力。这两者既相互独立又是相互联系的，是将城市生态竞争力评价从理论研究升华至实际应用的关键环节。如果没有城市生态竞争力评价指标体系、评价模型和方法，构建生态城市的思想就只能停留在理论上，既无法给出科学的界定，也无法指导实际操作。

城市生态是通过人类社会经济活动在适应自然环境的基础上，建立的"自然—经济—社会"复合生态系统。城市的可持续发展有赖于城市的自然、经济、社会的相辅相成，因而对其生态竞争力进行评价，就不能仅仅从某一个方面开展评价。而应该将其视为一个综合系统。从自然、经济、社会、生态等多维度选取评价指标，以期全面、客观地做出评判。因而城市生态竞争力的指标体系中包含指标数量较多，如何把多个指标综合成统一的指标进行城市生态竞争力的评价，就需要借助于多指标综合评价法。对于一个城市当前生态竞争力水平如何？处于何种层次？需要通过研究做出相对精确的判断，有利于明确城市可持续发展的方向和提升的重点，体现了对城市生态竞争力进行综合评价的需求。在我国当前阶段，城市生态竞争力的研究是建立在城市竞争力研究的基础之上，基本的评价方法趋于一致，通常借助于多指标综合评价法，只是评价指标的构建和方法选择上有细微差异。

第二节　城市生态竞争力主观赋权综合评价法

在评价指标体系中，指标权重的赋予对评价结果具有决定性影响，运用多指标综合评价法来研究城市生态竞争力问题也无法回避指标确权的问题，各指标权重的大小不仅反映出其在衡量城市生态竞争力层面的重要性和关联程度，对其研究结果的准确性也必将产生关键影响。因此，科学、合理选择指标权重的赋予方法尤其关键。当前，层次分析法和模糊综合评判法等主观赋权法在城市生态竞争力多指标综合评价中应用较为普遍。本节将在介绍这两种方法的概念、基本原理、基本步骤的基础上，进一步对其运用在城市生态竞争力评价中的优缺点进行分析。

一、层次分析法

层次分析法在解决复杂问题时，具有很强的适用性，特别是绩效评估等方面运用非常广泛，该方法也同样适用于城市生态竞争力评价。层次分析法将定量分析与定性分析有机地结合起来，可以有效解决存在不确定性和复杂性的系统。城市作为一个由社会、经济、生态、环境等要素形成的复杂综合系统，选择指标对其生态竞争力做出合理评价，就不能单纯从经济指标衡量，而要力求全面反映城市生态竞争力的各个方面。实际上，城市生态竞争力评价指标具有整体性，评价系统的各个指标具有连贯性，各个对应问题的指标并不是孤立的。所涉及的难易环环相扣，层层递进，构成一个有机的系统。而层次分析法能够将评价主体相互关联的指标有序组织起来，构成一个整体，能够将城市生态竞争力衡量指标按属性不同划分成若干组，形成递阶层次。这满足了城市生态竞争力评价系统多层次、层层关联的特点。

（一）层次分析法内涵

层次分析法（the analytic hierarchy processs，AHP），于 20 世纪 70 年代中期，由美国著名运筹学家萨迪（T. L. Saaty）首次提出，是一种定性与定量相结合、具有系统性和层次性的分析方法。特别适用于目标结构相对复杂且数据相对缺乏的复杂情况，能够将相关决策人员的经验进行量化，是一种简单、适用性强的多维度决策量化方法。自从萨迪提出以来，广泛应用于各行各业进行决策制定（虞晓芬、傅玳，2004）。

（二）层次分析法的基本原理

层次分析法是将需要解决的复杂问题，通过相互之间的关系将其诸多数据指标划分为多个有序的层次。每一层次中的元素具有大致相等的地位，并且每一层与上一层次和下一层次有着一定的联系，层次之间按隶属关系建立起一个有序的递阶层次模型（卢毅勤，2004）。目标层、准则层和指标层是构成层次结构最基本的组成要素。在递阶层级模型中，按照对一定客观事实的判断，对每层的重要性以定量的形式加以反映。然后利用数学方法计算每个层次的系数，判断矩阵中各指标的相对重要性权重。最后，通过在递阶层次结构内各层次相对重要性权重的组合，得到全部指标相对于目标的重要程度权重。

（三）层次分析法的基本步骤

第一，建立递进层次结构模型。首先要明确评价的目标、评价的准则以及被评价的方案等，因此，要分析评价系统中所包含的因素，按照因素间的相互关联影响以及隶属关系，将各因素按不同层次聚集组合，形成一个多层次的结构模型。

第二，构造比较判断矩阵。在递阶层次结构建立后，对各层要素中进行两两比较，并引入判断尺度将其量化，构造比较判断矩阵。

第三，层次单排序。层次单排序就是计算同一层次相应要素对上一层次某要素的相对重要性排序权值，层次单排序的做法是计算各比较判断矩阵的最大特征值及其对应的特征向量。

第四，层次总排序。层次单排序给出了相对于上一层次某要素，本层次相应要素的相对重要性排序权值。而最终要求出的是最低层（方案层）相对于最高层（目标层）的相对重要性排序权值，进而求得综合评价的结果，即综合各方案在各评价准则下优劣的总结果。其中，综合权值排序最高的方案就是最优方案，这就是层次总排序的工作。因此，层次总排序的目的是计算同一层次所有要素对于最高层（总目标）的相对重要性排序权值。

第五，层次单排序的一致性检验。比较判断矩阵的元素，是由评价者通过两两比较得到的，但评价者一般很难做出精确的判断，而只能对它们进行估计。如果在估计时偏差过大，出现了严重的思维判断不一致的情况，就必须对比较判断矩阵进行修正。层次单排序的一致性检验，就是检验各比较判断矩阵是否存在逻辑错误，同时确定这种错误是属于可接受的还是不可接受的。只有通过一致性检验的比较判断矩阵才被认为是有效的，否则就需进行修正。

第六，层次总排序的一致性检验。层次单排序，是对各个比较判断矩阵进行的一致性检验，除此以外，还须对各个层次所有的比较判断矩阵，进行相对于最高层的综合的一致性检验，这就是层次总排序的一致性检验。

（四）层次分析法在城市生态竞争力研究中的优点

（1）使用层次分析法对城市生态竞争力进行评价，能将有限目标决策进行定性与定量分析的有机结合。通过两两比较，既能依靠专家的主观经验进行定性问题定量化判断，又能很好地总结定性分析的结果，有效发挥了定量分析的优势。既包含主观的逻辑判断和分析，又依靠客观的精确计算和推演，从而使城市生态竞争力评价具有很强的条理性和科学性，能处理许多传统技术无法着手的实际问题，应用范围比较广泛。

（2）层次分析法从系统性角度解决问题，能对复杂的问题进行有效决策。在对城市生态竞争力水平评价时，也是将其视为一个由自然、经济、社会复合的综合系统，该系统在结构上具有递进层次的形式。

（五）层次分析法在城市生态竞争力研究中的缺点

（1）虽然层次分析法较好地考虑和集成了综合评价过程中的各种定性与定量信息，但是在应用中仍摆脱不了评价过程中的随机性和评价专家主观上的不确定性及认识上的模糊性。

（2）判断矩阵容易出现严重的不一致现象。当同一层次的元素很多时，除了使上述问题更加突出外，还容易使决策者作出矛盾、混乱的判断，从而导致判断矩阵出现严重的不一致现象。

（3）层次分析法（AHP）的核心，是将城市生态竞争力评价系统划分层次，且只考虑上层元素对下层元素的支配作用。同一层次中的元素被认为是彼此独立的，这种递阶层次结构虽然给系统问题处理带来了方便，但同时也限制了其在复杂决策问题中的应用范围。

二、模糊综合评判法

模糊综合评价是针对现实中有大量的经济现象具有模糊性而设计的一种评价方法，它使评价结果尽量客观，表现出好的实际效果。模糊综合评价法通过建立隶属函数和模糊关系矩阵，可以很好地解决评价对象概念本身不够清晰所引起的模糊性问题。该方法通过把不能用数值计算的指标通过定性分析和可以用数值计算的指标的定量分析结合起来，对具有模糊现象的问题进行评价。当对城市生态竞争力进行评价时，由于城市本身是一个非常复杂的综合系统；其次，在评价城市生态竞争力的过程中，有些因素不明确，具有模糊性；此外，城市生态竞争力的强弱是人们的主观意识判断的，具有较强的人为主观性，很难完全用数值定量进行，即具有模糊性。因此，可以运用模糊综合评价法对城市生态竞争力进行评价。模糊综合评价准确地分析了事物本身的模糊性，其评价结果是一个集合，因此评价结果的准确性比较高。对于不能用数值计算的变量，可以通过定性描述来确定。模糊综合评价方法，其核心思想是对多指标进行综合处理。城市生态竞争力的影响因素很多，且具有一定的层次性，必须构建多指标分级体系，来保证综合评价模型的科学性和现实性。因而，可以采用多层次的模糊综合评价法来研究城市生态竞争力。

（一）模糊综合评判法的内涵

模糊综合评判法（fuzzy comprehensive evaluation，FCE）是一种以模糊数学为基础，通过模糊关系将一些边界不清晰、难以定量化的因素进行量化集合，以此达到综合评价目的的一种方法。最早是由美国加利福尼亚大学的控制论专家查德（L. A. Zadeh）于1965年的一篇题为《模糊集合》（Fuzzy Sets）的重要论文中提出。这篇论文的出现，在精确的经典数学与充满了模糊性的现实世界之间架起了一座桥梁，从而宣告了模糊数学的诞生。

（二）模糊综合评判法的基本原理

模糊综合评判法，首先需要确定被评判对象的因素（指标）集 U =

(X_1, X_2, X_m) 和评价集 $V=(V_1, V_2, V_n)$。其中 X_i 为单项指标，V_i 为对 X_i 的评价等级层次，一般可分为五个等级：V = {优，良，中等，较差，差}。然后，分别确定各个因素的权重及它们的隶属度向量，获得模糊评判矩阵。最后，把模糊评判矩阵与因素的权重集进行模糊运算，并进行归一化处理，最终得到模糊评价综合结果。

（三）模糊综合评价模型的一般步骤

第一，确定代表综合评判的多种因素组成的集合，即因素集。

第二，由于因素集中各因素对被评判事物的影响是不一致的，所以下一步是确定各指标的权重，组成一个权重集。

第三，建立评判集或评语集，目的是为了某种目的对评价对象进行综合决策方法的集合，一般分为优、良、中等、较差、差五类。

第四，方法的基本原理是应用模糊变换原理与最大隶属度原则。因此，需要在确定了隶属关系的情况下，构建模糊变换矩阵。

第五，通过以上建立的三个矩阵组成三元体构成一个模糊综合评价模型，用权重去乘以这个综合评判数学模型即可得到模糊综合评价结果。得到评价对象的综合评价值，可以按照评分的目标水平的判断，转换元件值和评价指标本身的价值。

（四）模糊综合评判法在城市生态竞争力研究中的优点

（1）城市生态竞争力评价指标涉及面较广，既有需要定性的指标，也有定量指标。隶属函数和模糊统计方法，为定性指标定量化提供了有效的方法，在很大程度上将定性与定量方法有效的结合了起来。

（2）当对城市生态竞争力进行评价时，很多指标通常容易存在模棱两可的情况，即存在模糊因素，而采用模糊综合评价方法，数据指标的不确定性、模糊性等问题可以得到有效地解决。

（3）通过模糊综合评判法得到的城市生态竞争力评价结果为多向量，使其结果具备丰富的信息量，从而有效解决传统数学模型评价结果存在单一性的缺陷。

（五）模糊综合评判法在城市生态竞争力研究中的缺点

（1）城市生态竞争力评价指标涉及方方面面，因而在选取指标上可能会有所重复，而模糊综合评判法不能解决数据指标间信息重叠的问题。

（2）指标数据的权重设置具有一定的主观性，难以避免。

（3）在某些情况下，隶属函数的设置存在着许多困难的地方。特别是应用多目标评价模型对城市生态竞争力评价时，无法对各个目标一一确定隶属函数，因此操作性不强，过于烦琐。

（六）小结

在多指标评价问题中，指标权重的设置对评价结果有重要的影响，因此合理地设置权重是多指标综合评价的核心问题之一。目前，指标权重的设置方法主要分为主观赋权法和客观赋权法两种（王汉斌、杨鑫，2010）。其中，主观赋权法是根据决策者对各项评价指标的主观重视程度来赋权的一种方法。主观赋权法能将人的主观意志加入评价中，并与客观事实相结合，虽有其优势，但由于通常依赖于专家判断的科学性和准确性，对专家专业素养要求较高，在专家选择上常常难以把握并令人信服。而且，由于专家的知识结构、判断能力以及主观偏好的不同，往往导致权重确定的不同。

第三节　城市生态竞争力客观赋权综合评价法

在评价问题中，既存在主观赋权评价法也相应存在客观赋权评价法，并且客观赋权评价法较主观赋权评价法而言，在一定程度上规避了主观赋权的人为因素干扰，因而其具有更为科学、公正、合理的优势。在城市生态竞争力综合评价方法中，采用较多的客观赋权综合评价法主要有 TOPSIS 评价法、灰色关联度分析法、熵值法、主成分分析法和因子分析法。本节延续第二节的分析思路，在介绍方法概念、基本原理、基本步骤的基础上，分析该种方法在城市生态竞争力综合评价中的优缺点。

一、TOPSIS 评价法

在城市生态竞争力研究中，城市生态竞争力不仅表现在经济、社会以及环境发展等方面的能力。而应该更关注的是“社会—经济—自然”复合生态系统的平衡与可持续发展的能力，其焦点则是生态服务功能的持续供给能力，这样城市才更具竞争力。因而作为一个综合系统的城市，其发展目标是多元化的，生态竞争力的内涵也是多方位的。TOPSIS 评价法作为系统工程中有限方案多目标决策分析的一种常用的决策技术，能够客观全面地反映城市生态竞争力的动态变化。可以通过在目标空间中定义一个测度，以此测量目标靠近正理想解和远离负理想解的程度来评估城市生态竞争力水平。因此，运用 TOPSIS 评价法来确定各数据指标的权重，不但能够将各研究分层指标综合成一个指数，而且又能够有效规避因主观偏向导致的指标权重的缺陷。

（一）TOPSIS 评价法内涵

TOPSIS（technique for order preference by similarity to ideal solution）评价法，最早是在 1981 年，由 Hwang 和 Yoon 提出来的。再到后来的 1994 年，Lai 等（1994）将 TOPSIS 评价法的应用进一步扩展，并且将其应用到多目标决策（multiple objective decision making，MODM）的相关规划问题上。TOPSIS 评价法，也是当前多目标决策分析中应用最为广泛的方法之一。它依据评价对象和理想化目标之间的接近程度进行排序，是多目标决策分析的有效方法，可以用于经济、决策、管理等多个领域（Lai and Liu，1994；Deng，2000）。TOPSIS 评价法，可以很好地评价现有对象的相对优劣情况，并依据评价对象和理想目标的接近程度进行排序。理想目标有一个最优目标，通常称为正理想解；另外，也有一个最劣目标，通常称为负理想解。TOPSIS 评价法认为，与正理想解最近同时与负理想解最远的评价对象为最优。在实际操作中，为消除量纲的影响，通常需要将数据标准化。在规范化处理的矩阵中应用法，先求出多个目标数据的正、负理想解，然后计算与正、负理想解之间的加权函数距离。如果该值越接近于正理想解，则认为评价目标越优；反之，则越劣。

（二）TOPSIS 评价法的基本原理

TOPSIS 评价法，其评价的基本原理是在归一化的原始矩阵中，找到最优与最劣的决策方法，进一步计算得到两者之间的距离。这样就可以明确评价对象与最优方案的相对接近程度，其结果可以用来作为评价优势与劣势的依据（胡永宏，2002）。TOPSIS 评价法的计算公式如下：

$$C_i = D_i^- / (D_i^+ + D_i^-) \tag{4.7}$$

其中，D_i^- 为评价方案到最劣方案间的距离，D_i^+ 为评价方案到最优方案间的距离，C_i 为样本点到最优样本点的相对接近度，当 $C_i \to 1$ 时，评价方案越接近于最优方案。

（三）TOPSIS 评价法的步骤

第一，建立数据矩阵。假设有 m 个评价指标和 n 个评价对象。建立以下的初始评价矩阵：

$$R = \begin{bmatrix} r_{11}, r_{12}, \cdots, r_{1m} \\ \cdots \\ \cdots \\ a_{m1}, a_{m2}, \cdots, a_{mn} \end{bmatrix}_{m \times n} \tag{4.8}$$

第二，对数据进行规范化处理。对数据进行规范化处理的原因有以下几点：(1) 使规范化后性能越好的方案经过变换后的属性值越大；(2) 排除量纲的选用对评估结果产生的影响即非量纲化；(3) 归一化把表中的数值均变换到区间上。

对数据进行规范化处理的方法主要有：

① 线性变换。假定初始评价矩阵为 $A = (a_{ij})_{m \times n}$，通过规范化处理后的矩阵为 $B = (b_{ij})_{m \times n}$。设 $a_j^{m \times n}$ 是矩阵 A 中第 j 列的最大值，a_j^{min} 为矩阵 A 中的第 j 列的最小值。若 x_j 为效益型指标，则 $b_{ij} = \frac{a_{ij}}{a_j^{max}}$，经过变换后，最优的指标值为 1，最劣的指标值不一定为 0。若 x_j 为成本型指标，则 $b_{ij} = 1 - \frac{a_{ij}}{a_j^{max}}$，经过变换后，最劣的指标值为 0，最优的指标值不一定为 1。

② 标准 0～1 变换。为使变换后指标的最优值为 1，最劣值为 0，可进行以下的变换。若 x_j 为效益型指标，则：

$$b_{ij} = \frac{a_{ij} - a_j^{min}}{a_j^{max} - a_j^{min}} \tag{4.9}$$

若 x_j 为成本型指标，则：

$$b_{ij} = \frac{a_j^{max} - a_{ij}}{a_j^{max} - a_j^{min}} \tag{4.10}$$

③ 向量规范化。成本型和效益型指标都可通过以下方式进行变换：

$$y_{ij} = \frac{x_{ij}}{\sqrt{\sum_{i=1}^{n} x_{ij}^2}} \tag{4.11}$$

这种变换的最大优点是规范化处理后所有指标值的平方和可适用各种场合。但有个缺点是经过变换后，从指标值的大小无法判断指标的优劣。

④ 标准化处理。为了消除指标的量纲效应，使每个指标有同等的表现力，可采用标准化处理：

$$y_{ij} = \frac{x_{ij} - \overline{x_j}}{s_j} \quad i=1, 2, \cdots, m, j=1, 2, \cdots, n \tag{4.12}$$

其中，$\overline{x_j} = \frac{1}{m}\sum_{i=1}^{m} x_{ij}$，$s_j = \sqrt{\frac{1}{m}\sum_{i=1}^{m} (x_{ij} - \overline{x_j})^2}$，$j = 1,2,\cdots,n$。

第三，构造加权规范阵 $Z = (z_{ij})_{m \times n}$。

前一部分已经通过层次分析法得到了权重向量 $W = [w_1, w_2 \cdots w_n]^T$，则 $z_{ij} = w_j \cdot x_{ij}$，$i=1, 2, \cdots, m$，$j=1, 2, \cdots, n$。

第四，确定正理想解向量 Z^+ 和负理想解向量 Z^-：

$$Z^+ = (z_1^+, z_2^+, \cdots z_m^+) \tag{4.13}$$

$$Z^- = (z_1^-, z_2^-, \cdots z_m^-) \tag{4.14}$$

其中，$z_j^+ = \max(z_{i1}, z_{i2}, z_{in})$，$i = 1, 2, \cdots, m$，$z_j^- = \min(z_{i1}, z_{i2}, z_{in})$ $i=1, 2, \cdots, m$。

第五，计算各评价对象到正理想解和负理想解的距离。评价对象到正理想解的距离为：

$$d_i^+ = \sqrt{\sum_{j=1}^{n} (z_{ij} - z_j^+)^2}, \quad i = 1,2,\cdots,m \tag{4.15}$$

评价对象到负理想解的距离为：

$$d_i^- = \sqrt{\sum_{j=1}^{n} (z_{ij} - z_j^-)^2}, \quad i = 1,2,\cdots,m \tag{4.16}$$

第六，计算评价对象的排队指标值，并按 C_i 大小排列优劣次序：

$$C_i = \frac{d_i^-}{d_i^- + d_i^+}, \quad i = 1, 2, \cdots, m \tag{4.17}$$

（四）TOPSIS评价法在城市生态竞争力研究中的优点

（1）TOPSIS评价法应用广泛、操作简单且限制性条件少，既可以评价涉及时间方面的事物，也可以评价涉及空间方面的对象，适用于数据量少的研究中，同样面对大数据量的研究也非常适用，无需对数据、指标的分布及数量进行制约。

（2）具体到城市生态竞争力的评价当中，需要涉及自然、经济、社会子系统等多个层面的指标，因而其数据量巨大，每个指标又有其重要意义，反映了城市生态竞争力的各个方面，每个指标都不容忽视，而运用TOPSIS评价法能够尽可能的较少信息损失，最大程度利用原始数据信息。

（五）TOPSIS评价法在城市生态竞争力研究中的缺点

（1）在TOPSIS评价法中，指标权重W_i（1，2，…，j）是需要专业领域专家根据其经验预先进行设定，因而具有一定的主观意愿及其随意性。

（2）在TOPSIS评价法中，“最优点”与“最劣点”的数据来源于无量纲化后的数据矩阵。因此在对城市生态竞争力进行评价中，各城市的基础条件及发展发生变化时，有可能导致“最优点”与“最劣点”的距离发生变化，从而改变了各城市的顺序，最终无法确定各城市生态竞争力结果的唯一性质。

（3）TOPSIS评价法在面对评价信息重复性出现的问题时，同样也无法解决。

二、灰色关联度分析法

影响城市生态竞争力的因素有些是可以计算的，有些是模糊的，且多而复杂，信息是不明确的，即在评价的指标中有已知数据和未知数据。因此，这个评价系统具有信息不完备性，即具有“灰”特性。城市生态竞争力评价系统是灰色系统，因此用灰色系统理论来评价城市生态竞争力非常适宜。

（一）灰色关联分析法内涵

灰色系统的概念，最早由华东理工大学邓聚龙教授于 1982 年提出的，并在这基础上进一步建立了灰色系统理论。随着学界学者们对灰色系统理论的不断深入研究，在农业、工业、经济、社会等各行各业中得到了广泛的应用。其中，在灰色系统理论中，应用性最广的方面就是灰色关联度分析（grey relational analysis，GRA）模型。灰色关联度分析法是一种能在数据少且不明确的环境下，还能根据数量自身潜在信息进行白化处理，从而达到预测或决策效果的模型方法。灰色关联分析法是系统思维和系统思想在方法论上的具体体现，是科学方法论上的重大进展，具有原创性的科学意义和深远的学术影响，是对系统科学的新贡献。在控制论中，信息的确定性程度通常使用颜色的深浅来表示，“黑箱”就是对这些未知信息对象的称谓，这种称谓已为人们普遍所接受。黑色系统即信息完全不明确的系统，用“黑”表示；白色系统即信息完全明确的系统，用“白”表示；处于白与黑之间的就是灰色系统（王文良，2013）。

灰色关联分析是一种衡量因素间关联程度的方法，关联度是指两个系统间的关联因素，度量随不同时间或不同对象的大小变化的相关性。在系统开发过中，如果两个因素变化的趋势是一致的，即同步变化程度较高、相关程度高；反之，关联程度较低。若样本数据反映出两因素变化的趋势具有一致性，则它们的度较高；反之，它们的关联度较低。灰色关联分析与传统的多因素分析方法相比较，它对数据需求较少且计算相对较小，便于广泛应用（孟智明，2006）。灰色关联分析中综合评价的对象可以作时间序列。通过对这些时间序列做出排序后，借助于灰色关联分析来进行评价。首先，把样本数据进行无量纲化处理后，作为最优样本，对被评审物的各项指标构成比较序列。然后，计算变量与最优样本的关联度，它们的关联度越高越好。最后，根据关联度大小排出样本优劣的顺序。

灰色关联分析模型具有以下特点：首先，灰色关联度分析模型的实际应用价值非常的大，具有计算科学强、准确性高、操作性强等特点，体现在模型对数据类型及变量间的相关性要求不高，与传统的数据模型中数据要求高区别较大。其次，灰色关联度分析模型适用于解决多变量的综合的问题，通过研究多变量对某一变量的关联程度，把意图、观点和要求概念化、模型化，所用的参数少，而且检测结果精准，是一种新型计量学的有效方法和技术，非常值得推广。

（二）灰色关联度分析的基本原理

灰色关联度分析法，是根据数据曲线变化趋势来判断关联性程度的大小，当曲线分布形状及变化趋势越相似，变量间的关联性就越高。因此，可利用各方案与最优方案之间关联度的大小，对评价对象进行比较、排序。灰色关联度分析法，首先是求各个方案与由最佳指标组成的理想方案的关联系数矩阵；然后，由关联系数矩阵得到关联度；其次，按关联度的大小进行排序与分析；最终得出研究结论（王学萌，2001）。

（三）灰色关联分析法的步骤

第一，建立评价指标数据列。灰色关联分析法的第一步是确定评价指标数据列。它是指影响系统行为的因素组成的数据序列，用每个被评价对象的评价指标取值进行构建的。具体表达公式如下：

$$X_1=[x_{11},x_{12},\cdots,x_{1n}]$$

$$X_2=[x_{21},x_{22},\cdots,x_{2n}]$$

$$\cdots$$

$$X_m=[x_{m1},x_{m2},\cdots,x_{mn}] \tag{4.18}$$

其中，x_{ij}表示第 j 年份的第 i 个指标的数据值，m 表示指标个数，n 表示评价项目。

第二，确定参考指标集。设 $X'=[x_1', x_2', \cdots, x_n']^T$，其中 x_i'为第 i 个指标的参考值，此参考值从评价指标的各个取值中选择最优值进行构建的。当被评价的指标是正向性指标时，它的值越大越好，此时参考值应选取为各指标的最大值；当被评价的指标是逆向性指标时，它的值越小越好，此时选取指标的最小值。由此原则确定参考指标集矩阵 D：

$$D=\begin{bmatrix} x_1^*, x_{11}, x_{12}, \cdots x_{1n} \\ x_2^*, x_{21}, x_{22}, \cdots x_{2n} \\ \cdots \\ x_m^*, x_{m1}, x_{m2}, \cdots x_{mn} \end{bmatrix} \tag{4.19}$$

第三，规范化处理标准数据列。由于确定的各个指标在含义、内容、取值等方面均存在显著的差异，数据指标之间容易存在着量纲不同的问题，因而数据间不能直接进行比较分析。鉴于此，通常需要先对数据进行无量纲化处理，使之化为统一衡量尺度下的无量纲数据，方便各个指标进行比较分析，才能应用到灰色关联分析中去。因此，在灰色关联分析法的运用中，一般都要进行数据的无量纲化处理。我们通常需要对数据进行标准化处理，得到标准化矩阵 R。

$$R=\begin{bmatrix} r_1^*, r_{11}, r_{12}, \cdots r_{1n} \\ r_2^*, r_{21}, r_{22}, \cdots r_{2n} \\ \cdots \\ r_m^*, r_{m1}, r_{m2}, \cdots r_{mn} \end{bmatrix} \tag{4.20}$$

第四，计算灰色关联系数。灰色关联度反映的是几条曲线发展的差异趋势，差异的大小就是关联程度的大小。各指标的关联系数的计算公式为：

$$\varepsilon_i^j=\frac{\min_j\min_i|r_i^*-r_{ij}|+\rho\max_j\max_i|r_i^*-r_{ij}|}{|r_i^*-r_{ij}|+\rho\max_j\max_i|r_i^*-r_{ij}|} \tag{4.21}$$

分别求得第 j 年份的第 i 个指标与最优指标的关联系数 ε_i^j。这里 $R^*=[r_1^*, r_2^*, \cdots, r_m^*]^T$ 作为参考数列，$R^j=[r_{1j}^*, r_{2j}^*, \cdots, r_{mj}^*]^T$ 作为比较数列，称分辨系数。它在 0 和 1 之间，一般取 $\rho=0.5$。

第五，计算灰色关联度灰色关联系数是由系列指标的数值构成，不方便对其进行整体性进行比较，所以将系列指标的关联系数取平均值便可进行各评价对象的比较。计算得到的该平均值可以表示参考数列的整体趋势接近于比较数列整体趋势的程度，被称为灰色关联度，关联度的计算公式为：

$$P_j=\sum_{i=1}^{m}w_i\varepsilon_i^j \tag{4.22}$$

其中，P_j 为评价指标中第 j 评价项目的灰色关联度。

第六，按灰色关联度排序。根据灰色关联度计算公式求得关联度数值，并根据关联度的高低对每个待评价项目进行顺序排序。评价项目的排名越高，表示该项目与最优数列的相关程度越大；反之，则表示相关程度越小。因此，根据此原理对被评价对象排序。

（四）灰色关联度分析法在城市生态竞争力研究中的优点

（1）进行城市生态竞争力评价时，所需的数据指标量非常多，需要进行庞大的计算。当运用灰色关联度分析时，无需对原始数据进行无量纲化处理，操作性强、简单便捷，这在一定程度上缩减了工作量，提高了效率。

（2）灰色关联度分析法可以适用于较少的数据样本量，且无限制性条件，计算简便。

（五）灰色关联度分析法在城市生态竞争力研究中的缺点

（1）使用灰色关联度模型对城市生态竞争力进行计算，所求出的关联度值总是为正值，无法系统反映城市生态竞争力与其影响因素之间的关系，主要是因为在对城市生态竞争力的评价指标体系中，各指标间的关系有些存在负相关关系，而有些则存在正相关关系。在灰色关联度模型中，指标间的负相关关系的时间序列曲线形状表现不一，容易出现错误。

（2）目前建立各种灰色关联度分析方法的理论基础很狭隘，单纯从比较曲线形状的角度来确定因素之间的关联程度是不合适的，甚至可以这样说，依据因素间曲线形状的相似程度来判断因素之间的关联程度是错误的。目前的灰色关联度分析方法存在着一定的"规范性"问题，在全面性、准确性等方面还存在较大修改空间。

（3）灰色关联度分析方法无法解决数据指标之间信息重叠的问题，会导致评价结果有偏差。

三、熵值法

熵值法是通过突出局部差异来确定指标权重，进而计算各评价对象的综合得分。因而，通过熵值法计算的评价指标是一相对数值，普遍应用于多指标的相对评价。在对城市生态竞争力水平进行评价时，需要进行多数据指标综合运用；同时，需要将各指标分类、分层。因此，既要纵观近年内各城市自身的生态竞争力变化趋势，同时又要横向对比分析不同城市生态竞争力强弱差异，应该采用多指标相对评价的方法，熵值法较为适用。此外，熵值法在客观权重赋值方面具有较大的优势，科学性与客观性在国家性与区域性的研究领域是必不可少的前提。

（一）熵值法内涵

熵值法是一种根据各指标所含信息有序程度来确定权重的一种方法。它是一种客观赋权方法，利用熵理论来确定指标权重。熵指的是体系混乱的程度，最先由鲁道夫提出并应用在热力学中，后来被克劳德引入信息论中，是天体物理、社会经济等领域十分重要的参量（卢毅勤，2007）。熵值法，在不同领域具有不同的定义和不同的应用，主要通过指标的离散程度来确实权重系数。因此，指标的离散程度（或者或是方差）大小将对综合评价的影响产生很大影响。

（二）熵值法的原理

熵是对信息的不确定程度的表示，如果某一指标的信息熵越小，就表示这一指标蕴涵的信息量越大，在进行相关的分析时所占的重要性程度也就越大，指标对应的权重就会相对比较高（付仰岗，2015）。借助于熵值法的帮助，我们可以解决与指标权重有关的研究问题，因此，熵值法在进行统计研究分析时具有极广泛的应用。熵值法是一种客观赋权方法，可确定指标的权重，可以利用熵理论。

（三）熵值法的计算步骤

第一，构建城市生态竞争力评价指标体系中指标的判断矩阵。

第二，将判断矩阵进行归一化处理，得到归一化判断矩阵。

第三，根据熵的定义，根据各年份生态竞争力评价指标，可以确定评价指标的熵。

第四，定义熵值，定义了第 n 个指标的熵后，可得到第 n 个指标的熵值。

第五，计算城市生态竞争力评价系统的权重值。

熵值法计算权重的具体操作如下：

（1）计算第 j 项指标下第 i 个样本占该项指标的比重：

$$P_{ij} = \frac{X'_{ij}}{\sum_{i=1}^{m} X'_{ij}} \tag{4.23}$$

（2）熵值和信息效用的计算。各参评指标的熵值可以利用以下公式计算：

$$e_j = -K\sum_{i=1}^{m} P_{ij}\ln P_{ij} \tag{4.24}$$

令 $K = 1/\ln m$，则 $0 \leqslant e_j \leqslant 1$。根据熵值法原理，指标数据变化速度越快，则该指标包含的信息情况越大，权重也会越大。第 j 项参评指标 X_j 的效用值可按下面公式计算：

$$d_j = 1 - e_j \tag{4.25}$$

（3）确定评价指标权重。

利用熵值法估算各指标的权重是利用该指标信息的价值系数来计算的，其价值系数越高，对评价结果的贡献越大。计算第 j 项指标的权重为：

$$W_j = d_j / \sum_{j=1}^{m} d_j \tag{4.26}$$

其中，需要注意的是，数据的无量纲化处理是进行熵值法评价的第一步，由于熵值法是根据数据间的差异确定指标的权重。因此，熵值法对数据无量纲化后的要求较高，既需要保留数据原有的差异性，又需要符合熵值法计算的条件。常用的无量纲化处理方法可分线性和非线性这两大类：一是线性涉及极值法、均值法等；二是非线性的涉及标准化法、向量规范化方法等。最终，根据需要选择合理的无量纲处理方法。

（四）熵值法在城市生态竞争力研究中的优点

（1）不采用任何降维处理，直接对原始变量进行计算，具有较高的精确度和可信度，有较强的说服力。

（2）熵值法的权重确定是完全根据各指标数据的实际情况确定的，可以有效地避免主观因素的掺杂，使数据间的内在差异性通过权重客观地反映出来。

（五）熵值法在城市生态竞争力研究中的缺点

（1）熵值法应用的核心是根据城市生态竞争力评价系统中各指标的数据，计算指标所对应的数据间的差异性，从而确定权重。也就是说，指标权重的确定完全依赖于所搜集的数据，因此要求数据必须具备准确性与完整性。

（2）熵值法的计算过程复杂，又没有相应计算软件，单纯运用 Excel 计算较繁杂，尤其是选取的指标较多时不易操作，计算的难度相当较大。

四、主成分分析法

目前，主成分分析法也较广泛运用于城市生态竞争力研究。因为这种方法可以利用计算机软件如 SPSS 实现，操作上比较简便。同时，它的主要目的是解决多个指标存在的相关性联系。对于城市生态竞争力来说，需要利用城市所具有的指标来度量，只有通过多个指标之间的比较才能真实地反映一个城市相对于另一个城市的优势，这就需要利用城市指标之间的相关性联系。主成分分析法在应用中不需要主观地估计指标的权重，而是将反映城市信息的大量指标进行筛选，选择出最主要的几个指标成分，这样工作量将大大降低。最后，对初始的指标作出一些变换，得到独立的主要成分变量，就能达到消除指标之间相互影响的干扰因素。最终得到的主要成分才能更有效地评估城市生态竞争力。

（一）主成分分析法内涵

主成分分析法（principal component analysis，PCA），最早于 1901 年由卡尔（Karl）和皮尔逊（Pearson）两位学者提出来的，最开始主要是应用于非随机变量的情况。到 1993 年的时候，霍蒂林（Hotelling）作出了进一步的延伸，将主成分分析的概念适用到了随机变量的情况中（张尧庭、方开泰，1982；吴诩，1995）。主成分分析法，也称矩阵数据解析法，基于降维的思想，利用有代表性的少量指标来包含原始数据所有的信息（童其慧，2002），不但解决了主观选择指标权重时对结果产生的影响，而且有效客观地反映除了研究对象一段时间内的各种现实关系。换言之，由几个关键提取主成分来反映原始数据信息及其权重，也使综合评价值计算过程变得更为简单。

（二）主成分分析的基本原理

主成分分析方法，本质上就是一种数学转换的模型方法，主要通过将一组给定的数据变量通过数学中的线性关系转化成另一组相互独立的数据变量，将得到的新变量根据其方差进行从高到低的顺序进行排序。值得注意的是，在数据变量整个转变过程中，其总方差总是保持不变的。在其新变量中，方差最大的变量，被称为第一主成分；方差第二大的变量，且与第一变量相互独立，称为第二主成分；因此，以此类推，K 个变量可以得到 K 个主成分变量。各主因子的线性转换模型为：

$$Fi = U_i^T X(i=1,2,\cdots,m) \tag{4.27}$$

其中，$X=(X_1, X_2, \cdots, X_m)$ 即原 m 个相关变量，U_i是协方差矩阵的第 i 大特征值（λ_i）对应的标准化特征向量。$Z=\sum CR_i \times F_i$ 作出最后的评价。其中 CR_i为各指标的权重，即根据主成分的方差贡献率来确定。

（三）主成分分析法的步骤

第一，原始指标数据的标准化。收集 p 维随机向量 $X=(X_1, X_2, \cdots, X_p)^T$ n 个样本 $X_{ij}=(X_{i1}, X_{i2}, \cdots, X_{ip})^T$，$i=1, 2, \cdots, n$，$n>p$。构造样本阵，对样本阵进行标准化变换：

$$Z_{ij}=\frac{x_{ij}-\overline{x_j}}{s_j} \quad i=1, 2, \cdots, n, \ j=1, 2, \cdots, p \tag{4.28}$$

其中，$\overline{x_j}=\frac{\sum_{i-1}^{n} x_{ij}}{n}$，$s_j^2=\frac{\sum_{i-1}^{n}(x_{ij}-\overline{x_j})^2}{n-1}$，得标准化矩阵 Z。

第二，求标准化阵 Z 的相关系数矩阵：

$$R=[r_{ij}]_p xp=\frac{Z^T Z}{n-1} \tag{4.29}$$

其中，$r_{ij}=\frac{\sum z_{kj}\cdot z_{kj}}{n-1}$，$i,j=1,2,\cdots,p$。

第三，求解样本相关矩阵 R 的特征方程 $|R-\lambda_{ip}|=0$，得 p 个特征根，主成分按 $\frac{\sum_{j-1}^{m}\lambda_j}{\sum_{j-1}^{p}\lambda_j}\geqslant 0.85$ 确定 m 的值，使信息的利用率达 85% 以上，对每个 λ_j，$j=1, 2, \cdots, m$。解方程组 $Rb=\lambda_j b$，得到单位特征向量 b_j^o。

第四，将标准化后的指标变量转换为主成分 $U_1=z_i^T b_j^o$，$j=1, 2, 3, \cdots, m$。U_1 称为第一主成分，U_2 称为第二主成分，…，Up 称为第 p 主成分。

第五，对 m 个主成分进行综合评价。主要根据各个主成分的方差贡献率，来对 m 个主成分进行加权求和，从而得到最终的综合评价值。

（四）主成分分析法在城市生态竞争力研究中的优点

（1）用于城市生态竞争力评价的不同指标之间是有一定相关性的，主成分分析法就是根据评价的指标变量相互之间存在着一定的关联性特征，可以通过提取主成分指标，以较少的指标替代原始较多指标变量，且尽可能包含了原始指标信息。不但最大程度上简化了原始指标数量，也解决了多个指标间的信息重叠问题，因而可以有效利用在城市生态竞争力的评价当中。

（2）在主成分分析法中，权重的确定具有客观性，主要是利用主成分贡献率大小来确定，有效克服了主观评价法中的人为主观意愿来确定权重的不可避免的缺陷，评价结果较为科学可信。

（五）主成分分析法在城市生态竞争力研究中的缺点

（1）主成分分析方法同时也具有一定的缺点，对数据的样本量有要求，要求的数量较大，且计算过程十分烦琐。因此，研究对象的数据规模对其综合评价结果的准确性，具有很大的关系。

（2）主成分分析法假设指标之间的关系都为线性关系，但城市生态竞争力的多个评价指标之间的关系有的并非线性关系，那么就有可能导致评价结果的偏差。

五、因子分析法

因子分析是一种多变量分析方法。基于数据统计分析的研究往往希望尽可能多地获取数据，以期全面、精准地把握和认识所研究的对象，但数据过多过杂，也会增加统计分析的复杂性和难度，同时多个变量之间也常存在一定的相关性及重叠性。在对城市生态竞争力问题进行研究分析的过程中，虽然希望能够获取尽可能多的、全面的信息。这种做法虽然能使我们对问题有全面的认识，但同时也会导致选取的指标数量过多，研究分析的工作量太大，而且数据的收集难度大。因子分析法的优点就体现在该方法在提取公因子时，遵循了原始数据信息丢失最少的原则，在不损失对于生态竞争力解释有效性的基础上大大地简化了分析工作。

城市生态竞争力评价涉及的指标大多是相关的，且变量数目较多，使用因子分析法可以方便地找出影响城市生态竞争力的主要因素，并客观地分析各因素的影响力。将城市生态竞争力评价中涉及的多个指标用少数几个潜在的指标的线性组合表示。利用“降维”思想抓住待研究问题的主要矛盾，忽略无关紧要的部分信息，从而极大提高城市生态竞争力研究的效率与可行性。更关键的一点是，因子分析法对于各个公因子赋予了客观的权重，克服了一般分析方法中主观赋权造成分析结果有失公允的缺陷。在因子分析法中，公因子的方差贡献率大的，被赋予的权重就相对较大，方差贡献率较小的，被赋予的权重就相对较小，从而增强了因子分析结果的科学性。随着现代计算机技术的高速发展和普及，因子分析的整个过程都可利用计算机来进行，不仅减轻了很多工作量，节省了大量的数据计算时间，也提高了计算结果的准确度。这个优点使因子分析法在城市生态竞争力研究领域的运用大大拓展。

（一）因子分析法内涵

“因子分析”这一概念最早是由 Thurstone 在 1931 年提出，在此之前和所做的关于智力测验的统计分析为其形成提供基础。所谓因子分析法，就是从大量的变量中间提取少数的彼此不相关的综合变量，使这些综合变量能够包含大部分信息，从而反映事物的特点本质。

因子分析法给我们提供了这样一种简便的渠道，即是有效解决了所搜集的变量之间的相关性或者说是变量之间信息的高度重叠性，它提供了一种通过消减变量个数，总结归纳出少数具有代表性公共因子且能全面反映问题的有效途径（宋光辉，2002）。

通常，因子分析法中的因子具有3个特点：（1）因子的个数小于原有变量的个数。从众多的原有变量中提取出少数几个公因子之后，因子分析过程中的计算量便缩减了。（2）提取出的公因子反映了原始变量的绝大部分信息。在提取公因子时，是对原有的变量用特定的方式进行重组，而不是对原有的变量进行简单的取舍，所以不会大量丢失原有变量的信息。（3）提取出来的因子相互之间不存在显著的线性关系。如果线性关系在被提出的公因子中表现不显著，就不会存在评价体系中变量之间有多重共线性的问题。

（二）因子分析法的基本原理

因子分析（factor analysis）是一种有效处理多元变量分析的降维统计方法，主要原理是在将需要进行评价的诸多变量中，根据不同因子变量进行区分，区分的标准是能够直接测量且具有一定的相关性质。因此，因子分析法将所需要分析的问题进行了简单化和直观化，浓缩了所需表达标量的信息但又不会造成信息缺失（时亚栋，2010）。在对变量的相关性大小原则进行分组别的时候，将相关性高的变量放在同一组，从而可以是不同组别间的相关性降低。在因子分析中，以公因子方差贡献率作为综合评价函数的权重，大大简化了诸多原始变量之间的重复信息，很大程度上提高了评价结果客观性和科学性。

（三）因子分析法步骤

进行因子分析时，需要进行两项任务：第一，根据研究类别进行因子模型构建，同时需要进一步明确模型中所使用的参数，并根据模型结果进行相关因子分析（苏金明，2005）；第二，提出公共因子，为下一步分析做打算。因此，因子分析的基本步骤一般为：

第一，标准化处理原始数据，消除量纲的影响。因子分析中涉及的众多变量的指标在经济意义和表现形式上不具有可比性，而因子分析的前提是原有的变量之间是具有相关关系的。因此，为了对城市生态竞争力进行科学合理的评价，使数据在更平等的条件下进行分析，在进行数理统计前，往往要对数据进行标准化处理。

第二，自变量的相关性分析。变量的相关系数矩阵可以表示为：

$$R_{ij} = (r_{ij})_{p \times p} \tag{4.30}$$

其中，$r_{ij} = \dfrac{\sum_{a=1}^{n}(x_{ai} - \overline{x_i})(x_{ai} - \overline{x_j})}{\sqrt{\sum_{a=1}^{n}(x_{ai} - \overline{x_x})^2}\sqrt{\sum_{a=1}^{n}(x_{ai} - \overline{x_j})^2}} = \dfrac{1}{n}\sum_{a=1}^{n} x_{ai}x_{aj}$。

第三，提取公共因子。通过计算矩阵 R_{ij} 的特征根和特征向量，按照方差累积贡献率来确定公共因子的个数，并得到因子的荷载矩阵。

第四，因子旋转及命名解释。提取公共因子的目的是要对变量进行分析，这就要求我们知道每个因子的意义，从而对城市的生态竞争力做出科学的评价。但是初始因子荷载矩阵可能出现因子荷载较小，对变量解释力较弱的情况，这时应对因子荷载矩阵进行旋转来强化因子的解释能力。因子旋转有正交旋转、斜交旋转、方差最大等旋转法。

第五，计算因子得分。因子分析的目的就是用少数几个因子解释原始变量。求出各个样本的公共因子得分，就可以为城市生态竞争力评价提供数据支持。

（四）因子分析法在城市生态竞争力研究中的优点

（1）城市生态竞争力评价涉及方方面面的指标，数据量大，而因子分析法能将城市生态竞争力评价中涉及的多个指标用少数几个潜在的指标的线性组合表示，即公共因子，从而达到降级降维目的。因子分析法具有能有效规避主观赋值造成的随意性问题，能够客观赋予各指标变量的权重系数，有效提高了评价结果的客观准确性。

（2）可以用统计软件直接方便、快捷地进行因子分析，大大提高了因子分析的可操作性，也在一定程度上减少了任务量。

（五）因子分析法在城市生态竞争力研究中的缺点

（1）对原始样本数据有要求，它们需要具有较强相关性，一般来说它们的相关系数不能低于0.3。

（2）在计算因子得分时，采用最小二乘法，此法有时可能会失效。

（六）小结

合理确定权重对评价或决策有着重要意义，如前面所分析的主观赋权过程中一方面存在主观逻辑性过于混乱、决策者评价态度单一等问题；另一方面，因决策者完全脱离实测数据，只凭借决策者的经验和专业知识，极易造成主观偏好过强的情形出现。客观赋权法针对主观赋权法的不足进行了改善，鉴于主观赋权法存在人为主观因素的干扰，而客观赋权法则是通过具体测量数据来比较不同对象的特征，并根据信息贡献程度或者变化大小来设置指标权重，让权重更好地反映指标的数据信息，通过指标权重的大小体现不同指标的重要性大小。客观赋权法是更加科学有效地确定权重的方法，但实际测量数据也有可能出现一定的误差，造成最终评价结果与事实不符。

第四节　城市生态竞争力综合评价方法述评

城市生态竞争力的内涵非常丰富，包括多方面的内容，是一个复杂的大系统。这些决定了城市生态竞争力的评价体系必须由城市各个方面的指标构成，多指标综合评价法在该研究领域的适用性较强，优势突出。在进行多指标综合评价时，主观赋权法和客观赋权法常常用在计算原始数据的权重当中。其中，层次分析法、模糊综合评判法等是主观赋权法的主要表现形式。而常用的客观赋权综合评价方法主要有主成分分析法、因子分析法、TOPSIS评价法、灰色关联度法、熵值法等方法。主观赋权综合评价法是研究者依据其经验，人为主观地判断各指标的相对重要程度，并赋予相应权重，往往没有统一的客观标准，因该方法受限于评判者自身知识水平、经验、评判环境等各方面影响，权重赋予过程中的可变因素较多，不易于控制，结果偏差会较大，因此其科学性和合理性有待进一步检验。客观赋权法相对主观赋权法而言，它受人为主观因素的影响较小，该方法直接依据指标的原始信息，借助相关数理统计分析方法确定权重。这类方法客观性较强，更为科学合理，但由于研究起步较晚，尚且存在方法上的不完善，除此之外，其计算方法相对于主观赋权综合评价法而言也较为烦琐，尤其在评价的指标体系较为庞杂时，工作量巨大。为了进一步对比综合评价方法各种不同赋权方法的优劣，特列表4－1。

表4－1　　基于不同赋值法的综合评价法对比

类别	赋权方法	优势	劣势
主观赋权法	层次分析法	1. 依靠专家、学者的主观经验将定性问题定量化，实现了定性分析和定量分析相结合； 2. 将研究的问题视为一个系统，层层递进，分析问题的逻辑性、系统性强	1. 权重赋予的结果受专家认知水平、知识结构等影响而主观臆造性强，有失客观、科学； 2. 客观矩阵构建过程中容易出现不一致现象从而影响结果的科学性和合理性
	模糊综合评价法	1. 实现了定性指标的定量化处理； 2. 有效解决了构建评价指标体系过程中的模糊性和不确定性问题； 3. 评价结果为向量，包含丰富的信息量	1. 无法规避指标间信息重复问题； 2. 权重的确定带有一定主观因素影响； 3. 当评价指标体系过于庞大时，隶属函数的确定难度加大，过程烦琐
客观赋权法	TOPSIS分析法	1. 对指标的多少、数据规模要求不高，计算也不复杂； 2. 对原始数据的利用程度高，信息损失量少	1. 赋权过程中也有一定的主观因素干扰； 2. "最优点"与"最劣点"随指标值变化而发生改变，导致评价结果不唯一； 3. 无法解决指标间信息重复性问题
	灰色关联度分析法	1. 不需对原始数据做无量纲化处理，计算简易，效率高； 2. 样本需求量要求不高	1. 目前常用的灰色关联度模型求出的关联度总是正向的，对负向关联度的指标无法处理； 2. 该方法目前的"规范性"准则欠全面、准确； 3. 无法回避评价指标间信息重叠问题
	熵值法	1. 不进行降维处理，而是直接对原始数据进行处理，具有较高的精度和可信度； 2. 完全依据数据实际情况确定权重，避免了人为主观因素的干扰，结果更加科学、客观	1. 对原始数据要求较高，数据需要完整、准确； 2. 计算过程复杂，尤其在选择的指标较多时，计算的难度和工作量都较大

续表

类别	赋权方法	优势	劣势
客观赋权法	主成分分析法	1. 运用较少的指标代替原来较多的指标，从根本上解决了指标间信息重复问题； 2. 克服了人为确权的缺陷，评价结果公众客观且唯一	1. 计算过程较为烦琐，工作量大，且对样本数量的要求也大； 2. 该方法适合指标间的关系为线性关系，当评价指标间为非线性关系时，评价结果会出现偏差
	因子分析法	1. 将多个评价指标转而用几个潜在指标的线性组合表示，达到了降维的目的，从而简化数据，且克服了主观赋权的随意性； 2. 可以借助统计软件直接处理、分析，方便快捷	1. 要求原始数据具有较强的相关性； 2. 在计算因子得分时，采用最小二乘法，此法有时可能会失效

由于评价结果不同通常是由于评价时选择的方法不当所导致的，因此，需要根据具体问题具体分析，在遵照有效性、科学性和客观性等原则的基础上，选择合适的评价方法。

城市生态是通过人类社会经济活动在适应自然环境的基础上建立的“自然—经济—社会”复合生态系统，因此，城市生态竞争力的评价应当从自然、经济、社会 3 个层面展开，将自然、经济、社会这 3 个子系统作为城市生态竞争力评价的准则层，在每一个准则层下分别设置 5 个指标层，即“五位一体”。其中，自然子系统方面以水、土、气、生、矿作为指标层；经济子系统方面以生产、流通、消费、还原、调控作为指标层；社会子系统方面以人口、人治、人权、人道、人文作为指标层。15 个指标层下又分了 27 个分指标层，在其下又设置了 38 个子指标层，这样一层一层的递进，从而构建出最后的城市生态竞争力评价指标体系。由此可见，城市生态竞争力指标体系涉及多个层级，然后在其下面又分层几个子系统，必将是一个非常复杂的多指标综合评价指标体系，因此科学确定指标权重对评价结果的可靠性将不言而喻。通过对以上各赋权评价法的对比分析，为确保计算结果的准确性，评价结果的客观性，本书中对城市生态竞争力评价最终选择熵值法。熵值法是客观赋权法中对原始数据利用的最充分、信息损失量最少、赋权结果较科学、客观的赋权法。

第五节　本章小结

城市生态竞争力的内涵丰富，包括多方面的内容，是一个非常复杂的大系统。这些决定了城市生态竞争力的评价体系必须由城市各个方面的指标构成，多指标综合评价法在该研究领域的适用性较强，优势突出。在进行多指标综合评价时，主观赋权法和客观赋权法常常用在计算原始数据的权重当中。其中，层次分析法、模糊综合评判法等是主观赋权法的主要表现形式。基于主观赋权的综合评价法，主要是依据决策者的经验，人为主观地判断各指标的相对重要程度，并赋予相应权重，往往没有统一的客观标准，因该方法受限于评判者自身知识水平、经验、评判环境等各方面影响，权重赋予过程中的可变因素较多，不易于控制，结果偏差会较大，因此其科学性和合理性有待进一步检验。主成分分析法、因子分析法、TOPSIS评价法、灰色关联度法、熵值法等是客观赋权法的主要表现形式。受人为主观因素的影响较小，该方法直接依据指标的原始信息，借助相关数理统计分析方法确定权重。这类方法客观性较强，更为科学合理，但由于研究起步较晚，尚且存在方法上的不完善，除此之外，其计算方法相对于主观赋权综合评价法而言也较为烦琐，尤其在评价的指标体系较为庞杂时。

在选择不同方法的时候，对评价结果的影响不同。因此，在评价城市生态竞争力水平的研究中，需要根据具体问题具体分析，在遵照有效性、科学性和客观性等原则的基础上，选择合适的评价方法。

第五章　不同尺度的城市生态竞争力的比较研究

第一节　不同尺度的城市生态竞争力评价指标赋权

一、研究对象

（一）省会城市尺度

以全国30个省会城市（包含北京、天津、上海、重庆四个直辖市，不包括港、澳、台，另外，由于拉萨的大多数指标数据难以获取，也排除在外）为研究对象。另外，考虑到现实中对指标数据的获取情况，本章仅对2014年30个省会城市的生态竞争力各项指标数据进行测算和评价。

（二）地市级城市尺度

以江西省的南昌、九江、上饶、抚州、宜春、吉安、赣州、景德镇、萍乡、新余、鹰潭11个地级城市为研究对象。同样，考虑到现实中对指标数据的获取情况，本章仅对2013年江西11个地市级城市的生态竞争力各项指标数据进行测算和评价。

二、数据处理

（一）数据来源

（1）省会城市指标数据来源。自然子系统为本书中的第一个准则层指标，该部分所需数据搜集于《中国城市统计年鉴（2015）》《中国统计年鉴（2015）》、各个城市《2014 年环境状况公报》及环境保护局官方网站；部分数据由计算所得；个别数据翻阅相关研究材料获取。第二个准则层指标为经济子系统，该部分原始数据来源于《中国城市统计年鉴（2015）》《中国统计年鉴（2015）》、各省会城市《2014 年国民经济与社会发展统计公报》、各省会城市统计年鉴。本书的第三个准则层指标为社会子系统，该部分指标的原始数据搜集于《中国城市统计年鉴（2015）》《中国统计年鉴（2015）》；部分数据通过二次计算所得。（2）地市级城市指标数据来源。地市级城市各项指标的原始数据主要来源于《江西统计年鉴（2014）》、《2013 年江西省国民经济与社会发展统计公报》《2013 年江西省环境统计年报》《2013 年江西省环境状况公报》、各个地市《2013 年环境状况公报》《政府工作报告》、江西省及各地市统计局、环保局及其他相关部门官方网站，部分数据通过计算得出、个别数据从已有相关研究材料中获取。

（二）数据处理方法

城市生态竞争力评价综合考虑三个层次，各层次细分下指标众多，对这些指标进行无量纲化处理是必需一步，如何对这些指标赋予权重是必须考虑的关键环节。本章结合第四章中对现有评价方法优缺点的比较分析，考虑到计算结果的准确性、评价分析的客观性，因而采取熵值法。利用熵值法，首先计算出各指标的信息熵，再得出指标权重，这是由信息熵的相对变化程度对系统整体的影响来决定的。信息熵越小，数据越无序，包含的信息越少，效用越小，从而权重就越小；反之。

（三）数据标准化处理

每个指标都具有不同的单位与量纲，若不对其进行处理，则会计算出与实际差距较大的结果，因此在评价城市生态竞争力之前应对数据进行标准化处理。

设 X_{ij} $(i=1, 2, 3, \cdots, m; j=1, 2, 3, \cdots, n)$ 为第 i 个城市第 j 个指标的观测值，其中，n = 37。

当 X_{ij} 为正向指标时，有：

$$X'_{ij} = (X_{ij} - X_{min}) / (X_{max} - X_{min}) \tag{5.1}$$

当 X_{ij} 为负向指标时，有：

$$X'_{ij} = (X_{max} - X_{ij}) / (X_{max} - X_{min}) \tag{5.2}$$

其中，X'_{ij} 为 X_{ij} 标准化后的值；X_{max} 为第 j 个指标中的最大值，X_{min} 为第 j 个指标中的最小值。

（四）确定指标权重

（1）首先确定各指标的比重，用 P_{ij} 表示为第 i 个城市第 j 个指标占全部城市该项指标的比重，具体公式为：

$$P_{ij} = \frac{X'_{ij}}{\sum_{i=1}^{m} X'_{ij}} \tag{5.3}$$

（2）计算指标的熵值与效用值。设 e_j 为第 j 个指标熵值，则有：

$$e_j = -K \sum_{i=1}^{m} P_{ij} \ln P_{ij} \tag{5.4}$$

其中，$K = 1/\ln(m)$，e_j 在［0, 1］取值范围内。

设 d_j 为指标 X_j 的效用值，则有：

$$d_j = 1 - e_j \tag{5.5}$$

（2）计算指标的权重。用 w_j 表示各项指标占总指标效用值之和的比重。

$$w_j = d_j / \sum_{j=1}^{m} d_j \tag{5.6}$$

（五）各目标层指标评价的确定

（1）计算各指标的评价值，用 f_j 表示。

$$fi = \sum_{i=1}^{m} w_j P_{ij} \tag{5.7}$$

(2) 进行各层评价系统的评价。

熵具有可加性，可通过求和计算下一层次的各指标的效用值（d_j），计算出各类指标的效用值和，用 D_k 表示，k 代表各子系统。从而可以得出全部指标效用值总和，即：

$$D = \sum_{i=1}^{k} D_i \tag{5.8}$$

再计算各子系统的权重与各指标对于上层结构的权重，分别用 W_k 和 W_j 表示：

$$W_k = D_k / D \tag{5.9}$$

$$W_j = D_j / D \tag{5.10}$$

从而得出各城市的各指标对应于上层结构的评价值为：

$$f_{ij} = \sum_{i=1}^{n} W_j P_{ij} \tag{5.11}$$

则总的上层结构的评价值为：

$$F_i = \sum_{i=1}^{K} \sum_{j=1}^{n} W_j f_{ij} \tag{5.12}$$

依据熵值法的计算步骤，将所搜集与计算得出的数据套用公式（5.1）至公式（5.12），即可得出 30 个省会城市与江西省 11 个地市级的城市生态竞争力的各层指标权重，其中全国省会城市的研究期为 2014 年，受数据收集不便的影响，江西省 11 个地级市的研究期为 2013 年。具体的指标权重结果见下表 5－1 与表 5－2。

表 5－1　2014 年全国省会城市生态竞争力各层指标权重

准则层（权重）	指标层（权重）	分指标层（权重）	子指标层（单位）（归一化权重）
自然子系统（0.40）	水（0.20）	水资源（0.94）	人均水资源量（m^3）（0.58）
			人均地下水资源量（m^3）（0.42）
		水环境（0.06）	人均工业废水排放量（t）（1.00）
	土（0.17）	土地资源（1.00）	人均园林绿地面积（m^2）（0.81）
			建成区绿化覆盖率（%）（0.19）
	气（0.18）	大气环境（0.22）	人均工业二氧化硫排放量（kg）（0.55）
			人均工业烟尘排放量（kg）（0.45）

续表

准则层（权重）	指标层（权重）	分指标层（权重）	子指标层（单位）（归一化权重）
自然子系统（0.40）	生（0.08）	气候资源（0.78）	平均气温（℃）（0.27）
			降水量（mm）（0.46）
			年平均相对湿度（%）（0.26）
		生物资源（0.62）	森林覆盖率（%）（1.00）
		生物环境（0.38）	森林虫害防治率（%）（1.00）
	矿（0.37）	能源生产（0.46）	人均能源生产量（t 标准煤）（1.00）
		能源效率（0.54）	能源效率（元/t 标准煤）（1.00）
经济子系统 0.44	生产（0.59）	第一产业（0.54）	人均农业总产值（元）（0.49）
			人均粮食产量（kg）（0.51）
		第二产业（0.22）	人均第二产业增加值（元）（0.61）
			第二产业占 GDP 比重（%）（0.39）
		第三产业（0.24）	人均第三产业产值（%）（0.65）
			第三产业占 GDP 的比重（%）（0.35）
	流通（0.18）	流通路径（0.90）	公路里程密度（km）（0.18）
			城市人均拥有道路面积（m^2）（0.35）
			城市排水管道密度（km/km^2）（0.27）
			人均电信业务（元）（0.20）
		流通工具（0.10）	万人拥有公共汽车拥有量（辆）（1.00）
	消费（0.10）	能源消耗（0.69）	人均能源消费量（吨标准煤）（1.00）
		消费模式（0.31）	城市居民家庭人均恩格尔系数（%）（1.00）
	还原（0.02）	再生资源产业（0.63）	工业固体废物综合利用率（1.00）
		废物处理能力（0.37）	城市生活垃圾无害化处理率（%）（1.00）
	调控（0.10）	宏观调控（0.88）	进出口差额（万美元）（1.00）
		微观调控（0.12）	每万人中社会捐赠受益人数（人次）（1.00）
社会子系统 0.16	人口（0.06）	人口素质（0.54）	每万人中高等学校毕业生数（人）（1.00）
		人口结构（0.46）	男女比例（%）（1.00）

续表

准则层（权重）	指标层（权重）	分指标层（权重）	子指标层（单位）（归一化权重）
社会子系统 0.16	人治（0.07）	社会治安（1.00）	交通事故起数（起）（1.00）
	人文（0.17）	文化传统（1.00）	人均公共图书馆藏书量（册）（1.00）
	人道（0.64）	社会捐助体系（1.00）	每万人社会福利院床位数（张）（1.00）
	人权（0.06）	人权事故发生量（1.00）	每万人中离婚登记数（对）（1.00）

表 5－2　2013 年江西省地市级城市生态竞争力指标体系

准则层	指标层	子指标层（单位）（权重）
生态经济竞争力 0.28	经济发展水平 0.57	人均 GDP（元）0.054
		人均财政收入（元）0.068
		城镇居民人均可支配收入（元）0.038
	经济发展潜力 0.43	单位 GDP 能耗（万吨标准煤/亿元）0.022
		城镇居民恩格尔系数（%）0.058
		第三产业占 GDP 比（%）0.039
生态政治竞争力 0.12	政府信息公开度 0.48	主动公开环境政务信息量（条）0.042
		依申请公开（件）0.015
	政府激励机制 0.52	创省级生态乡镇个数（个）0.037
		创省级生态村个数（个）0.025
生态文化竞争力 0.18	拥有文化资源 0.70	公共图书馆藏书人均拥有量（册）0.032
		每万人中高等学校毕业生数（人）0.096
	文化重视程度 0.30	市级生态文化宣传活动数（次）0.038
		教育业固定资产投资比（%）0.018
生态社会竞争力 0.25	居民生活状况 0.44	城市用水普及率（%）0.016
		集中式饮用水源地水质达标率（%）0.014
		城市人均天然气供气量（立方米）0.079
	社会基础设施 0.56	城市人均拥有道路面积（平方米）0.031
		每万人拥有公共汽（电）车辆（辆）0.037
		每万人年末实有出租汽车数（辆）0.071
生态环境竞争力 0.17	生态环境水平 0.43	森林覆盖率（%）0.012
		空气质量优良天数（天）0.011
		建成区绿化覆盖率（%）0.030
		人均公园绿地面积（平方米）0.023

续表

准则层	指标层	子指标层（单位）（权重）
生态环境竞争力 0.17	生态环境压力 0.33	单位面积农用化肥施用量（吨/平方公里）0.012
		单位工业 GDP 二氧化硫排放量（吨/亿元）0.014
		单位面积城市污水排放量（吨/平方公里）0.011
		单位面积工业废水排放量（吨/平方公里）0.021
	生态环境保护 0.24	生活垃圾无害化处理率（%）0.015
		城市污水处理率（%）0.013
		工业固废综合利用率（%）0.014

由表5－1可知，全国省会城市生态竞争力各层指标权重中，经济子系统权重最大，占44%，其次为自然子系统，权重为40%，社会子系统权重最小，仅有16%。其中，前两个准则层权重大小相似，且权重之和占整体体系的80%以上。由此可见，经济因素与自然因素是影响城市生态竞争力的重要因素，且经济方面影响稍大一些，社会因素则对省会城市生态竞争力的影响较小。自然子系统与经济子系统的高权重，说明各省会之间的指标数据差异较大，反映的信息量较大，各省会城市生态竞争力大小的差别主要来自于自然与经济这两个子系统中。

因此，未来要实现省会城市的生态、可持续发展，需要坚持以经济发展为第一要务，继续优化和升级产业结构，以提升省会城市生态竞争力，同时，要兼顾自然与社会两个方面的发展。经济水平的发展具有带动社会、环境等多方面发展的功能，会促进社会设施的完善与自然环境的保护与改善。最终，经济水平的提高、社会的不断发展、自然环境的持续改善，必然会作用于城市的发展成效中，间接促进省会城市生态竞争力水平的提高。

另外，分析表5－2可知，在地市级城市生态竞争力的五个准则层中，生态经济竞争力指标权重最大；其次为生态社会竞争力，与生态经济竞争力准则层权重总和占比达整个指标系统的一半以上；生态文化竞争力与生态环境竞争力权重大小相差不大，分别排行第三、第四；生态政治竞争力指标权重最小，仅为0.12。值得说明的是，由于整个江西省的生态环境是良好的，导致生态环境竞争力所占权重较小，仅多于生态政治竞争力。

因此，以江西省11个地市级城市为例，在未来的我国地市级生态城市发展过程中，同样要加快经济发展，也要重视社会进步。

第二节 不同尺度的城市生态竞争力指标体系测算

一、构建一级指标评价函数

本书中城市生态竞争力划分为三大层次，分别为自然子系统、经济子系统和社会子系统，综合考虑城市的自然、经济、社会的发展现状，系统评价计算出城市生态竞争力指数，用来描述城市综合可持续发展水平。首先针对评价对象，搜集对应年份的相关数据并进行处理，接着按照预先建立的指标体系，构建矩阵，再利用熵值法计算得出各指标的权重。最后，根据评价模型，计算出三大子系统的评价值，进一步分析各城市的自然、经济、社会的发展状况。计算公式为：

$$F_{ki} = \sum_{j=1}^{n} W_j f_{ij} \tag{5.13}$$

其中，F_{ki}为第i个城市第k个子系统的评价值。其中，k=1，2，3，分别表示自然子系统、经济子系统和社会子系统；j代表各个指标；W_j为第j个指标进行标准化处理后的权重；f_{ij}为第i个城市第j个指标的上一级的评价值。

再采用综合加权的方法计算城市生态竞争力指数，计算公式见(5.14)。

$$S_{ai} = \sum_{k=1}^{3} W_k F_{ki} \tag{5.14}$$

其中，S_{ai}为第a年第i个城市的城市生态竞争力。S值越大，表明城市生态竞争力越强，通过各地的城市生态竞争力数值，即可展开对应分析。

二、确定划分标准

在前人的研究基础上，对城市生态竞争力水平的等级划分采用均匀分布函数法，即把0至1范围内的城市生态竞争力水平，平均地划分为五等份，将城市生态竞争力划分为第一等级、第二等级、第三等级、第四等级、第五等级，其中，第一等级水平最高，第五等级水平最低。具体等级取值范围见表5-3。

表5-3　城市生态竞争力等级划分标准

取值范围	城市生态竞争力等级
[0.80，1.00]	第一等级
[0.60，0.80)	第二等级
[0.40，0.60)	第三等级
[0.20，0.40)	第四等级
[0.00，0.20)	第五等级

第三节　城市生态竞争力评价结果分析

一、省会城市生态竞争力评价结果

（一）省会城市生态竞争力评价结果

按照第三章介绍的评价指标体系，采用熵值法确定各指标的权重，结合收集到的各项指标数据，测算出2014年全国30个省会城市生态竞争力指数，由于计算得到的指数值较小（详见表5-4），无法用前面确定的判定标准对结果进行等级划分。为了便于对30个省会城市的生态竞争力水平进行归类研究，在此利用Stata 12.0对计算结果进行聚类分析，根据各类样本量尽可能相近的原则，可将30个省会城市的生态竞争力水平分为第一等级、第二等级、第三等级、第四等级和第五等级（等级越高越好），所得见图5－1。

表5－4　2014年全国30个省会城市生态竞争力评价一览表

省会城市	城市生态竞争力指数值	省会城市	城市生态竞争力指数值
上海	0.25	长春	0.20
南京	0.28	哈尔滨	0.23
杭州	0.38	福州	0.25
合肥	0.22	济南	0.21
南昌	0.23	郑州	0.15
武汉	0.24	广州	0.38
长沙	0.46	南宁	0.27
重庆	0.19	海口	0.34
成都	0.26	西安	0.20
贵阳	0.25	兰州	0.14
昆明	0.28	西宁	0.14
石家庄	0.15	银川	0.20
太原	0.19	乌鲁木齐	0.17
呼和浩特	0.21	北京	0.28
沈阳	0.20	天津	0.18

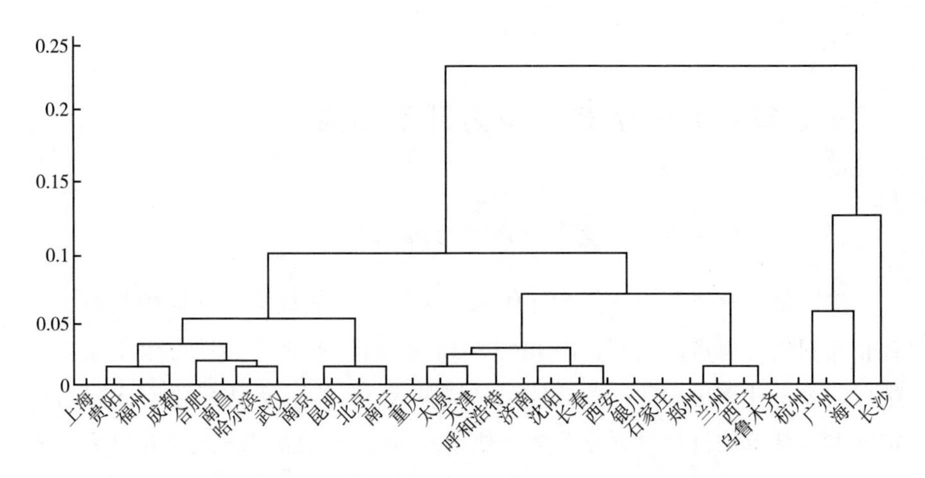

图5－1　2014年我国30个省会城市生态竞争力等级分布

根据 Stata 聚类分析结果表明，2014 年全国 30 个省会城市生态竞争力综合排名为：长沙 > 广州 > 杭州 > 海口 > 北京 > 昆明 > 南京 > 南宁 > 成都 > 福州 > 贵阳 > 上海 > 武汉 > 南昌 > 哈尔滨 > 合肥 > 呼和浩特 > 济南 > 长春 > 沈阳 > 西安 > 银川 > 重庆 > 太原 > 天津 > 乌鲁木齐 > 郑州 > 石家庄 > 西宁 > 兰州。按照排名划分为 5 个等级，长沙、广州、杭州、海口属于第一等级，城市生态竞争力得分分别为 0.46、0.38、0.38、0.34；北京、昆明、南京、南宁属于第二等级，城市生态竞争力得分分别为 0.28、0.28、0.28、0.27；成都、上海、福州、贵阳、武汉、南昌、哈尔滨、合肥属于第三等级，城市生态竞争力得分分别为 0.26、0.25、0.25、0.25、0.24、0.23、0.23、0.22；呼和浩特、济南、西安、沈阳、长春、银川、重庆、太原、天津属于第四等级，城市生态竞争力得分分别为 0.21、0.21、0.20、0.20、0.20、0.20、0.19、0.19、0.18；乌鲁木齐、石家庄、郑州、西宁、兰州属于第五等级，城市生态竞争力得分分别为 0.17、0.15、0.15、0.14、0.14。

（二）省会城市生态竞争力评价结果分析

（1）城市生态竞争力第一等级地区。

长沙、广州、杭州、海口在 30 个省会城市中属于第一等级，城市生态竞争力得分分别为 0.46、0.38、0.38、0.34；在宜居城市建设上，长沙近年来频频发力。根据中国社会科学院发布的 2014 年《城市竞争力蓝皮书》显示，长沙位居中国最好宜居城市前 50 名。这与长沙自然、经济、社会较好协调发展有关。长沙是中国南方的重要城市之一，经济总量位居中部地区第二，目前正致力于与武汉、南昌、合肥共同建设长江中游城市群，促进中部开放与发展。同时，长沙以其优美的景色，独特的饮食、娱乐文化等资源吸引着各地的游客，致力于建设成具有重大国际影响力的世界文化和旅游城市。广州作为我国的一线城市之一，地处亚热带地区，有着独特的自然地理优势，自然环境优美，广州在经济发展的同时注重对于环境的保护，建成区绿化覆盖率为 41.5%，广州经济发展结构良好，产业结构为“三二一”结构，即产业结构为 68.56∶30.22∶1.22，广州在发展经济的同时也注重社会福利的发展，每万人社会福利院床位数 28.39 张。杭州位于长江三角洲，产业结构以第三产业为主，综合发展水平较高。自然条件得天独厚，江河湖山交融，素有"鱼米之乡""人间天堂"等美誉。杭州在发展经济、美化环境的同时，不断扎实、有力推行社会事业各项工作发展。致力于打造"滨江天堂硅谷"，发展新型医药、新材料等高新技术，推行公共租赁房和人才租赁房，社会保障体系不断完善。海口的生态自然竞争力指数为0.53，列我国30个省会城市的首位，其次，海口的生态经济竞争力为0.2396，在全国30个省平均水平之上，近年来，海口在积极发挥其生态自然优势，大力发展旅游业等第三产业，经济发展迅速，相信在不久，海口的社会子系统发展水平也会逐渐提升。

（2）城市生态竞争力第二等级地区。

北京、昆明、南京、南宁在30个省会城市中处于二级地位，城市生态竞争力得分分别为0.28、0.28、0.28、0.27。北京作为我国的首都，政治经济文化的中心，其经济发展水平在全国30个省会城市内属于上游水平，其生态经济子系统得分为0.36，列第二位，此外，在发展经济的同时，北京也注重其配套设施，注重社会福利设施的发展，对生态社会子系统进行分析发现，北京得分为0.24，列第六位，北京社会经济发展较完善。然而伴随着经济的不断发展，北京的自然环境也受到了较大的破坏，雾霾天气严重，生态自然竞争力方面，开始显现出劣势水平，得分（0.22）水平在30个省会城市的均值以下，列17名。与北京不同，昆明在城市生态自然竞争力方面显示出了其独特的优势，对其城市综合生态竞争力位于二级地位做出了较大的贡献。昆明的城市生态自然竞争力得分为0.38，列30个省会城市的第三位，然而在经济发展中，城市的"还原"能力较弱，即循环利用、经济可持续发展方面有待进步，工业固体废弃物综合利用率较低，仅有67%，昆明的生态竞争力主要依靠其自然环境优势，昆明森林覆盖率50.8%。南京经济子系统发展程度最高，综合城市生态竞争力位于第二级水平。2014年，南京承办青奥会，向世界打开了展示其城市品牌的窗口。在南京承办青奥会过程中，要投入大量的人力和物力资源，再加上独特的区位和交通优势，为其带来了宝贵的经济发展机遇与城市建设动力，使其产业结构不断优化，高新技术产业产值占规模以上工业比重为43.4%，实施四大片区工业布局调整，节能减排成效明显。仅次于南京的城市为南宁，城市生态竞争力为0.27。南宁自然子系统评价值较高，但是其经济子系统评价值为0.14，属于低水平，究其原因，可能是南宁经济发展缓慢，在经济子系统“流通”环节薄弱，公路里程密度为0.56公里。此外，南宁的社会子系统评价值也有待提升，每万人社会福利院床位数为2.54张，社会子系统中的“人道”环节有待提升，相信伴随着国家“一带一路”倡议的实施，南宁在保护自然环境的同时，注重经济社会协调发展的话，南宁的综合城市生态竞争力将会得到提升。

（3）城市生态竞争力第三等级地区。

福州、成都、贵阳、上海、武汉、南昌、哈尔滨、合肥属于第三等级，城市生态竞争力得分分别为0.26、0.25、0.25、0.25、0.24、0.23、0.23、0.22。福州无论在社会、自然还是经济子系统中的评价值都不高，这是影响福州城市生态竞争力的主要原因，具体体现在基础设施的建设不够，公路里程密度为0.93公里，社会管理与发展缓慢，每万人社会福利院床位数位1.43张。成都的城市生态竞争力数值为0.25，生态社会竞争力指数水平偏低，具体表现为人均公共图书馆藏书量数量较少，社会福利与城市发展现状匹配度不高。贵阳作为全国生态文明示范城市之一，自然状况良好，“水”“气”“生”指标均位于研究城市前列。但贵阳“人文”基础薄弱，如：人均拥有图书馆藏书量只有0.46册。上海享有“东方水都”的美名，水资源总量充沛，然而，它却是一个严重缺水的城市，人均水资源量仅为194 m^3，城市生态竞争力为0.25。武汉城市生态竞争力同上海一致，为0.25，产业结构由“二三一”优化为“三二一”，第三产业不断发展。但武汉人均园林绿地面积水平较低，能源效率排名最末，自然子系统评价值较低，为0.22。作为城市生态竞争力同样处于第三等级的南昌，在经济方面与其他同等级城市相比，明显处于弱势地位，南昌仍需要赶上中部崛起大潮，重视经济发展，优化产业结构。南昌获批“国家森林城市”称号，森林覆盖率达35%，人均园林绿地面积靠前，但人文基础不强，人均拥有图书馆藏书量低于1册，数值低于全国水平。合肥在我国省会城市中生态竞争力不强。其森林、水、绿地等自然资源不丰富，生态资源位于中下等级别，再加上人为的破坏，资源的过多开发、浪费与污染等问题，对环境同样造成了不小的压力。合肥工业发展较快，汽车、装备制造、家用电器制造、食品及农副产品加工、新型平板显示和新能源及光伏等六大产业对工业增长的拉动较大，比上年增长26.8%，新增国家级重点新产品20个、省级高新技术产品286个，实现高新技术产业产值比上年增长

52.4%。在继续发展自身产业优势的同时，合肥应该加强环境方面的建设，注重生态环境的治理与保护，加强短板，弥补不足，协调发展，以提升城市的综合竞争力。哈尔滨城市生态竞争力优势在于人均地下水资源量丰富，水资源丰富，人均工业废水排放量低，水环境好。但是同时也存在很多问题，如经济总量规模小、财政收支压力大，经济综合实力亟待增强；保障民生和社会治理能力不足，公共服务、社会事业发展和环境污染治理等方面群众不满意的问题仍然存在。

(4) 城市生态竞争力第四等级地区。

呼和浩特、济南、西安、银川、沈阳、长春、重庆、太原、天津属于第四等级，城市生态竞争力分别为 0.21、0.21、0.20、0.20、0.20、0.20、0.19、0.19、0.18。得益于国家政策扶持，呼和浩特的经济得到了惊人发展，呼和浩特的经济发展在很大程度上是依靠重工业的发展，对环境的损害较大，而呼和浩特自身的生态基础较弱，自然系统下的城市生态竞争力处于劣势，此外，受历史原因影响，呼和浩特的社会福利发展有待提升，每万人社会福利院床位数量水平较低。截至 2014 年年底济南人口总数达到 706.69 万，地区生产总值达到 5770.60 亿元。人口增加和经济发展使济南原有的城市功能受到了严重考验，环境污染和生态破坏等问题越来越严重。自然与社会子系统的评价数值均较低是导致济南综合生态竞争力偏低的原因之一。西安是中国西部地区的重要城市之一，是全国的科研、教育、工业基地，但对西安城市生态竞争力下的社会、经济、自然子系统进行分析发现，其排名均处于全国平均水平以下，经济子系统中人均能源生产量高，但是总量不大、工业不强、非公经济和县（区）域经济薄弱依然是西安发展最突出的短板，交通拥堵、大气污染等“城市病”比较突出，教育、医疗、住房、就业等公共服务领域与市民期盼的仍有差距。银川地处西北内陆地区，为温带大陆性气候，其独特的地理位置与自然环境是导致银川在生态自然竞争力指数上得分不高的主要原因，在社会发展方面，“创新型银川”亟待突破，科技研发、科技支撑、人才队伍建设等方面相对滞后，缺乏重大科技项目及平台支撑。生态经济方面，由于对外开放水平还不高，开放平台开放通道和辐射源建设还处在培育阶段，与内陆开放型经济试验区核心区不相匹配，城乡发展不平衡，银川生态竞争力的提升需要多方面的努力。沈阳为东北地区唯一的特大城市，城市人口众多，因此，城市运转所需的能源、资源数量较大。过去的时间里，沈阳的发展已经将沈阳的资源消耗殆尽，尽管如此，沈阳在经济发展的过程中，生态自然竞争力仍然未跟上经济发展的脚步，沈阳的发展需要对产业结构进行调整（第二产业占 GDP 比重近一半），加大对外开放程度，转变经济发展结构，同时注重对于自然环境的保护，保护水资源。长春是著名的中国老工业基地、东北中心城市之一、国家历史文化名城和全国综合交通枢纽。自改革开放以来，长春的工业发展都是粗放型的发展，环境污染严重，是以牺牲环境为代价换来的发展，因而对生态环境竞争力进行评价分析时发现长春的自然子系统值水平较低，长春的经济发展也正处于转型期，产业结构有待调整优化，同时长春在社会子系统的发展中应注意提升社会福利水平，加强治安管理。重庆位于青藏高原与长江中下游平原的过渡地带，河流众多且地势差距大，气候湿润，自然资源丰富。但在经济方面，其虽然是长江上游地区最大的经济中心城市，但与长江经济带省会城市相比，经济系统评价值只有0.38，差距明显较大。且生产 、流通、消费指标排名均靠后。在社会子系统方面，人文基础较薄弱，人均公共图书馆藏书量低于半册。重庆应特别重视经济与社会发展。太原自然子系统水资源中人均水资源量、人均地下水资源量，大气环境中人均二氧化硫排放量、人均工业烟尘排放量水平均处于较差水平，这是导致太原市城市生态竞争力排名靠后的原因之一，受制于自然环境的发展，在太原的经济发展过程中，工业发展导致的环境污染加重使其社会发展提升缓慢，作为我国北方军事、文化重镇，世界晋商都会，中国能源、重工业基地之一。太原的发展应注意加大对于环境的治理与保护。天津作为我国的直辖市之一，经济发展水平已经处于稳定阶段，故而其生态经济竞争力数值不高，由于粗放型的经济发展模式导致了天津的自然环境受到了很大的损害，自然子系统数值在全国范围内位列倒数，与快速发展的经济相比，天津的基础设施稍显落后，男女比例结构失衡，人均公共图书馆藏书量偏少。

（5）城市生态竞争力第五等级地区。

乌鲁木齐、石家庄、郑州、西宁、兰州属于第五等级，城市生态竞争力分别为0.17、0.15、0.15、0.14、0.14。乌鲁木齐的城市生态竞争力优势在于三次产业结构较为均衡，二三产业发展势头良好，工业固体废弃物综合利用率、城市生活垃圾无害化处理率较高，再生资源产业、废物处理能力较好。交通事故数少，社会治安较为良好。除此之外，乌鲁木齐还有很多亟需提升的空间，一是对反分裂斗争长期性复杂性尖锐性的认识需要不断强化，维护稳定能力有待进一步提升，长治久安深层次问题亟待有效解决；二是产业发展层次总体偏低，实体经济支撑力不足，创新驱动能力较弱，保持经济快速增长的难度加大；三是对外开放深度广度不够，城市国际化水平不高，基础设施建设相对滞后；四是优质公共服务供给不足，城乡一体化步伐缓慢，改善民生离各族群众期望还有差距；五是大气污染防治工作任重道远，区域联防联控难度较大，人居生态环境有待进一步改善。对此，在今后的工作中应认真加以解决。石家庄由于降水量少、气候资源差，加之工业污染严重，自然、经济、社会三大子系统都存在不足，致使总体评价较低。其中，自然子系统中的水资源、水环境较差，土地资源中人均园林绿地面积等方面相较于全国水平而言，均处于低下水平，能源效率指标也有待加强；经济子系统中第三产业发展水平较低，流通路径中后三项指标建设需要改善。社会子系统中社会治安、文化传统、社会捐助体系等几项指标需要提升。郑州是河南省会，中国三大商品交易中心之一、国家重要的综合交通枢纽，郑州亦是中原经济区及中原城市群的中心城市。郑州人口密度居全国省会城市第二位，仅次于广州，然而其经济发展水平却比不上广州，因此，郑州的生态社会竞争力水平处于较低水平，教育、医疗等公共服务供给还没有得到有效解决，人口众多并没有成为郑州的优势，反而加剧了郑州的环境压力，在对郑州的城市生态竞争力进行社会、自然、经济子系统分析时发现，其三项指标均处于倒数水平，郑州要建设现代型产业体系，发展先进制造业，强化服务业水平，促进产业转型升级。持续强化综合交通枢纽地位，畅通郑州工程。同时不断改善群众生活水平，增加公共财政在民生领域的支出，围绕“城市现代化国际化、县域城镇化、城乡一体化”主线，按照“以建为主、提升品质、扩大成效”的要求，不断提升城乡环境质量、群众生活质量和城市综合竞争力。西宁素有“海藏咽喉”之称，气候宜人，是国务院确定的内陆开放城市，具有得天独厚的发展条件。西宁的城市生态竞争力优势在于水资源中人均水资源量、人均地下水资源量、人均能源生产量较高，万人拥有公共汽车数量高。经济子系统中的微观调控效果较好，社会子系统中的社会治安良好，具有较少的交通事故，治安良好。同时，西宁发展基础仍然薄弱，不协调、不平衡问题较为突出，综合实力不强；产业结构层次不高，竞争力、创新能力不强，转型升级、提质增效的任务艰巨；城市人均拥有道路面积少，大气环境较差，城市建设、环境管理仍任重道远，今后应努力加以解决。兰州是中国西北地区重要的工业基地和综合交通枢纽，西部地区重要的中心城市之一，西北地区重要的交通枢纽和物流中心，兰州的城市生态竞争力优势在于工业固体废物综合利用率较高，经济子系统中的微观调控效果较好，社会子系统中的社会治安良好，具有较少的交通事故。但兰州生产发展动力不足，经济发展缓慢，落后全国省会城市平均水平。必须调整优化产业结构，加强创新研发能力，培育新的经济增长动能；完善城市基础设施，解决常见城市问题，满足群众需求，提高居民城市生活满意度。

二、省会城市生态竞争力子系统评价结果及分析

（一）省会城市生态竞争力子系统评价结果

按照第三章介绍的评价指标体系，采用熵值法确定各指标的权重，结合收集到的各项指标数据，测算 2014 年全国 30 个省会城市生态竞争力指标体系中准则层指数结果情况，详见表 5－4 和图 5－3 至图 5－5。

表 5－4　2014 年中国 30 个省会城市准则层指标生态竞争力指数

指数值 城市	生态自然竞争力指数	生态经济 竞争力指数	生态社会竞争力指数
上海	0. 24	0. 23	0. 30
南京	0. 29	0. 29	0. 21
杭州	0. 36	0. 22	0. 85
合肥	0. 26	0. 23	0. 13
南昌	0. 31	0. 17	0. 20
武汉	0. 22	0. 26	0. 24
长沙	0. 32	0. 68	0. 22
重庆	0. 31	0. 13	0. 07
成都	0. 35	0. 21	0. 18
贵阳	0. 32	0. 23	0. 14

续表

指数值 城市	生态自然竞争力指数	生态经济 竞争力指数	生态社会竞争力指数
昆明	0.38	0.23	0.16
石家庄	0.14	0.18	0.09
太原	0.12	0.23	0.24
呼和浩特	0.13	0.31	0.16
沈阳	0.20	0.21	0.21
长春	0.18	0.24	0.17
哈尔滨	0.26	0.23	0.13
福州	0.34	0.20	0.19
济南	0.15	0.28	0.20
郑州	0.14	0.16	0.13
广州	0.43	0.31	0.46
南宁	0.43	0.14	0.21
海口	0.53	0.24	0.18
西安	0.20	0.22	0.17
兰州	0.11	0.15	0.17
西宁	0.12	0.14	0.23
银川	0.14	0.23	0.25
乌鲁木齐	0.13	0.21	0.16
北京	0.22	0.36	0.24
天津	0.13	0.25	0.12

（二）省会城市生态竞争力子系统评价结果分析

（1）省会城市自然子系统生态竞争力评价结果分析。

如图5-2所示，2014年全国30个城市自然子系统生态竞争力处于上游区（1~10）位的依次是：海口、南宁、广州、昆明、杭州、成都、福州、贵阳、长沙、重庆；排在中游区（11~20）位的依次是：南昌、南京、哈尔滨、合肥、上海、武汉、北京、西安、沈阳、长春；处于下游区（21~30）位的依次是：济南、郑州、石家庄、银川、乌鲁木齐、天津、呼和浩特、太原、西宁、兰州。

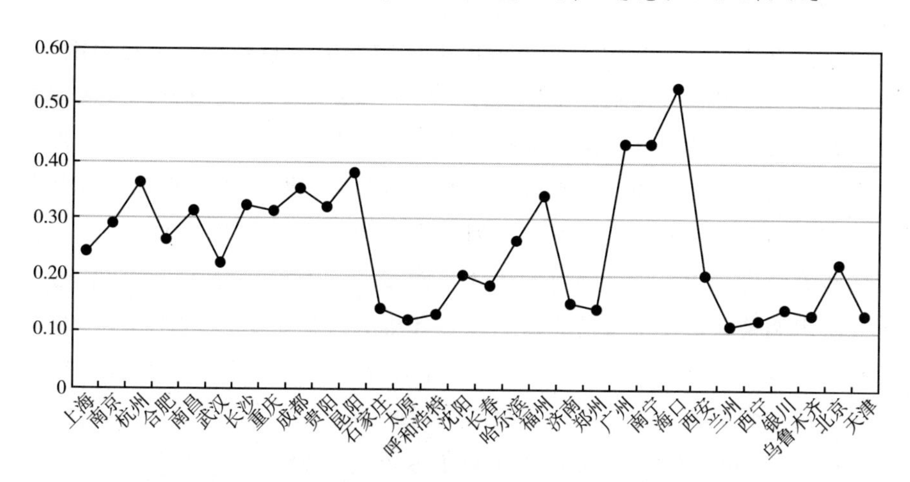

图 5－2 2014 年我国 30 个省会城市生态自然竞争力指数

通过整体的分析，可知 2014 年全国 30 个城市自然子系统生态竞争力的平均水平为 0.2471，处于平均值以上地区：海口、南宁、广州、昆明、杭州、成都、福州、贵阳、长沙、重庆、南昌、南京、哈尔滨、合肥、上海；处于平均值以下地区：武汉、北京、西安、沈阳、长春、济南、郑州、石家庄、银川、乌鲁木齐、天津、呼和浩特、太原、西宁、兰州。

从 2014 年全国 30 个省会城市的自然子系统生态竞争力排名情况来看，处于平均值以上的地区大部分处于南方地区。处于平均值以下的大部分地区处于北方。原因有：① 燃煤资源方面，北方有燃煤供暖，南方无；② 北方多火力发电，南方少；③ 钢铁工业煤耗量亦高（仅次于火力发电——2014 年数据），亦呈北重南轻之势；④ 北方气候干燥、地表植被覆盖率低，水土固着很差。西北大漠、内蒙古沙化草原和黄土高坡是全球数得上的沙尘暴据点。沙尘暴携带的细颗粒物，可以在空气中滞留很久，成为春季雾霾的元凶之一。扬尘在南方城市也存在，但因为湿润多雨，不及北方凶猛。除此之外，北方入冬早，夜间冷，逆温天气更多，降水少于南方，污染物在大气中滞留的时间相对更长，更容易积累；南方气温高，大气垂直运动更活跃，近地面湍流作用更强，有利于扩散。另外，沿海地区因为海陆风的影响，扩散条件一般好于内陆，南方海岸线较长，海滨城市较多，这点也占优。综上所述，北方城市和南方城市在空气质量上的差距，最主要是三个原因造成：气象条件；燃煤；沙尘和扬尘。

针对全国 30 个城市的自然环境现状特征、问题和可持续发展要求，各市应建立绿色生态保障工程体系，以可持续发展为目标，对区域内的水、土、气、生、矿进行保护。主要从以下两个方面入手：① 自然环境保护工程。加强政府扶持力度，建立常态、有效的生态补偿机制，鼓励、引进全社会金融投资。牢固树立尊重自然、顺应自然和保护自然的理念，针对各市范围内不同生态功能保护类型，划定自然生态保护红线，加强自然保护区的能力建设，建立更加完善的包含水源涵养、水土保持、生物多样性保育和洪水调蓄等重要生态功能保护区的自然生态保育体系。② 水安全保障工程。建设水安全保障工程，必须坚持高标准建设，既满足工农业生产与居民生活用水需要，更满足国家战略水资源储备安全需求。

（2）省会城市经济子系统生态竞争力评价结果分析。

如图 5 –3 所示，2014 年全国 30 个城市生态竞争力处于上游区（1 ~10）位的依次是：长沙、北京、广州、呼和浩特、南京、济南、武汉、天津、长春、海口；排在中游区（11 ~20）位的依次是：太原、银川、昆明、上海、合肥、哈尔滨、贵阳、杭州、西安、乌鲁木齐；排在下游区（21 ~30）位的依次是：成都、沈阳、福州、石家庄、南昌、郑州、兰州、南宁、西宁、重庆。

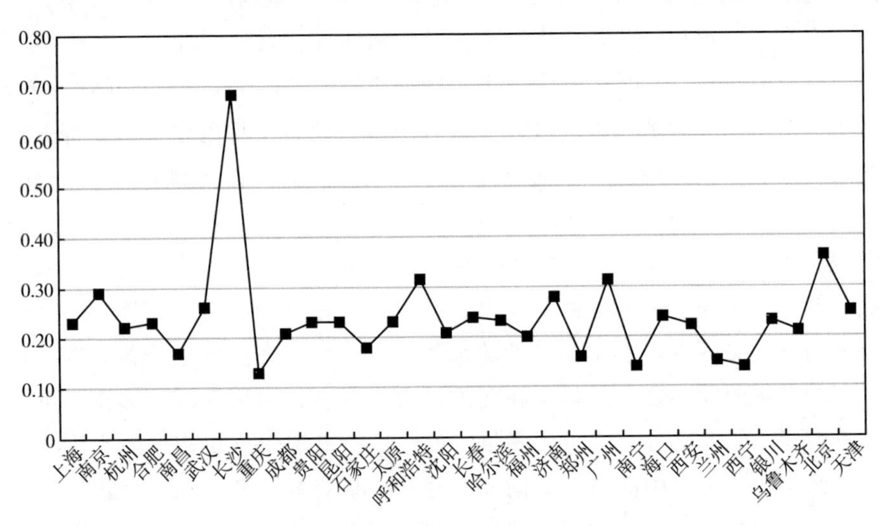

图 5 –3　2014 年我国 30 个省会城市生态经济竞争力指数

通过整体的分析，可知 2014 年全国 30 个城市经济子系统生态竞争力的平均水平为 0. 2386，处于平均值以上地区：长沙、北京、广州、呼和浩特、南京、济南、武汉、天津、长春、海口；处于平均值以下地区：太原、银川、昆明、上海、合肥、哈尔滨、贵阳、杭州、西安、乌鲁木齐；排在下游区（21～30）位的依次是：成都、沈阳、福州、石家庄、南昌、郑州、兰州、南宁、西宁、重庆。

从2014年全国30个市的城市经济生态竞争力综合排名情况来看，由于我国大部分中部和西部城市人均GDP都处于10000～20000元，区分不明显，只有东部较发达省份的人均GDP超过20000元，并且分布较为分散。从城市生态竞争力和人均GDP两者的关系来看，总体上呈现正向关系，即人均GDP越高的城市，其城市生态竞争力就越高，特别是广州、济南、北京、上海等沿海发达地区，其城市经济生态竞争力普遍较高。而西部一些省份，如西宁、南宁等一些经济欠发达的地区，城市经济生态竞争力明显偏低。这说明，经济发展水平提高，为生态环境的保护提供了有力保障，有利于促进城市生态竞争力的提升。

要加强城市生态竞争力，在经济发展方面，应将城市看作一个生态工业园，在建设和发展生态工业园的过程中，注重生态化建设，并将全面实施生态化进程作为发展的战略目标。通过生态策略的整体部署和实施，使城市形成自上而下、整体生态的一体化，建立一体化协调机制，促进经济子系统中生产、消费、流通、还原、调控等各环节的协调有序发展。具体表现为：（1）区域物质使用一体化。产品生产与加工过程中，物质和物质废料的一体化利用能够大大节省城市区域中各生态工业园的成本支出。（2）区域资源流动一体化。今后在提升区域生态竞争力的过程中，还应该拥有更为成熟的生产技术，尝试在一些基础设施建设中使用可再生资源，如风能和太阳能等，这就是绿色使用能力的体现。（3）区域垃圾分类回收一体化。着重处理废弃分类的一体化回收，不仅影响城市区域整体的经济效益和生态效益，而且一体化回收保证了处理过程的规模经济。同时，在提升生态竞争力的过程中，还要加强对生态环境的管理和监控，对影响生态竞争力的各因素进行测评。（4）区域信息和服务一体化共享。信息化时代的到来给企业带来新的发展机遇，同时也带来了巨大的压力与挑战。故要求在原材料使用、能源需求和废物产生等方面进行信息共享，从而促进整个区域信息化和服务一体化程度的提高，同时积极发展以信息化为内容的高技术产业，衔接"一带一路"，有助于扩大长江经济带影响力，提升区域经济的整体实力和生态竞争力。

(3) 省会城市社会子系统生态竞争力评价结果分析。

如图5-4所示，2014年全国30个省会城市社会子系统生态竞争力处于上游区(1~10)位的依次是：杭州、广州、上海、银川、武汉、北京、太原、西宁、长沙、沈阳；排在中游区(11~20)位的依次是：南宁、南京、济南、南昌、福州、成都、海口、西安、长春、兰州；排在下游区(21~30)位的依次是：乌鲁木齐、昆明、呼和浩特、贵阳、郑州、哈尔滨、合肥、天津、石家庄、重庆。通过整体分析，可知2014年全国30个省会城市社会子系统生态竞争力的平均水平为0.2146，处于平均值以上地区：杭州、广州、上海、银川、武汉、北京、太原、西宁、长沙；处于平均值以下地区：沈阳、南宁、南京、济南、南昌、福州、成都、海口、西安、长春、兰州、乌鲁木齐、昆明、呼和浩特、贵阳、郑州、哈尔滨、合肥、天津、石家庄、重庆。

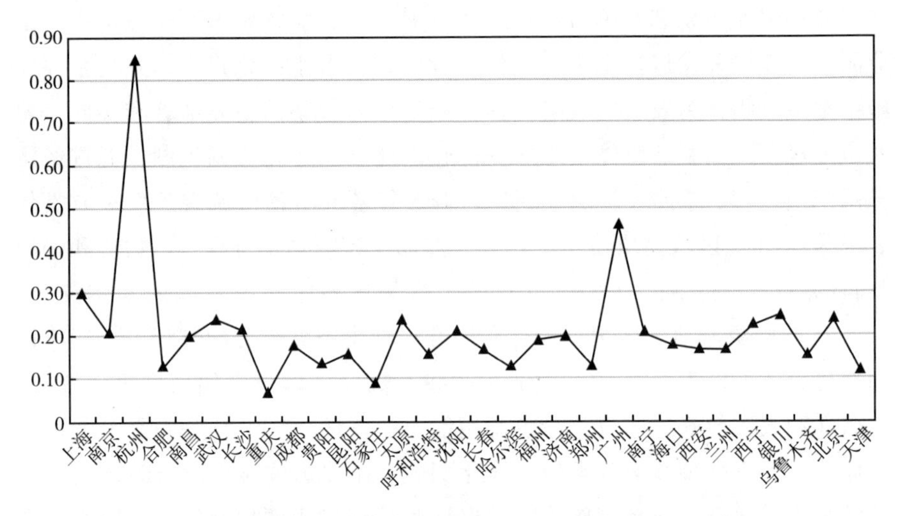

图5-4 2014年我国30个省会城市生态社会竞争力指数

从2014年全国30个市的城市社会生态竞争力综合排名情况来看，经济愈加发达地区，社会生态竞争力愈强。城市社会生态竞争力是由体制网、知识网、文化网等三类功能网络间错综复杂的系统关系所组成，人口素质较高人群易于流向经济发达地区，加之良好的社会治安和社会捐助体系，故其在城市生态竞争力方面有很大的优势。各市应坚定不移地将生态文明建设贯穿于经济建设、社会建设的全过程中，促进人口发展、社会治理、文化发展、社会保障等各方面的协调有序发展，促使城市生态文明上升至新的水平。具体措施有：①统筹综合管理。成立由各市政府、国家相关行业主管部门、重点企业和资深学者等组成的综合管理委员会，负责议定开发和保护相关管理办法、规划、方案、重点项目等重大事项；下设综合管理委员会办公室，作为委员会日常事务处理和利益相关各方协调的常设机构，切实保障各市资源的永续利用和可持续发展。②建立健全环境损害赔偿制度和以环境损害赔偿为基础的环境责任追究制度。改变环境损害“企业赚钱、政府买单、群众受害”的不合理现象，加大环境损害处罚和赔偿额度，合理合法追究环境损害者的刑事、民事（经济赔偿）责任，减少环境保护工作对行政手段的过度依赖。完善环境信息发布和重大项目公示、听证制度，健全公众参与机制，对造成生态环境损害的重大决策失误，实行问题追溯和责任终生追究。③加大生态文明宣传教育力度。利用各媒体，加大宣传报道力度，开辟专题专栏。通过微博、微信等平台，开展生态文明和环境宣传教育，普及生态文明理念与环保基本知识，使节约资源与保护环境观念深入人心，尊重自然、顺应自然、保护自然，共同开展绿色社区、绿色学校、绿色家庭等群众性生态文明创建活动，推动社会各界和公众广泛参与生态文明建设。

（三）地市级城市生态竞争力评价结果及分析

1. 江西省 11 个地级市城市生态竞争力综合评价结果及分析。

通过获得的 31 项原始数据，结合熵值法得出城市生态竞争力指标权重，运用综合评价模型计算出 2013 年江西省 11 个城市生态竞争力，结果见图 5－5 至图 5－10。

2013 年，江西省 11 个地级市城市生态竞争力排名由弱到强依次为：宜春 $<$ 赣州 $<$ 抚州 $<$ 上饶 $<$ 吉安 $<$ 鹰潭 $<$ 萍乡 $<$ 九江 $<$ 景德镇 $<$ 新余 $<$ 南昌。按照排名划分为 5 个等级：南昌属于第 1 等级（$0.6 \leq S < 0.7$），城市生态竞争力得分 0.66；新余、景德镇属于第 2 等级（$0.5 \leq S < 0.6$），城市生态竞争力得分分别为 0.59 和 0.51；九江、萍乡属于第 3 等级（$0.4 \leq S < 0.5$），城市生态竞争力分别为 0.48 和 0.42；鹰潭、吉安、上饶、抚州、赣州属于第 4 等级（$0.3 \leq S < 0.4$），城市生态竞争力依次为 0.36、0.34、0.33、0.32；宜春市属于第 5 等级（$0.2 \leq S < 0.3$），城市生态竞争

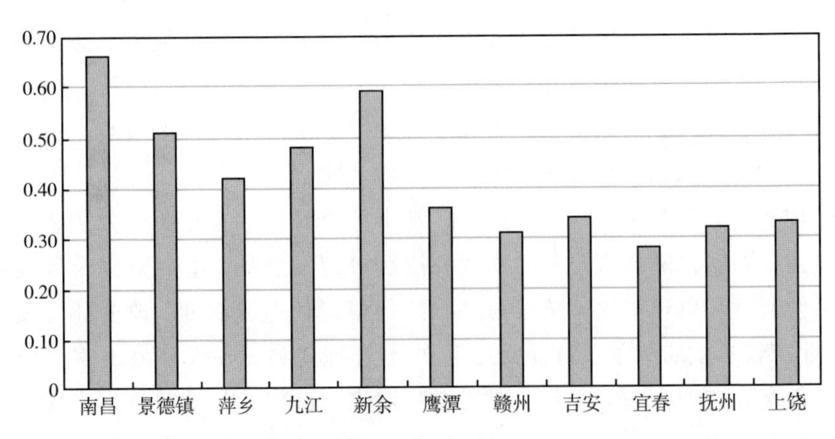

图 5-5　2013 年江西省 11 个地级市生态竞争力综合指数

力为 0.28。南昌是国内重要城市和特大城市，是江西省和鄱阳湖生态经济研究区的中心城市，交通信息发达，文化资源丰富，社会基础设施完善，较其他 10 个城市有较大优势，因而城市生态竞争力最强。新余、景德镇经济平稳向好发展，文化软实力较强，绿色城镇国际化研讨会上在绿色城镇化指标环境单项排名前 15，城市生态竞争力较强。九江、萍乡近几年发展较快，整体实力不断增强，城市生态竞争力居中。地处江西省东南及东北区域的鹰潭、吉安、上饶、抚州、赣州经济欠发达、城市生态文化竞争力有待提升、生态社会竞争力薄弱，城市生态竞争力较弱。宜春生态经济竞争力差，城市生态文化竞争力和城市生态社会竞争力极弱，因而城市生态竞争力相比江西省其他城市最弱。

2. 江西省 11 个地级市城市生态竞争力各子系统评价结果及分析。

（1）江西省 11 个地级市城市生态经济竞争力评价结果及分析。

2013 年，江西省 11 个地级市城市生态经济竞争力排名由弱到强依次为：抚州 < 宜春 < 上饶 < 赣州 < 吉安 < 九江 < 鹰潭 < 景德镇 < 萍乡 < 新余 < 南昌。按照排名划分为 5 个等级：南昌属于第 1 等级（$0.8 \leqslant F_{1i} < 1$），城市生态经济竞争力得分 0.88；新余属于第 2 等级（$0.6 \leqslant F_{1i} < 0.8$），城市生态经济竞争力得分为 0.67；萍乡、景德镇、鹰潭属于第 3 等级（$0.4 \leqslant F_{1i} < 0.6$），城市生态经济竞争力分别为 0.50、0.46、0.44；九江、吉安属于第 4 等级（$0.2 \leqslant F_{1i} < 0.4$），城市生态经济竞争力依次为 0.32、0.20；赣州、上饶、宜春、抚州属于第 5 等级（$0 \leqslant F_{1i} < 0.2$），城市生态

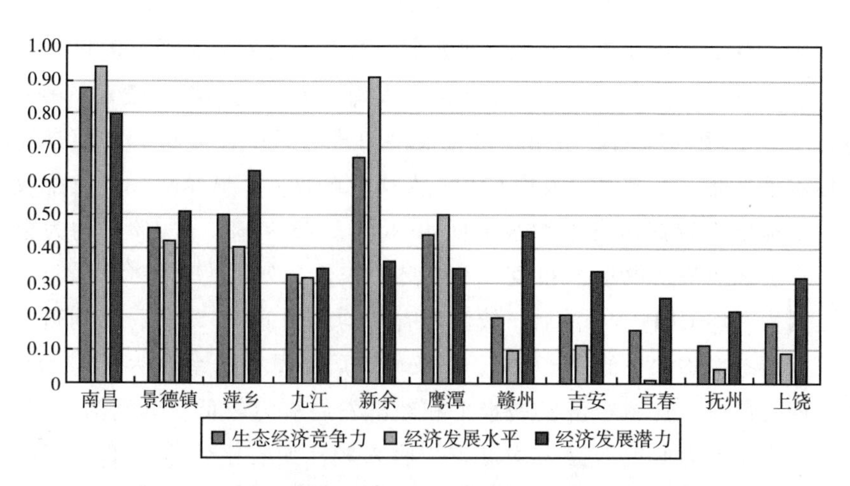

图 5-6 2013 年江西省 11 个地级市生态经济竞争力指数

经济竞争力依次为 0.19、0.18、0.16、0.11。

南昌作为江西省的省会城市，其得分最高，远领先于其他地级市，城市经济发展水平（0.94）和经济发展潜力（0.80）超于其他城市，人均财政收入 10939.85 元，城镇居民人均可支配收入 26151 元，较江西省平均水平高 86.11%，第三产业占 GDP 比 39.8%，均居全省第一位，说明其作为江西省经济中心的地位比较牢固。新余虽然在经济发展潜力指标上表现一般，单位 GDP 能耗高达 1.1 万吨标准煤/亿元，但是由于经济快速发展，具有较好的经济发展水平（0.91），其人均 GDP 为 73275 元，较江西省平均水平高 91.41%，位居第一位，因而城市生态竞争力处于较高等级。萍乡在老工矿城市传统产业的形成和带动下，具有良好的经济发展潜力（0.63），主要是因为城镇居民恩格尔系数为 30.6%；景德镇城镇居民可支配收入为 23991 元，但是，人均财政收入、城镇居民恩格尔系数及第三产占 GDP 比重均居江西省中等水平，因而景德镇生态经济发展水平和经济发展潜力居中，分别为 0.42 和 0.51；铜工业城市鹰潭市人居财政收入为 8109.48 元，位居江西省第三，但其生态经济竞争力却居江西省中等水平，主要是因为第三产业占 GDP 比重全省最低，仅为 29.4%。九江经济发展水平为 0.31，经济发展潜力为 0.34，虽然九江人均财政收入为 5820.36 元，第三产业占 GDP 比重为 35.8%，均为江西省排名第四位，但是人均 GDP 为 34284 元，较江西省人均 GDP 低 10.44%，同时城镇居民恩格尔系数为41.4%，因而生态经济竞争力较弱；吉安经济发展水平（0.11）和经济发展潜力（0.33）均较弱，主要因为人均GDP、人均财政收入、第三产业占GDP比重均较低。赣州经济发展潜力排名居中，为0.45，但是经济发展水平极低，主要因为人均GDP、人均财政收入、城镇居民可支配收入三项指标分别较江西省平均水平低46.89%、43.77%、9.4%，均为全省最低；上饶经济发展水平和经济发展潜力较低，分别为0.09和0.31，主要是因为人均GDP排名落后，较江西省平均水平低43.22%，人均财政收入较江西省平均水平低40.78%，以及城镇居民恩格尔系数达到42.02%，为江西省最高；宜春经济发展水平和经济发展潜力较低，分别为0.10和0.25，主要因为城镇居民人均可支配收入较江西省平均水平低32.34%，人均财政收入较江西省平均水平低27.52%，城镇居民人均可支配收入较江西省平均水平低8.1%，另外，其第三产业占GDP比仅29.4%；抚州生态经济竞争力居尾，多个城市排名是其数倍，尤其与排名首位的南昌相比，经济差距非常明显，其经济发展水平低至0.04，发展潜力仍然很弱，仅为0.21。

（2）江西省11个地级市城市生态政治竞争力评价结果及分析。

2013年，江西省11个地级市城市生态政治竞争力排名由弱到强依次为：鹰潭 < 景德镇 < 新余 < 南昌 < 抚州 < 萍乡 < 上饶 < 吉安 < 赣州 < 宜春 < 九江。按照排名划分为3个等级：九江、宜春属于第1等级（$0.6 \leqslant F_{2i} < 0.8$），城市生态政治竞争力得分分别为0.71、0.66；赣州、吉安、上

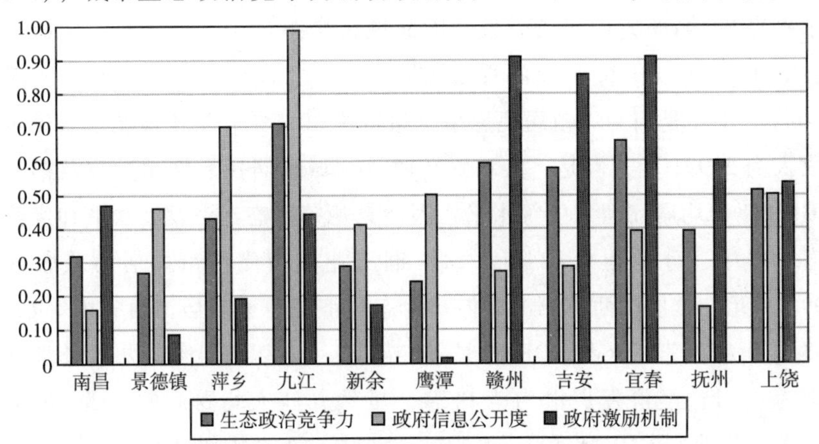

图5-7　2013年江西省11个地级市生态政治竞争力指数

饶、萍乡属于第 2 等级（$0.4 \leqslant F_{2i} < 0.6$），城市生态政治竞争力分别为 0.59、0.58、0.51、0.43；抚州、南昌、新余、景德镇、鹰潭属于第 3 等级（$0.2 \leqslant F_{2i} < 0.4$），城市生态政治竞争力依次为 0.39、0.32、0.29、0.27、0.24。

九江虽然在政府激励机制（0.44）指标上表现一般，但是在政府信息公开度（0.99）上表现非常突出，主动公开环境政务信息远高于全省平均水平，累计发布 2361 条，占江西省总量的 25.85%；宜春在政府政务信息公开上表现一般，为 0.39，但是政府激励机制方面表现良好，为 0.91，省级生态乡镇、生态村个数分别为 70 和 76，分别占江西省总量的 16.13% 和 13.82%，二者的建设推动了生态城市的发展。赣州市政府信息公开度和政府激励机制指数分别为 0.27 和 0.90，主要因为赣州市政府主动公开环境政务信息量江西省总量的 1.7%，创省级生态村个数为 96 个，占江西省总量的 17.5%；吉安市政府信息公开度为 0.29，政府激励机制为 0.85，其中主动公开环境政务信息量、创省级生态乡镇、省级生态乡占比分别为 2.30%、15.67%、12.55%；上饶政府信息公开度为 0.50，政府激励机制为 0.53，各指标均居江西省中等水平；萍乡市政府信息公开度较高，为 0.70，主要因为其主动公开环境政务信息较高，占江西省总量的 17.00%，但是政府激励机制为 0.19，其中，创省级生态乡镇、生态村占江西省总量比分别为 4.6% 和 6.2%。抚州市政府信息公开度为 0.16，政府激励机制为 0.60，依申请公开数为江西省最高，达到 8 条，占江西省总量的 47.10%，主动公开环境政务信息仅占江西省的 7.1%，因而政府信息公开度低；南昌市政府信息公开度为 0.16，政府激励机制为 0.47，其中，主动公开环境政务信息 449 条，仅占 4.9%，依申请公开数占 35.30%；新余市政府信息公开度为 0.41，政府激励机制较弱，为 0.17，主要因为创省级生态乡镇、生态村个数占比较低，分别为 5.1% 和 4.7%；景德镇市政府信息公开度为 0.46，但政府激励机制较弱，为 0.09，主要因为创省级生态乡镇、生态村占比较低，分别为 3.00% 和 5.10%；排名最末的鹰潭市政府对生态激励机制（0.017）最弱，创省级生态乡（镇）12 个、生态村 11 个，排名均居于全省最末。

（3）江西省 11 个地级市城市生态文化竞争力评价结果及分析。

2013 年，江西省 11 个地级城市城市生态文化竞争力排名由弱到强依次为：宜春 < 上饶 < 鹰潭 < 吉安 < 萍乡 < 抚州 < 赣州 < 景德镇 < 九江 < 新余 < 南昌。按照排名划分为 4 个等级：南昌属于第 1 等级（$0.8 \leqslant F_{3i} < 0.1$），城市生态文化竞争力为 0.80；新余属于第 2 等级（$0.4 \leqslant F_{3i} < 0.6$），城市生态文化竞争力为 0.57；九江、景德镇、赣州、抚州、萍乡、吉安、鹰潭属于第 3 等级（$0.2 \leqslant F_{3i} < 0.4$），城市生态文化竞争力依次为 0.36、0.31、0.26、0.23、0.23、0.22、0.21；上饶、宜春属于第 4 等级（$0 \leqslant F_{3i} < 0.2$），城市生态文化竞争力分别为 0.1 和 0.06。

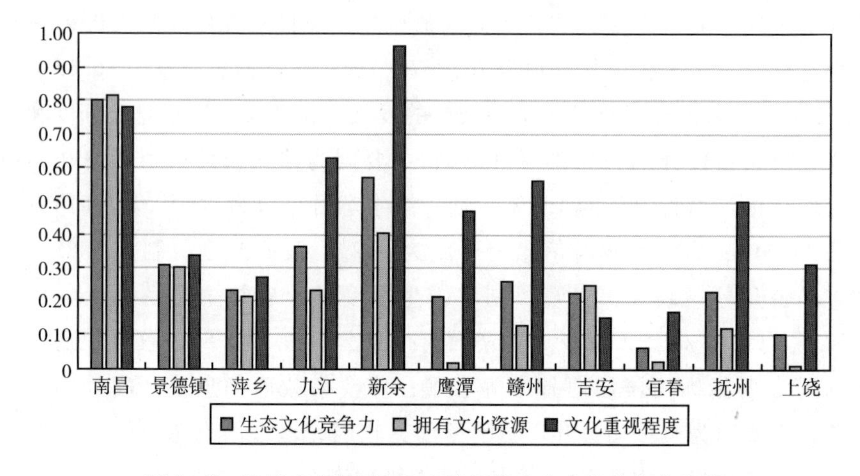

图 5-8　2013 年江西省 11 个地级市生态文化竞争力指数

南昌拥有绝对优势，这是因为南昌对文化重视程度（0.78）较高，教育业固定资产投资比占 2%，拥有文化资源（0.81）较其他城市更丰富，每万人中高等学校毕业生数达 272.61 人，占江西省总量的 46.02%。新余文化重视程度（0.96）全省第一，生态文化重视程度高，教育业固定资产投资比占 2.1%，曾被教育部专家称为“新余现象”，组织市级生态科普活动 5 次。九江拥有文化资源度为 0.23，文化重视程度为 0.63，其中公共图书馆藏书人均拥有量 0.41，市级生态科普活动 4 次；景德镇拥有文化度为 0.30，文化重视程度为 0.34，其中，每万人中高等学校毕业生数 56.22 人，占江西省的 9.50%；赣州文化重视程度为 0.56，而拥有文化资源度较低，为 0.13，主要因为公共图书馆藏书人均拥有量及每万人中高等学校毕业生数低于江西省平均水平；抚州拥有文化资源度为 0.12，文化重视程度为 0.50，主要因为公共图书馆藏书人均拥有量为 0.33，低于江西省平均水平；萍乡拥有文化资源度和文化重视程度分别为 0.21 和 0.27，主要因为每万人高等学校毕业生数、市级生态科普活动数分别占江西省总比较低，分别为 4.3% 和 6.9%；吉安拥有文化资源度和文化重视程度均较低，分别为 0.25 和 0.15，主要是因为每万人中高等学校毕业生数为 10.10 人，仅占江西省的 1.7%，且市级生态科普活动数为 1 次，占江西省的 3.5%；鹰潭文化重视程度为 0.47，但拥有文化资源仅为 0.02，排名最末，主要因为每万人中高等学生数远低于江西省平均人数。上饶文化重视程度为 0.31，拥有文化资源极低，为 0.01，主要因为公共图书馆藏书量和每万人中高等毕业生数较少，分别占江西省的 5.8% 和 1.6%；值得注意的是，宜春公共图书馆人均拥有量和市级生态文化宣传活动次数极低，导致文化拥有资源（0.019）和对文化关注程度（0.17）较低，其中，公共图书馆藏书人均拥有量低至 0.24 册，较江西省平均水平 39.55%，市级生态科普活动为江西省最低，仅为 1 次。

（4）江西省 11 个地级市城市生态社会竞争力评价结果及分析。

2013 年，江西省 11 个地级市城市生态社会竞争力排名由弱到强依次为：宜春 < 吉安 < 赣州 < 鹰潭 < 抚州 < 上饶 < 萍乡 < 九江 < 新余 < 景德镇 < 南昌。按照排名划分为 4 个等级：南昌、景德镇属于第 1 等级（$0.6 \leqslant F_{4i} < 0.8$），城市生态社会竞争力分别为 0.67 和 0.65；新余、九江属于第 2 等级（$0.4 \leqslant F_{4i} < 0.6$），城市生态社会竞争力分别为 0.53、0.41；萍乡、上饶、抚州、鹰潭属于第 3 等级（$0.2 \leqslant F_{4i} < 0.4$），城市生态社会竞争力

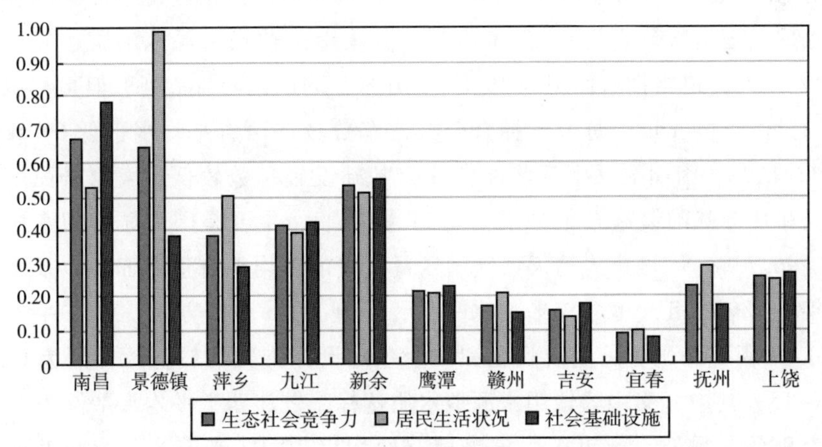

图 5－9　2013 年江西省 11 个地级市生态社会竞争力指数

依次为0.38、0.26、0.23、0.22；赣州、吉安、宜春属于第4等级（$0 \leq F_{4i} < 0.2$），城市生态社会竞争力分别为0.17、0.16和0.09。

南昌是中国唯一毗邻长江三角洲、珠江三角洲和闽南金三角的省会城市，凭借优越的地理位置，其交通四通八达，居民生活状况（0.53）良好，具有优越的社会基础设施条件（0.78），每万人拥有公共汽车15.39辆，每万人年末实有出租汽车数10.10辆，均远高于江西省其他城市；景德镇居民生活状况指数达到0.99，而社会基础设施指数仅为0.38，主要因为集中式饮用水源地达标率及城市人均天然气供应量均为江西省最高，分别为100%和79.30立方米，而每万人年末实有出租汽车数为3.67辆。新余城市生态社会竞争力排名靠前主要是因为城市用水普及率（100%）、城市人均天然气供气量（26.21立方米）、城市人均拥有大陆面积（23.58平方米）等指标远高于江西省平均水平；九江居民生活状况和社会基础设施指数分别为0.39和0.42，其城市用水普及率和集中式饮用水源地水质达标率虽均为100%，但其城市人均天然气供气量较江西省平均水平低23.00%，因而居民生活状况指数不高。萍乡居民生活状况和社会基础设施指数分别为0.50和0.29，虽然其每万人年末实有出租车汽车数高于江西省平均水平，但是城市人均拥有道路面积较江西省平均水平低9.30%，因而社会基础设施指数不高；上饶居民生活状况和社会基础设施指数分别为0.25和0.27，主要因为城市人均天然气供应量和每万人年末实有出租汽车数均江西省最低，分别为1.14立方米和0.77辆；抚州居民生活状况和社会基础设施指数分别为0.29和0.17，其集中式饮用水源地水质达标率为100%，人均道路拥有面积为19.89平方米，均居江西省前列，但是，城市人均天然气供气量、每万人拥有公共汽车数较江西省平均水平低69.56%和13.16%，因而居民生活状况和社会基础设施指数较低；鹰潭居民生活状况和社会基础设施指数分别为0.21和0.23，主要是因为城市用水普及率（96.73%）、城市人均天然气供气量、城市人均拥有道路面积以及每万人年末实有出租汽车数较平均水平低，分别为16.5立方米、3.17平方米和0.67辆。赣州居民生活状况和社会基础设施指数均较低，分别为0.21和0.15，其中，集中式饮用水源地水质达标率较江西省平均水平低7.5%，仅为90%，另外，城市人均道路拥有面积仅10.97平方米，为江西省最低；吉安居民生活状况和社会基础设施指数分别为0.14和0.18，主要因为其城市人均天然气供应量较江西省平均水平低 15.34 立方米，仅为 2.63 立方米，城市用水普及率为 93.15%，较其他城市最低，每万人年末实有出租汽车数 0.81 辆，较江西平均水平低 0.22 辆；宜春生态社会竞争力最弱，主要因为在居民生活状况（0.10）和社会基础设施（0.08）两方面较弱，其中，集中式水源水质达标率仅为 85%，城市人均天然气供气量 6.84 立方米，每万人拥有公共汽车 13.98 辆，均低于江西省平均水平。

（5）江西省 11 个地级市城市生态环境竞争力评价结果及分析。

2013 年，江西省 11 个地级市城市生态环境竞争力排名由弱到强依次为：城市生态环境竞争力排名由弱到强依次为：南昌 < 赣州 < 萍乡 < 鹰潭 < 宜春 < 上饶 < 景德镇 < 吉安 < 新余 < 九江 < 抚州。按照排名划分为 4 个等级：抚州、九江属于第 1 等级（$0.8 \leqslant F_{5i} < 1$），城市生态环境竞争力分别为 0.85、0.81；新余、吉安、景德镇、上饶、宜春、鹰潭属于第 2 等级（$0.6 \leqslant F_{5i} < 0.8$），城市生态环境竞争力依次为 0、78、0.78、0.77、0.75、0.71、0.66；萍乡、赣州属于第 3 等级（$0.4 \leqslant F_{5i} < 0.6$），城市生态环境竞争力分别为 0.54、0.52；南昌属于第 4 等级（$0.2 \leqslant F_{5i} < 0.4$），城市生态环境竞争力为 0.38。

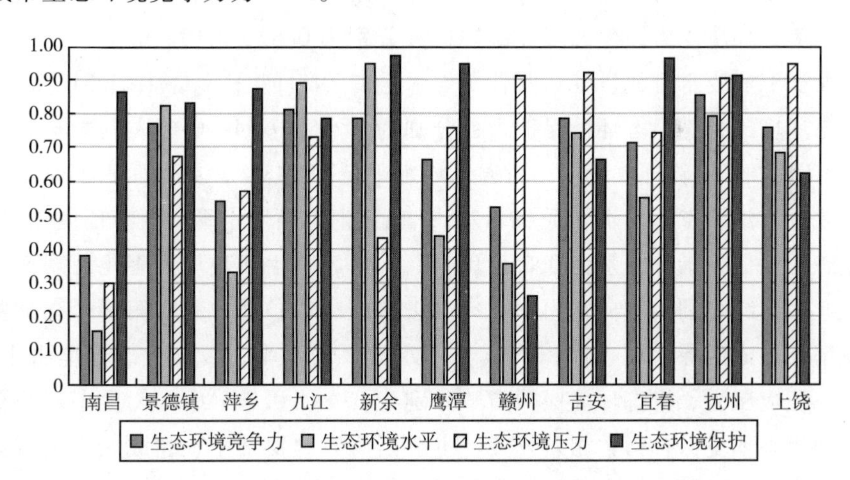

图 5-10　2013 年江西省 11 个地级市生态环境竞争力指数

抚州拥有“全国最佳绿色生态城市”的美誉，森林覆盖率达 64.54%、空气质量优良天数为 363 天、人均绿地面积为 16.64 平方米，均位居全省前列，因而生态环境水平（0.79）高于江西省平均水平，在发展过程中坚守青山绿水高"颜值"，对生态环境保护（0.91）较好，生活垃圾无害化处理率达到100%；作为全国园林绿化城市之一的九江提出全力打造九江工业"升级版"，这意味着需要承载一定的生态环境压力（0.73），其单位工业GDP二氧化硫排放量达104.41吨/亿元，远高于江西省平均水平，但是生活垃圾无害化处理率达100%，同时，在建成区绿化覆盖面积、人均公共绿地面积等指标上均较高。"钢城"新余到"国家新能源科技示范城"的完美蜕变，加快了生态产业模式的发展，生态环境水平、生态环境压力、生态环境保护指数分别为0.94、0.43、0.97，其单位工业GDP二氧化硫排放量达119.02吨/亿元，较江西省平均水平高出39.67吨/立方米，单位面积工业废水排放量达1.70万吨/平方公里，为多数地区的数倍，但是空气质量优良天数（365天）、建成区绿化覆盖面积（52.06%）、人均公园绿地面积（18.18平方米）、生活垃圾无害化处理率（100%）以及城市污水处理率（100%）均为江西省最高；吉安生态环境水平、生态环境保护指数分别为0.74、0.66，而生态环境压力较高，为0.92，主要是因为单位面积农用化肥用量为7.2吨/平方公里，较江西省平均水平低24%，单位面积工业废水排放量较江西省平均水平低76.47%。景德镇生态环境水平、生态环境压力、生态环境保护指数分别为0.82、0.67、0.83，其中单位面积工业废水排放量较江西省平均水平高79.41%；上饶生态环境水平、生态环境压力、生态环境保护指数分别为0.68、0.94、0.62，其中单位工业GDP二氧化硫排放量较江西省平均水平低39.48%，单位面积工业废水排放量较江西省平均水平低69.11%；宜春生态环境水平、生态环境压力、生态环境保护指数分别为0.55、0.74、0.96，其生活垃圾无害化处理率和工业固废综合利用率分别为100%、99.64%，均位居江西省第一，森林覆盖率及建成区绿化覆盖面积均低于江西省平均水平；鹰潭生态环境水平、生态环境压力、生态环境保护指数分别为0.43、0.76、0.94，生态环境水平和生态环境保护指数相差较大，主要因为森林覆盖率、建成区绿化覆盖率、人均公园绿地面积等指标均低于江西省平均水平，生活垃圾无害化处理率高达100%，城市污水处理率和工业固废综合利用率均较江西省平均水平高。萍乡生态环境水平、生态环境压力、生态环境保护指数分别为0.33、0.57、0.87，虽然森林覆盖率较高，为66.02%，但是整体生态环境水平较低，主要是因为建成区绿化覆盖率较江西省平均水平低10.75%，人均公园绿地面积较江西省平均水平低 27.35%；赣州生态环境水平、生态环境压力、生态环境保护指数差异较大，分别为 0.36、0.91、0.26，其中，赣州森林覆盖率虽然高达 76.24%，为江西省最高，但是其建成区绿化覆盖率较江西省平均水平低 15.46%，人均公园绿地面积较江西省平均水平低 17.20%，因而生态环境水平低，另外，生活垃圾无害化处理率较江西省平均水平低 43.51%，城市生活污水处理率较江西省平均水平低 46.33%，因而生态环境保护指数较弱。排名最末的南昌生态环境水平、生态环境压力、生态环境保护指数差异较大，分别为 0.16、0.30、0.86，其中，森林覆盖率、空气质量优良天数、建成区绿化覆盖率、人均公园绿地面积均低于江西省平均水平，尤其是森林覆盖率较江西省平均水平低 62.76%，以及空气质量优良天数较江西省平均水平低 36.21%，因而生态环境水平较低，另外，单位面积农用化肥施用量较江西省平均水平高出 111.15%，单位面积城市污水排放量是江西省平均水平的数倍，单位面积工业废水排放量将江西省平均水平高出 110.29%，因而能承担的生态环境压力较小。

第四节　本章小结

本章在利用本书第三章中确立的省会城市、地级市城市生态竞争力评价指标体系的基础上，使用熵值法分别确定了省会城市生态竞争力和地市级城市生态竞争力评价指标体系中各项指标的权重，结合收集到的指标原始数据，通过构建的数量化评价模型，计算得出 2014 年全国 30 个省会城市的生态竞争力指数以及 2013 年江西省 11 个地市级城市生态竞争力指数，并对相关指标层进行了计算，对计算结果的进一步分析，将在本书第六章内容中展开。

备注（相关指标原始数据及计算收集说明）：

1. 石家庄的“电信业务总量”（无该指标统计），在此用“电信业务收入”来代替，在此“能源消费总量”用的是“全市规模以上工业企业能源消费总量”；

2. 太原用的是“邮电业务总量”，“电信业务总量”未分开统计，在此用“电信业务收入”来代替，在此“能源消费总量”用的是“全市规模以上工业企业能源消费总量”；

3. 呼和浩特用的是“邮电业务总量”，“电信业务总量”未分开统计，在此用“电信业务收入”来代替；

4. 长春，在此“能源消费总量”用的是“全市规模以上工业企业能源消费总量”；

5. 哈尔滨，在此“能源消费总量”用的是“全市规模以上工业企业能源消费总量”；

6. 沈阳，在此“能源消费总量”用的是“规模以上工业能源最终消费总量”；

7. 福州，在此“能源消费总量”用的是“规模以上工业企业能源消费总量”；

8. 海口，在此“能源消费总量”用的是“规模以上工业企业能源消费总量”；

9. 济南，在此“能源消费总量”用的是“规模以上工业企业能源消费总量”；

10. 郑州，在此“能源消费总量”用的是“规模以上工业企业能源消费总量”；

11. 南宁，在此“能源消费总量”用的是“全市规模以上工业企业能源消费总量”；

12. 乌鲁木齐，用的是“邮电业务总量”，“电信业务总量”未分开统计，在此用“电信业务收入”来代替；

13. 银川，用的是“邮电业务总量”，“电信业务总量”未分开统计，在此用“电信业务收入”来代替，“能源消费总量”用的是“全市规模以上工业企业能源消费总量”，公路里程用的是2015年上半年的数据（银川市交通运输局官网）；

14. 西宁，用的是“邮电业务总量”，“电信业务总量”未分开统计，在此用“电信业务收入”来代替，在此“能源消费总量”用的是“全市规模以上工业综合能源消费量”（西宁市人民政府关于2014年度节能目标完成情况的报告）；

15. 海口，“电信业务总量”见《2014年海口市国民经济和社会发展统计公报》，公路里程用2013年数据3107，在此基础上估加40，为3147；

16. 西安，在此“能源消费总量”用的是“规模以上工业企业能源消费总量”；

17. 兰州，公路里程，用的是2015年的数据（兰州市交通运输委员会官网）；

18. “森林覆盖率”指标数据，用的是省级数据；

19. “森林虫害防治率”用全省的“森林病虫鼠害防治率”代替；

20. “人均能源生产量”，用全省人均能源生产量用代替；

21. “社会福利院床位数”“离婚登记对数”“社会捐赠受益人数”的数据找不到，是在2010~2013年的数据基础上处理得到的；

22. 其余指标数据都可以在各省会城市的统计年鉴、环保局官网及《中国城市统计年鉴2015》中找到。

第六章　城市生态竞争力的提升对策建议

第一节　生态竞争力提升基本原则

本书第五章通过构建指标体系，运用熵值法客观、全面地对 2014 年全国 30 个省会城市以及 2013 年江西省 11 个地市级城市的生态竞争力指数进行评价，分析了各尺度生态竞争力的水平、变化趋势和存在的差距，能够准确识别城市生态竞争力变化的实质，更深层次理解和把握这些规律和特征，有利于揭示提升环境竞争力的正确路径、方法和对策。本章基于上述分析，对于各尺度城市生态竞争力提出相应的对策措施。为了保证对策建议的真实性与针对性，首先要明确其构建原则，再以这些原则为准绳，设计合理的对策建议。

一、实事求是，因地制宜

在城市生态竞争力的提升过程中，需要基于当地的经济、社会、生态发展情况，根据当地发展优势和劣势，采取适合当地实情的发展思路。生态竞争力机制由自然、经济、生态三个竞争力子系统组成，城市生态竞争力的发展和提升，在遵守经济社会客观发展规律的基础上，注意生态环境的保护，不可因急功近利，而因噎废食。同时也要运用发展的观点看待问题，敢于突破陈规，运用创造性思维解决问题，干预革新，且应针对各个地区自身发展的不同，在不违背实事求是、因地制宜的原则下，可以进行具体措施的细分和小调整。

二、统筹规划，协调发展

唯物辩证法认为，联系普遍存在于事物中，比如事物与事物、要素与要素，两者之间即可以互相影响，又可以互相制约，而整个世界也可以看作是一个互相联系和相互制约的整体，城市生态竞争力也可以看作是一个相互联系和制约的系统。这要求我们必须从事物的内在本质和相互的联系去认识和把握城市生态竞争力，理解城市生态竞争力的具体内涵，即城市生态竞争力包含着经济、社会与生态的统一：自然与经济的联系、经济与社会的联系、自然与社会的联系。在提升城市生态竞争力的过程中，应该进行整体规划，将经济、政治、文化、社会、生态等各层次、各方面的要素纳入，协调经济、自然与社会的关系，人与自然的和谐发展，形成统分结合、整体联动。

三、长期工程，全员参与

自1978年改革开放以来，伴随着东部沿海优先发展、西部大开发战略、中部崛起战略的实施，我国各省（市、自治区）经济发展取得长足进步，成绩令人瞩目，尤其是各省会城市，凭借国家政策、财政和资源的倾斜，使得经济发展更上一层楼，然而过去40多年的发展几乎都是伴随资源、能源的大量投入，粗放式的经济发展方式，造成了能源、资源的浪费和环境的污染，因此产生了资源短缺、产业落后等一系列的难题，这些问题需要长时间投入才得以解决，因此我国城市生态竞争力的提升是一个长期和可持续的发展工程，这就需要社会成员的齐心协力，共同参与。不仅需要民众改变浪费的生活习惯，企业主动革新设备技术采用集约节约的发展方式，保护资源环境，行业要遵守相关法律法规，社会发展要紧追经济发展，政府要加大财政投入和政策支持的力度，完善问责机制。

第二节　我国生态竞争力提升的保障措施

为了从现实层面上更好地把握城市生态竞争力的变化趋势，应从城市生态竞争力的基本内涵出发，采取符合实际发展情况的路径和基本方法提升城市生态竞争力。虽然不同地域城市生态竞争力受具体的省情、市情、区情的影响不同，需要提升的侧重点也不同，但不同地域城市生态竞争力的总体变化规律大体上是一致的，都是自然、经济与社会的发展问题。城市生态竞争力的问题是一个综合和统一的问题，普遍的、共同的问题会存在，解决这些问题，就需要找到普适性的方法提升各尺度的城市生态竞争力。

一、我国生态竞争力提升思路

（一）经济方面：建立一体化协调机制

可以把城市的发展看作一个生态工业园的发展过程，在建设和发展生态工业园的进程中，尤其要重视建设生态化，并将其提升到战略目标的地位。通过实施相应的生态策略，使城市建立一体化的协调机制，形成一个自上而下的整体的生态系统，使城市在生产、流通、消费、还原和调控环节呈良性协调发展。主要包含4个方面：（1）区域物质一体化利用。在生产过程中，把产生的废弃物回收利用，再次投入生产，能够大大节约各生态工业园的成本支出。（2）区域能量一体化流动。在提高城市生态竞争力的过程中，可以考虑使用绿色能源，如风能和太阳能等，这就需要建设一些使用该能源的基础设施，还应拥有更为成熟的生产技术。（3）区域废弃分类一体化回收。城市应该考虑废弃物分类回收重复利用的一体化建设，不仅可以提升该城市的生态效益，而且一体化的建设也有利于实现规模经济，从而提升规模效益。同时提升生态竞争力的过程中，还要加强对生态环境的管理和监控，定时定期对影响生态竞争力的指标因素进行评价。（4）区域信息和服务一体化共享。互联网的到来，实现了区域信息共享，也给企业带来新的发展机遇，同时也带来了巨大的竞争和挑战。因此应该积极发展计算机等高技术产业，实现信息共享，如原材料使用、能源需求和废物产生等方面，从而提高整个区域信息化和服务一体化程度，提升区域经济的整体实力和生态竞争力。

（二）自然方面：建立绿色生态保障工程体系

针对我国各省（市、自治区）自然环境现状特征、问题和可持续发展要求，我国自然环境应建立绿色生态保障工程体系，以支撑我国成为全球最大产业大国，并以可持续发展为目标，对我国的水、土、气、生、矿进行保护。具体可以从以下两个方面提出意见：（1）自然生态保育工程。针对各省（市、自治区）不同的自然资源情况，生态保护类型，建设自然保护区，划定生态保护红线，建立更加完善的自然生态保育体系，提高其多功能的生态功能，同时应该建立长效的政策扶持机制，对生态优势地区，经济发展落后地区实行生态补偿，并降低中小企业投融融资的难度，牢固树立尊重自然、顺应自然和保护自然的理念。（2）水安全保障工程。我国水资源总量大，但人均水资源量短缺，因此应该建设水安全保障工程，建设防涝防旱工程，保证居民用水和工农业用水，提高国家战略水资源安全储备能力。

（三）社会方面：建立和完善生态文明制度体系

各省（市、自治区）应坚定不移地将生态文明建设贯穿经济建设、社会建设的全过程，促进我国政治、经济、社会、文化和生态的协调发展，提高生态文明水平。（1）建立国家综合管理机制。为了保障我国资源的永续利用，经济社会的可持续发展，应该成立国家综合管理委员会，委员会成员包括相关行业企业的资深学者和专家、相关行业的主管部门、各省市政府、国家重点企业等，主要任务是负责议定我国开发和保护相关管理办法、规划、方案、重点项目等重大事项；同时设立下辖区综合管理委员会办公室，主要任务是协调利益纠纷，处理日常杂务。（2）建立健全环境损害赔偿制度和以环境损害赔偿为基础的环境责任追究制度。对造成生态环境重大损害的工业企业以及政策决策，应该实行终身责任制，加快环境损害的惩罚处罚力度，可以采用经济赔偿，对于重大事件，可以追究民事、刑事责任，改变传统的过度依赖经济赔偿的制度，同时对于环境损害“企业赚钱、政府买单、群众受害”的不合理现象，加以制止，健全公众参与机制，减少环境污染现象。（3）加大生态文明宣传教育力度。利用各媒体，加大宣传报道力度，开辟专题专栏。通过微博、微信等平台，加强生态文明宣传教育，号召广大市民保护生态环境、尊重自然、爱护环境。培育和繁荣生态文明，需要政府的宣传，宣传主题可以围绕生态文明内涵、生态文明建设，开展环境友好型社区、绿色学校、绿色家庭等群众性生态文明创建活动，提高公众参与性，提高生态文明建设水平。

二、我国生态竞争力提升对策

（一）加快产业转型升级

发展是解决一切问题的根本，因此要提升城市生态竞争力就要从发展经济着手，目前我国经济的发展已经由高速转为中高速，因此目前发展应调整产业结构，从而转变经济发展模式。城市生态竞争力的提升，需要淘汰一些高耗能、高污染的企业，转变粗放型的经济发展方式，开发高新技术产业，如生物技术、信息技术、新材料技术等。同时要大力发展循环和生态经济，对生产要素进行优化配置，对资源进行循环利用，降低环境污染，提高利用效率，对生态工业园进行合理布局，转换经济依靠第二产业的发展模式，从而实现产业升级。在产业转型升级的过程中，要提高自主创新意识，大力引进国内外先进技术，注重专业技术人才的培养，提高专业素养。

对尚存的高能耗、高排放企业进行强制约束，以单位 GDP 综合能耗衡量能源耗费标准，以"三废"排放量为环境排放标准，鼓励其开放节能减排技术，引进先进技术，并寻找低耗能、低污染的替代产业，以政治手段为主，市场手段为辅，引入碳排放交易机制，降低能源消耗和环境污染，建立可持续的发展目标。

（二）强化落实政府职能

提高城市生态竞争力，促进产业转型升级，需要以政治手段为主导，市场机制为辅共同完成，政府的主要职责是制定和完善相关法律法规，明确各利益相关者的职责和权利，协调相关的利益纠纷，建立有效的沟通机制，减少市场成本，寻找行之有效的生态环境保护和恢复路径。

政府应在日常工作中逐步加强有关环境的监管力度，定时或不定时的对重点行业、企业进行监督，并设立相应的监控政策，鼓励民众监督举报，规定排放标准，并根据不同行业对技术水平的需求和更新改造的不同，制定适合其发展的节能减排表，不可“一刀切”。

（三）加大财政支持力度

政府应该加大对生态环境的扶持力度，建立相应的财政专项基金，用于建设公园绿地、扩大公共交通、进行城市规划、推广环境公益等项目，并将其纳入中央和地方的财政预算。同时对生态项目实施政策扶持，加大对高新技术产业、信息产业、技术产业的扶持力度，运用政策优势争取财政资金，加大高新技术产业的财政补贴，为确保资金正确使用，应对专项资金的使用进行规范和细节，明确企业的每笔支出，为高技术新产品的开发提供应有的财务支持。同时，应该构建和完善生态企业的税收体系，对低耗能、低污染的企业、循环经济和生态经济的产业降低税收等鼓励企业的发展，发达国家在此方面的优秀经验值得借鉴和学习，完善的税收体系有利于引导企业开发新产品，通过减税、抵税的手段降低生产成本，引导民众对绿色有机产品的消费，从而引起消费转型。

（四）提高资源利用效率

目前，中国经济的发展主要依靠煤炭、石油等化石燃料的投入，经济发展的同时带来了严重的环境污染和资源的浪费，这并不符合中国可持续发展的战略目标。提高城市生态竞争力，就需要发展生态经济和循环经济，大力开发清洁能源，将可再生的、污染小的能源使用作为未来主要发展方向。清洁能源的使用不仅应该体现在燃料方面，更应该纳入到经济社会发展中。长此以往，人们逐渐习惯清洁能源的使用，就会降低对化石燃料的依赖，这样有助于生态环境的建设，能够减少污染性气体的大量排放。因此，提高城市生态竞争力应该加大可再生清洁能源的开发力度，使社会经济发展的各个领域都使用清洁新能源，实现减少不可再生能源的使用，并达到减少温室气体排放的目的。

由于水资源的特性，应加强对水资源安全的重视，加强对水源地的保护，注意防止工、农业用水的污染和两者的交叉污染。对水资源的保护不仅适用于单个城市范围，更适用于大范围的区域、流域等。因此，应该重视农业生产过程中化肥、农药的过量使用，也要控制工业污水的排放，防止地下水的污染。

社会资源都是有限的，为更大限度地利用有限的社会资源，就需要对资源进行优化配置，因此为实现经济、社会、生态的可持续发展，要加大回收利用可再生资源，不对资源造成浪费，开发时不对资源造成破坏，大力发展经济建设，充分发挥资源的价值，并实现资源的循环利用。废品是放置错误的资源，而在日常生活和社会生产中，会产生大量的废弃物，在循环利用已有资源的条件下，我们应大力发展再生资源的回收利用。在日常的社会生产和人们的日常活动中，会产生大量的废弃物，有些还是有价值的，如果运用某些专业手段进行处理加工，这些废弃物就会转变成可以利用的产品或资源。一般情况下，这些废弃物主要是废纸、废水、垃圾、废铁等，在对废水的利用过程中，可以对废水过滤处理，对垃圾进行处理时可以对生活垃圾分类并进行回收利用，对废纸和塑料进行回收利用，对废铁等金属进行再加工，全面进行废弃物的回收利用，从而减缓资源短缺的压力，减轻环境的承载压力。

（五）倡导节能低碳生活

地球是我们生存的共同家园，因此保护地球环境，需要人人参与，生态环境的建设关系到社会大众的生存环境，与自身利益息息相关。应当倡导低碳节能生活，鼓励社会各界的积极参与，比如政府可以制定和完善相关的法律法规，积极宣传环保公益，提高居民的环境保护意识。宣传环保的手段可以有网络、电视、报纸等媒体，对居民的生活方式进行引导，改变原有的消费习惯，宣传节约环保意识，如超市购物时鼓励居民不使用塑料袋等，也可以从日常生活中的各个细小方面进行倡导和宣传。如倡议市民多乘坐公共交通工具、随手关灯、随手关水龙头等，把小习惯渗入到生活中的方方面面，提高节能低碳的意识。与此同时，社会民众应该从自身做起，从小事做起，积极响应社会号召，养成节约的习惯。如减少私家车的出行次数，尽量选择公车出行，使用节能电器、节约水资源等。

（六）加强监管，落实惩罚

加强政府的监督管理力度，对于重大的、公众关注高的生态项目可以加大信息的透明度，这就可以运用媒体、网络等宣传手段，使大众随时随地了解到项目的进展动态，并加大举报监督力度，鼓励大众采用电话、网络等形式对不达到要求的项目进行举报，并对民众进行回复，建立信息回复往来机制，扩大信息的公开力度和范围，保障公民生态建设的参与权。同样政府也要加大对生态环境质量检测和评价报告，采用多种方式及时、公开地向社会公布最近的环境报告，提高政府工作的的透明度，保证其工作的有效性，对公民关于生态建设拥有知情权提供保障。对于违反法律法规，对生态环境造成破坏的工业企业，民众拥有监督举报权，让公众参与到环境建设的过程中。

自改革开放以来，我国经济的发展主要依靠资源投入的粗放发展模式，经济发展的同时忽略生态环境的保护，也造成目前资源短缺，环境严重污染的现象，这很大一部分在于政府监督管理不到位。从科斯定理来看，企业造成的环境损害，使自身的利润降低，社会公众损失增多，因此很多企业出于成本考虑忽视环境保护。在目前的现实生活中，企业违反规定的罚款小于其使用原设备产生的利益，因此很多企业不会更新设备，只会在交了罚款之后继续进行生产，因此政府可以提高违反罚金，或者对更新低能耗、低污染的设备进行补贴，促进企业对设备进行更新换代，同时建立完善的奖惩机制，对生态高新技术企业进行补贴，对高污染、高能耗、高排放企业进行惩罚。政府的主要职责是加强监督管理机制，明确下属部门的职责，建立完善的立法执法、监督检查、评估检测单位，对破坏环境的工业企业，一旦发现，严惩不贷。

第三节　我国各省会城市生态竞争力提升对策

城市生态竞争力评价内容包括 4 个方面：自然生态环境、经济发展情况、社会发展情况以及自然、经济与社会的协调发展，是一个综合性的指标体系。城市生态竞争力是一个完整的体系，在体系内部，要素之间、地域之间是相互影响、相互协调、相互制约的，生态环境的改善、经济的可持续发展、社会的协调发展都是一个长期的过程，也是一项艰巨的任务。因此，需要找准路径，因地制宜，找到每个城市适合自己的发展方向，提高城市生态竞争力。本节结合各尺度城市生态竞争力评价结果，从各角度全面地分析切入，找出提升城市生态竞争力的正确路径和方法，并针对不同地域的不同特点，提出提升各地城市生态竞争力的对策措施。

一、第一等级地区城市生态竞争力提升对策

根据第五章对省会城市生态竞争力评价结果可知，第一等级地区包括长沙、广州、杭州、海口。长沙经济总量居中部第二位，仅次中部地区龙头城市武汉。同时，长沙致力于打造中部开放、具有重大国际影响力的文化名城和世界级旅游城市。其城市生态竞争力综合评价排名第1，城市经济生态竞争力排名第1，城市自然生态竞争力和城市社会生态竞争力排名第9，竞争优势在于良好的自然、经济基础。拥有舒适气候的同时三次产业比例结构好、产值高。但同时还存在许多问题，如发展短板有待补齐，特别是开放型经济和现代服务业亟待加快发展；城市治理水平和城乡建设品质有待提高；社会治理创新与服务能力提升还需要加强，公共服务与群众需求还有较大差距。面对新常态下经济发展增速换挡、结构优化升级和驱动方式调整的新特征，长沙应按照“稳住、进好、调优”总体目标，全面推进“四更”长沙、国家中心城市建设，保持经济社会稳中有进、稳中向好态势，开创了“十三五”良好开局。

广州是中国的中心城市，国际大都市，国家三大综合性门户城市之一，世界著名的港口城市，国家的经济、金融、贸易、航运和会展中心，中国南方的政治、军事、文化、科教中心，国家综合交通枢纽，社会经济文化辐射力直指东南亚。广州的城市生态竞争力综合评价排名第2，城市自然生态竞争力和城市经济生态竞争力排名第3，生态竞争优势在于经济产业结构合理，环境治理绿化程度高，社会福利待遇水平高，但其经济增长质量效益有待提高，内生动力不足，先进制造业新增长点不多，工业投资不足，科技创新贡献率不高，现代服务业还有待进一步加强，重大骨干项目较少，财政收支压力大，城市交通拥堵，部分老旧小区、城中村环境问题比较突出，优质教育、医疗资源分布不均衡，人民对食品安全、公共安全改善要求迫切，部分农村地区环境问题突出，民生事业发展与群众期望还有差距。

杭州地处我国东南沿海地区，集浙江省文化、经济、政治中心于一身，是东南地区十分重要的交通枢纽城市，也是长江三角洲地区（中国最大的经济圈）的第二大中心城市。杭州经济发达，经济总量居全国省会城市第二位。城市生态竞争力综合评价排名第3，城市自然生态竞争力排名第5，城市经济生态竞争力排名第18，城市社会生态竞争力排名第1。对杭州城市生态竞争力进行分解可以发现，杭州城市生态竞争力的优势在于社会生态竞争力最高，而社会生态竞争力的主要贡献是人均公共图书馆藏书量以及每万人社会福利院床位数，而生态竞争力的劣势在于经济生态竞争力，排名18，导致其排名较为落后的指标是人均能源生产量、第一产业中的人均农业总产值、人均粮食产量以及宏观调控中的进出口差额等几项指标。因此，杭州应十分重视科技创新能力的提升，大力使用节能减排产品并进行积极推广，重视第一产业，并保持其取得可持续发展。扩大对外开放水平，提高其国际影响力。重视生态建设的发展，尤其是优化城市空气、注重水资源的保护、减少化肥、农药的使用防止土壤板结、盐碱化，重视当地经济发展，在保持三二一结构良好发展的势头基础上，进一步扩大第三产业比重，重视基础设施的建设，城乡居民持续增收压力加大，公共服务、安全稳定等领域还存在很多短板，离人民群众的要求还有较大差距。

海口是海南省政治、经济、科技、文化中心和最大的交通枢纽。城市生态竞争力综合评价排名第4，城市自然生态竞争力排名第1，城市经济生态竞争力排名第10，城市社会生态竞争力排名第17。因此，海口城市生态竞争力的主要优势在于城市自然生态竞争力，主要表现在人均工业二氧化硫排放量、人均工业烟尘排放量较低，大气环境较好，平均气温、降水量、年平均相对湿度适宜，气候资源较好。同时能源效率较高，人均电信业务量较多，流通路径较好。但同时也存在很多问题，支柱性产业培育不够，核心竞争力不强；城乡发展不平衡，镇域经济发展滞后；城市规划设计水平有待提升，“双创”长效机制还需要进一步完善；人才资源紧缺，交通、教育、医疗等基础设施和公共服务水平与人民群众期待还有一定差距。海口要抢抓“一带一路”支点城市建设机遇，以“五大统筹”调整优化城市发展格局，开辟更广阔空间。组织召开国际旅游岛旅游发展大会，提升旅游业的规模、质量、效益，全景化、全过程、全覆盖统筹推进国际化旅游目的地建设。持续加大"三农"投入，努力形成环境美化与经济发展互促、美丽乡村与农民富裕并进的农村新格局。强化生态文明建设，科学防控、精准治污，着力打造天更蓝、水更清、地更绿、空气更新鲜的宜居海口。

二、第二等级地区城市生态竞争力提升对策

根据第五章对省会城市生态竞争力评价结果可知，第二等级地区包括北京、昆明、南京、南宁。北京是我国的第二大城市、国家中心城市，政治、文化、科教和国际交流中心，同时是中国经济金融的决策中心和管理中心。城市生态竞争力综合评价排名第5，城市自然生态竞争力排名第17，城市经济生态竞争力排名第2，城市社会生态竞争力排名第6。北京的城市生态竞争力优势在于大气环境中人均工业二氧化硫排放量、人均工业烟尘排放量较低，建成区绿化覆盖率较高，土地资源情况良好。三次产业结构较为均衡，二三产业发展势头良好，工业固体废弃物综合利用率、城市生活垃圾无害化处理率较高，再生资源产业、废物处理能力较好。但同时也存在很多问题，北京人口数量巨大，但资源有限，环境污染严重，人口与生态环境问题突出，尤其是冬季煤炭使用多的月份空气雾霾尤为严重，人口众多导致交通常年拥堵，垃圾产生量巨大但受限于目前的技术水平，仍是一个严峻问题。"大城市病"问题突出，经济增长趋于平稳，居民生活压力巨大等，科技创新能力有待提高，高新技术产业尚未发挥全部优势，资源配置有待于进一步优化，新兴产业尚不足以撑起一片天地；公共服务存在供给总量不足、资源分配不平衡的问题；城市管理体制机制还需要不断完善，精细化水平亟待提高。对此在今后工作中应认真加以解决。

昆明是中国面向东南亚、南亚开放的门户城市，国家历史文化名城，中国重要的旅游、商贸城市，西部地区重要的中心城市之一。其城市生态竞争力综合评价排名第6，城市自然生态竞争力排名第4，城市经济生态竞争力排名第13，城市社会生态竞争力排名第22。昆明的城市生态竞争力优势在于人均工业废水排放量低，水环境较好，森林覆盖率、虫害防治率较高，生物资源、生物环境好。但同时也存在很多问题：一是与其他省会城市对比，昆明的经济基数偏低，发展速度也相对较为缓慢，科研投入偏低

导致其创新能力有待较大幅度的提升，工业投资总额占GDP的比重偏低，在新兴产业发展方面较为落后，经济总量的差距在总体上呈扩大趋势。二是城市规划存在不合理现象，在城市发展过程中更侧重于形式而不关注问题本质，对实施的规章政策执行力偏差，城市基础设施缺乏整体布局，缺乏特色，政府财政支出后继乏力，城市现代化管理水平较低，高科技产品应用较为狭窄，交通拥堵等问题严重，市政建设较为杂论无章，出现马路市场、乱搭乱建等现象，市民的文明素质需要提升，创建全国文明城市工作仍有较大差距。区域发展差距比较大，城乡发展不均衡，资源有限环境压力剧增，滇池保护治理任重道远。三是社会竞争力有待于进一步发展，公共服务，如公共汽车供给总量不足，医疗保障体系不太完善，民生问题有很大改善的空间。社会治安存在问题，社会矛盾多发，维护社会安全稳定压力较大。昆明要以“发展动能转换、主导产业培育、城乡品质提升、民生福祉增进、软硬环境优化、美好家园共建”六大行动为抓手，持续狠抓工作落，奋力推动区域性国际中心城市建设。

南京的支柱产业是第二产业，如石油化工、钢铁制造、电子信息、汽车制造等，经过多年的发展，新兴产业也得到很大程度发展，如风电光伏、软件和服务外包、轨道交通、智能电网等，已经形成了先进制造业和现代服务业相得益彰协调发展的产业格局，南京是重要的综合性工业生产基地。南京城市生态竞争力综合评价排名第7，城市自然生态竞争力排名第12，城市经济生态竞争力排名第5，城市社会生态竞争力排名第12。南京的城市生态竞争力优势在于其较高的人均园林面积和建成区绿化覆盖率，以及良好的气候资源和电信业务水平、再生资源和废物处理能力。但近些年在固定资产上的投资相对减少，尤其反映在工业投资方面，外贸出口额相对偏低，缺乏有效的新的经济增长点；科技创新带动的经济增长效果不太显著，企业对创新重视程度有待于进一步加强，有创新产生的科技成果数量偏低，实体经济不景气，仍存在中小企业融资难的问题；生态环境质量没有根本改善，空气污染控制，黑色烟雾和流域治理仍存在较多问题；城乡居民收入困难继续增加，公共服务资源配置仍不够均衡，教育、养老、医疗、交通等方面仍有待于进一步建设；政府职能转变步伐还需要进一步加快，依法行政意识和能力有待增强。

南宁是华南沿海和西南腹地两大经济区的结合部以及东南亚经济圈的

连接点，是新崛起的大西南出海通道枢纽城市。南宁城市生态竞争力综合评价排名第8，城市自然生态竞争力排名第2，城市经济生态竞争力排名第28，城市社会生态竞争力排名第11。经济发展短板是其主要缺陷，其次城市社会生态竞争力发展程度较低，其优势在于自然资源条件良好。但多项经济指标增速回落；民间投资增长乏力，新旧动能转换步伐不快，工业增长缓慢，金融业增加值增速降幅较大；城乡发展不够协调，县区经济增长乏力。南宁要以创新驱动为引领，发展新经济培育新动能，推动发展方式加速转变、中高端产业加速形成、产业结构加速优化。精心服务项目和企业，扩大投资有效性，提升企业竞争力，发挥投资对稳增长的关键作用。坚持治水、建城、为民主线，推动“五个融合”，全力打造高品位的生态宜居城市。积极融入“一带一路”、中国—东盟自贸区升级版等建设，提升“南宁渠道”影响力。

三、第三等级地区城市生态竞争力提升对策

根据第五章对省会城市生态竞争力评价结果可知，第三等级地区包括成都、福州、贵阳、上海、武汉、南昌、哈尔滨、合肥。成都是西南地区教育、科技、商贸、金融、文化中心，通信、交通枢纽。成都城市生态竞争力综合评价排名第9，城市自然生态竞争力排名第6，城市经济生态竞争力排名第21，城市社会生态竞争力排名第16。成都城市生态竞争力优势在于丰富的人均水资源量、较低的人均工业废水排放量和相对较好的大气环境。但成都城市生态竞争力发展的缺陷主要表现在经济发展较为落后，社会发展较为缓慢，如发展缺乏动力和资源环境制约严峻，经济不能长时间保持快速发展，产业后劲发展不足，缺乏核心竞争力，科技创新发展较为缓慢，高新技术产业尚未成为发展主引擎，新旧能源的转换、产业结构转型发展任重道远；参与全球资源要素整合的能力在更高领域、较深层次没有表现出优势，国际竞争力尚需要进一步提升。生态环境方面，如大气、水、土壤污染管控需要进一步加强，推进绿色低碳发展的政策需要进一步落实；交通拥堵等“大城市病”比较突出，群众需求的就业、教育、医疗等公共服务需要进一步改善。成都应深入实施“改革创新、转型升级”总体战略和“五大兴市战略”，推动经济继续保持稳中有进的良好态势，从

而站上“新常态、万亿级”的全新起点。

福州，福建省的政治、文化、交通中心，海峡西岸经济区中心城市之一。城市生态竞争力综合评价排名第10，城市自然生态竞争力排名第7，城市经济生态竞争力排名第23，城市社会生态竞争力排名第15。福州的城市生态竞争力优势在于人均工业废水排放量低，水环境优良，人均工业二氧化硫排放量低，大气环境优良，同时平均气温、降水量、年平均相对湿度较低，气候资源良好。经济发展落后是其城市竞争力偏低的主要原因，表现在经济总量不够大，产业结构不够优，创新能力不够强；城乡、县域之间发展不够均衡，优质教育、医疗供给不足，社会保障水平不够高，社会诚信体系尚未健全；生态环境保护与节能减排压力较大，应对重大自然灾害能力亟待提升。福州要积极抢抓“五区叠加”战略机遇，“马上就办、真抓实干”，加快建设“机制活、产业优、百姓富、生态美”的新福州，重点在于增加地区生产总值、地方一般公共预算收入、固定资产投资、出口总额、实际利用外资、社会消费品零售总额，控制居民消费价格总水平涨幅，同时增加城镇居民人均可支配收入、农村居民人均可支配收入，控制城镇登记失业率，确保完成节能减排任务。

贵阳，贵州省的政治、经济、文化、科教、交通中心和西南地区重要的交通、通信枢纽、工业基地及商贸旅游服务中心，西南地区中心城市之一、全国生态休闲度假旅游城市和全国综合性铁路枢纽。贵阳城市生态竞争力综合评价排名第11，城市自然生态竞争力排名第8，城市经济生态竞争力排名第17，城市社会生态竞争力排名第24。贵阳城市生态竞争力优势在于自然资源条件良好，年平均相对湿度，气候资源较好。但经济和社会发展较为缓慢，如实体经济尚不能支撑整个地区经济的发展，新兴生态产业起步较晚，尚未形成规模，经济增长主要依靠投资拉动，且产出效率偏低；对高科技专业人才重视程度不够，高端科技人才存在较大缺口，创新驱动的内在活力有待进一步开发，在城市规划和管理方面的水平须向现代化水平发展，交通拥堵、背街小巷“脏乱差”等问题仍较突出，民众的公共服务资源供给需要进一步提升，民生福祉保障有待提升。贵阳应该结合本地区优势，综合全面考虑未来的发展方向，以供给侧结构性改革为发展的主要路径，大力发展旅游经济、区域经济、绿色经济、数字经济，全面做好快、准、狠的增长、促进结构性改革、调整产业结构、建设民生惠利工程、防控各种风险等各项工作，更加注重创新、改革、质量、落实，加快打造贵州省创新型中心城市。

上海是中国第一大城市，同时也是中国的经济、航运、贸易和金融中心，拥有最大的外贸港口和中心城市。上海城市生态竞争力综合评价排名第 12，城市自然生态竞争力排名第 15，城市经济生态竞争力排名第 14，城市社会生态竞争力排名第 3。上海城市生态竞争力优势在于其良好的社会治安、人均公共图书馆藏书量丰富以及人权事故发生量少使其城市社会生态竞争力较强。但改革创新需要进一步推进，制度创新仍需要进一步系统整合，体制机制和政策措施需要继续完善，企业创新活力和动力需要进一步激发。同时结构转型升级任务任重道远，工业结构调整和进出口业务需要调整。城乡发展存在较大的差距，农村的生产生活方式对环境造成一定损害需要有待进一步转变。民生工程建设还要加大力度，福利院等养老机构需要引起政府和投资者的重视，教育水平和环境卫生需要有所突破。社会治理需要专业化方向发展、城市管理应向精细化水平提高，生产、消防、食品等领域的安全隐患须进一步整治，并加大治理力度。水、大气、土壤等环境质量亟待改善，环境综合治理仍需要持续发力。

武汉是中国内陆最大的水陆空交通枢纽，国家的经济地理中心，仅次于北京、上海的中国第三大科教中心，内陆地区的金融、商业、贸易、物流、文化中心。城市生态竞争力综合评价排名第 13，城市自然生态竞争力排名第 16，城市经济生态竞争力排名第 7，城市社会生态竞争力排名第 5。武汉城市生态竞争力优势在于较高的废物处理能力和完善的再生资源产业以及平衡的微观调控。但同时也存在很多问题，如与北、上、广、深等城市相比，综合经济实力差距较大，传统产业需要转型升级并存在较大困难，有一些行业经济增长出现大幅下滑；民营经济发展空间较为狭窄，经济对外开放程度需要提升从而提升国际化水平；精细化管理水平和城市品质有待提高，山水资源禀赋彰显不够，交通拥堵、城市渍水、环境污染等短板亟待补齐，经济发展不均衡，城乡差距较大，城乡二元结构依然突出；教育、医疗、养老等公共服务与群众期待还有差距。

南昌是江西省的政治、经济、文化和科技中心，滨临中国第一大淡水湖鄱阳湖。城市生态竞争力综合评价排名第 14，城市自然生态竞争力排名第 11，城市经济生态竞争力排名第 25，城市社会生态竞争力排名第 14。

南昌城市生态竞争力优势在于较低的人均工业二氧化硫排放量和工业烟尘排放量以及较好的气候资源。未来南昌要稳步加快服务业发展，增长第三产业投资、追平第二产业投资，以经济发展新常态为导向，稳增长、调结构，要稳步提升城建水平，全面展开市容环境十二大专项整治和“百项惠民便民利民”工程。继续完善对农贸市场、老旧社区、街头小游园、社区便利店等与百姓密切相关的社会性生活基础设施建设或升级改造。同时，完善全市立体综合交通体系，集中推进地铁开通运营建设、城市综合停车场、管廊服务等重大社会性生态基础建设规划，有效解决城市交通拥堵繁忙的现状。

哈尔滨是中国东北政治、经济、文化中心，也是中国省辖市中面积最大、人口居第二位的特大城市。城市生态竞争力综合评价排名第15，城市自然生态竞争力排名第13，城市经济生态竞争力排名第16，城市社会生态竞争力排名第26。哈尔滨城市生态竞争力优势在于人均地下水资源量丰富，人均工业废水排放量低，水环境优良。但同时在发展中存在诸多问题，如经济基数小，规模小、政府财政支出存在赤字，综合的经济实力需要提升；加大产业转型升级的力度，工业占比偏高、第三产业占比偏低、战略性高新技术产业占市场比重偏低都是制约该市经济发展的短板；创新创业的资金支持不足、引进的制度等要素保障不够完善，内生增长动力不足，市场活力有待进一步提升，市场化进程步伐需要加快，公共资源供给不足，垄断企业较多，市场开放程度不够，民营经济发展水平还需要提高；保障民生的公共服务设施需要进一步建设和社会治理能力有待提高，社会事业发展和环境污染治理等方面群众不满意的问题仍然存在。哈尔滨今后经济增长的着力点应放在发展实体经济上，加快供给侧结构性改革，在此振兴实体产业，进一步提高经济发展质量和支撑能力。创新驱动放在突出位置，注重产品质量生产，进一步提升实体经济的核心竞争力。仍继续把“三农”工作作为重中之重，壮大县域经济的整体实力。重视城市规划建设的管理工作，城市功能品质需要进一步提升。重要领域和关键性改革需要进一步推进，市场活力和社会创造力需要进一步激发。扩大对外开放程度，提高国际开放水平，找到经济增长的优势。全面推进哈尔滨新区建设，进一步打造全省改革开放创新发展样板区。不断加大保障和改善民生工作力度，进一步让群众共享改革发展成果。

合肥是长三角世界级城市群副中心和"一带一路"节点城市，是皖江示范区、合肥经济圈、合芜蚌国家自主创新示范区核心城市。城市生态竞争力综合评价排名第16，城市自然生态竞争力排名第14，城市经济生态竞争力排名第15，城市社会生态竞争力排名第27。合肥城市生态竞争力优势在于较低的人均工业废水排放量及工业二氧化硫排放量。但是合肥经济和社会发展水平与发达地区还有一定的差距，县区之间和县区内部发展不平衡，在省内不能完全起到带动地区发展的作用；在经济发展中还存在农业发展受自然条件约束，基础不够扎实，工业投资有待增强，就业和社会保障仍面临更大压力等问题，离建成和谐社会还有一定的差距。今后要进一步加快改革开放的步伐，抓住发展的机遇，迎接挑战，推动合肥国民经济持续、快速、协调和健康发展。

四、第四等级地区城市生态竞争力提升对策

根据第五章对省会城市生态竞争力评价结果可知，第四等级地区包括呼和浩特、济南、西安、银川、沈阳、长春、重庆、太原、天津。呼和浩特是国家森林城市、全国民族团结进步模范城、全国双拥模范城、国家创新型试点城市和中国经济实力百强城市，被誉为"中国乳都"。城市生态竞争力综合评价排名为17，城市自然生态竞争力排名为27，城市经济生态竞争力排名为4，城市社会生态竞争力排名为23。经济发展势头良好，三产结构比重合理是经济发展的主要优势，其自然资源条件恶劣和社会发展缓慢是城市生态竞争力的主要劣势，表现在一是存在较大的经济增长压力，工业发展较为落后，存在较大的短板，缺乏新经济增长增长驱动力，稳步提升经济增长、调整产业结构的任务任重道远。二是城市综合竞争力偏低，城市承载力有限，政府财政支出困难，城市管理比较粗狂，交通拥堵等"城市病"还未很好地解决，需要进一步提高城市管理水平和规划建设。三是环境保护和生态建设力度需要加强，水、大气、土壤等污染治理任务依然艰巨，推动绿色发展还需持续发力。四是城乡居民收入与其他城市相比偏低，农民持续增收面临较大压力。

济南的电子信息、交通装备、机械制造、生物制药、食品纺织等主导产业在国内外有着举足轻重的地位。济南高新技术、信息产业发达，并被

国家批准成为“中国软件名城”。济南城市生态竞争力综合评价排名第18，城市自然生态竞争力排名第21，城市经济生态竞争力排名第6，城市社会生态竞争力排名第13。自然资源落后是其发展的弱势，主要表现在雾霾、交通拥堵、城乡脏乱差问题还比较严重，民生保障、社会治理、安全生产等方面仍存在不少短板。济南需要增加生产总值、一般公共预算收入、固定资产投资、服务业比重。为了把济南打造为区域性经济中心，就需要加快产业升级和改变发展动力，积极对接“中国制造2025”战略，加快“互联网+”重大产业工程的实施，加快现代产业体系的发展，如高科技产业，生态产业等的发展，同时要提高其环境的吸引力、经济的带动力和区域的影响力。初步建成国内重要的科技成果策源地，率先发展为全国重要的创新型城市。

长春是国务院定位的中国东北地区中心城市之一、中国重要的工业基地、国家历史文化名城和全国综合交通枢纽。长春城市生态竞争力综合评价排名第19，城市自然生态竞争力排名第20，城市经济生态竞争力排名第9，城市社会生态竞争力排名第19。长春为资源型城市，经济发展主要依靠第一、二产业，在发展中存在很多问题，经济继续规模较少，持续稳定增长的前景较差，产业结构调整和转型升级任重道远，需要进一步释放科技创新带动作用，提升新动能支撑发展的能力，经济发展的硬环境和软环境如政府政策等尚需要进一步改善，城市基础设施建设需要进一步加强，环境加大治理程度，在城市发展过程中的潜在安全风险和隐患需要解决，这些都是群众关注的热点难题。以全面振兴经济作为长春发展的主线，建设创新转型城市，突出其在中部的地位，加快全面建成小康社会进程，缩小城乡发展差距，加快建设东北亚区域性中心城市。要打造生态文明、经济量级、民生改善、城市能级和社会治理五个“升级版”，努力做到经济指标增速持续高于全省平均水平、城市综合竞争力在全国同类城市中实现位次前移、生态文明建设保持全国领先水平、在全省率先全面建成小康社会。

沈阳地处东北亚经济圈和环渤海经济圈的中心，是长三角、珠三角、京津冀地区通往关东地区的综合枢纽城市。城市生态竞争力综合评价排名第20，城市自然生态竞争力排名第19，城市经济生态竞争力排名第22，城市社会生态竞争力排名第10。自然资源条件恶劣、经济发展较为缓慢是阻碍城市生态竞争力提高的主要因素，表现在平均气温、降水量、年平均湿度，气候资源较差。在经济发展中表现在经济结构需要优化，转变为三二一产业，提高工业企业的经营水平，传统产业资源配置需要优化，存在资源浪费、企业亏损较为严重；需要提高园区承载能力，并提升其在产业中的引领作用，多建设好项目、大项目。改善民生的基础设施需要进一步建设、加大环境治理力度、打好脱贫攻坚，兜底保障能力有待提升；管理创新仍然不够，社会治理还存在不少薄弱环节；安全生产形势仍然严峻，社会潜在风险较多。对此，沈阳要持续增加新车型投放市场，不断扩大农产品加工龙头企业规模，持续增长金融机构本外币存贷款余额，房地产市场交易，保持物流、会展、电商等现代服务业快速发展，持续改善吸引更多的企业和投资，"大众创业、万众创新"催生更多新的市场主体。

西安是陕西省政治、经济、文化中心，是国务院批复确定的中国西部地区重要的中心城市，国家重要的科研、教育和工业基地。城市生态竞争力综合评价排名第 21，城市自然生态竞争力排名第 18，城市经济生态竞争力排名第 19，城市社会生态竞争力排名第 18。自然、经济、社会发展较为平均，且较为落后。经济子系统中人均能源生产量高，但是总量不大、工业不强、非公经济和县（区）域经济薄弱依然是西安发展最突出的短板，经济持续较快发展仍然面临较大压力；市场配置资源的决定性作用发挥不充分，西安特有的文化、科教、区位等优势仍未有效转化为促进经济发展的现实动能；城市治理水平有待提升，多元共治格局尚未形成，交通拥堵、大气污染等"城市病"比较突出，教育、医疗、住房、就业等公共服务领域与市民期盼仍有差距，这些方面都亟待提升。

银川是宁夏回族自治区首府，以发展轻纺工业为主，机械、化工、建材工业协调发展的综合性工业城市。城市生态竞争力综合评价排名第 22，城市自然生态竞争力排名第 24，城市经济生态竞争力排名第 12，城市社会生态竞争力排名第 4。银川城市生态竞争力优势在于工业固体废弃物综合利用率、城市生活垃圾无害化处理率较高，再生资源产业、废物处理能力较好。交通事故数少，社会治安较为良好。除此之外，银川在发展过程中还存在很多不足，特别是经济基数小，总量偏低，排名在全国乃至西部省会城市中靠后，产业需要转型升级，产业结构有待优化调整。同时"创新型银川"亟待突破，科技研发投入偏低、科技财力支撑不足、人才队伍建设相对滞后，缺乏重大科技项目及平台支撑。再者对外开放程度偏低，开放平台开放通道和辐射源建设还处在培育阶段，与内陆开放型经济试验区核心区不相匹配。最后是城乡发展不平衡，在这些方面银川市还有很大的提升空间。

重庆位于中国内陆西南部、长江上游地区，旅游资源丰富。城市生态竞争力综合评价排名第23，城市自然生态竞争力排名第10，城市经济生态竞争力排名第30，城市社会生态竞争力排名第30，其中经济和社会是城市生态竞争力发展的主要短板，表现在城乡发展不均衡，区域差距较大，民生建设等基础设施不完善等，在发展过程中又面临结构转型升级等困难和问题。主要是战略性新兴产业所占市场份额偏低，支柱产业发展遇到瓶颈，进出口贸易总额出现下滑，资源配置效率较低，创新产业驱动不足，创新能力有待提升。保护环境和建设生态设施的任务较为艰巨，山多耕地小，资源有限，开发难度较高，广阔的区域面积增大了社会治理的难度，公共服务等资源供给有限，民生保障工作仍需要加强。工业企业转型升级向生态产业发展的任务较为困难，尚须进一步攻坚突破。重庆明确经济发展已经进入了新常态，因此要采用新发展理念，深入实施五大功能区域发展战略，供给侧结构性改革进一步推进，把培育经济发展新动能作为新的经济增长点，实现全市经济稳中有增的发展趋势，同时重视经济发展的质量，重视生态环境的保护，保持稳中有进、稳中向好的经济社会发展良好态势。

太原是中国北方军事、文化重镇，世界晋商都会，中国能源、重工业基地之一。城市生态竞争力综合评价排名第24，城市自然生态竞争力排名第28，城市经济生态竞争力排名第11，城市社会生态竞争力排名第7。因为平均气温、降水量、年平均相对湿度，气候资源较差。应改善自然子系统水资源中人均水资源量、人均地下水资源量；大气环境中人均二氧化硫排放量、人均工业烟尘排放量；经济子系统生物资源中森林覆盖率、生物环境中森林虫害防治率；能运效率，第一产业中人均农业总产值、人均粮食产量；流通路径中城市排水管道密度，人均电信业务量，流通工具中万人拥有公共汽车量等几项指标。太原城市生态竞争力优势在于交通事故量少，社会治安稳定。

天津是中国北方最大的沿海开放城市、近代工业的发源地、近代北方最早对外开放的沿海城市之一、中国北方的海运与工业中心。城市生态竞争力综合评价排名第25，城市自然生态竞争力排名第26，城市经济生态竞争力排名第8，城市社会生态竞争力排名第28。自然资源条件较差，社会发展缓慢，主要表现在其平均气温、降水量、年平均湿度，气候资源较差，环境污染问题仍然突出；社会发展缺陷主要表现在基础设施落后，部分群众生活比较困难，安全生产和社会治理存在不少隐患。经济基础决定上层建筑，因此应从发展经济着手，改善原来的粗放型经济发展模式。目前经济发展的缺陷主要表现在创新意识不足，没有充分发挥在京津冀协同战略发展中的优势，国有企业占市场比重过大，尾大不掉，市场经济化改革严重滞后，民营经济发展存在较大困难，如投资融资难的问题。当地产业结构需要进一步优化，大力开放高新技术产业，提高科技成果转化率，在有限的资源约束压力下，产业向实体经济转变。降低债务、金融和房地产等领域的风险，减少民众生活压力，对环境污染问题加大投资治理力度，安全生产和社会治理存在不少隐患，对于这些方面，天津一定要扬长补短。

五、第五等级地区城市生态竞争力提升对策

根据第五章对省会城市生态竞争力评价结果可知，第五等级地区包括乌鲁木齐、石家庄、郑州、西宁、兰州。

乌鲁木齐是新疆维吾尔自治区首府，全疆政治、经济、文化中心，也是第二座亚欧大陆桥中国西部桥头堡和中国向西开放的重要门户。城市生态竞争力综合评价排名第26，城市自然生态竞争力排名第25，城市经济生态竞争力排名第20，城市社会生态竞争力排名第21。自然、社会、经济生态竞争力发展都较为落后。城市生态竞争力优势在于三次产业结构较为均衡，二三产业发展势头良好，工业固体废弃物综合利用率、城市生活垃圾无害化处理率较高，再生资源产业、废物处理能力较好。交通事故数少，社会治安较为良好。除此之外，乌鲁木齐还有很多亟待提升的空间，一是对反分裂斗争长期性、尖锐性、复杂性的认识需要不断强化，维护稳定能力有待进一步提升，长治久安深层次问题亟待有效解决；二是产业发展层次总体偏低，实体经济支撑力不足，创新驱动能力较弱，保持经济快速增

长的难度加大；三是对外开放深度广度不够，城市国际化水平不高，基础设施建设相对滞后；四是优质公共服务供给不足，城乡一体化步伐缓慢，改善民生离群众期望还有差距；五是大气污染防治工作任重道远，区域联防联控难度较大，人居生态环境有待进一步改善。对此，在今后的工作中应认真加以解决。

郑州是中国三大商品交易中心之一、国家重要的综合交通枢纽，郑州亦是中原经济区及中原城市群的中心城市。其城市生态竞争力综合评价排名第27，城市自然生态竞争力排名第22，城市经济生态竞争力排名第26，城市社会生态竞争力排名第25，自然、经济、社会生态竞争力发展较为均衡，且都发展水平较为低下。城市生态竞争力优势在于人均工业二氧化硫排放量、人均工业烟尘排放量低，大气环境较好，森林虫害防治率较高，生物环境情况良好。但发展不足仍是郑州最大的实际问题，保持经济较快发展面临较大压力；产业核心竞争力不强，新旧动力转换仍需时日，转型升级任务艰巨；在更宽领域、更高层次参与全球资源要素整合的能力还不强，国际竞争力、国际知名度还有待进一步提升；创新基础相对薄弱，高层次的科教机构和创新型、开放型人才不足；城乡发展方式粗放、城市综合承载力不足，基础设施建设仍滞后于城市的快速发展，城乡二元结构、"大都市病"问题亟待解决；生态环境约束加剧，大气、水、土壤污染等环境问题仍然突出，系统推进绿色低碳发展的措施还不够；与人民群众生活密切相关的就业、教育、医疗等公共服务供给还没有得到有效解决。对此，郑州要加快产业转型升级，以先进制造业为支撑、以现代服务业为主导的现代产业体系加快构建。持续强化综合交通枢纽地位，畅通郑州工程。同时不断改善群众生活水平，增加公共财政向民生领域的支出，围绕"城市现代化国际化、县域城镇化、城乡一体化"主线，按照"以建为主、提升品质、扩大成效"的要求，不断提升城乡环境质量、群众生活质量和城市综合竞争力。

石家庄是河北省省会，全省的政治、经济、科技、金融、文化和信息中心，是国务院批准实行沿海开放政策和金融对外开放的城市。城市生态竞争力综合评价排名第28，城市自然生态竞争力排名第23，城市经济生态竞争力排名第24，城市社会生态竞争力排名第29。自然、经济、社会生态竞争力发展较为均衡，且都发展水平较为低下。石家庄城市生态竞争力优势在于第一产业中人均粮食产量高，森林虫害防治率较高，生物环境较好。但同时也存在很多问题：一是经济发展较为滞后，显示不出其省会地位的优势，经济总量还不够大，突出不了省会城市的经济优势，对周边城市的影响不大，没有起到应有的带动作用，与全国大多省会城市相比，存在较大差距；二是产业水平较为低下，没有达到国家对企业转型升级的要求，产业结构也不太合理，第三产业市场占比份额偏低，传统支柱产业的质量和效益不高，社会发展质量较差，公共服务资源供给有限，战略性新兴产业起步较晚，现代服务业为成为市场主力，改革创新驱动发展的动力不强；三是城镇建设与现代省会定位不相适应，城市规划有待加强，布局不合理，城市景观容貌不美，智慧城市建设滞后，主城区交通拥堵问题比较突出；县城建设规模小、水平低，拉动县域经济发展的能力不强；四是环境治理与人民群众期盼不相适应，环境污染严重，自然资源恶劣，人均水资源量较低，大气污染问题突出，治污减排任务十分艰巨。

西宁是青海省政治、经济、文化、教育、科教、交通和通讯中心，有着丰富的自然资源，而且依托全省的资源优势，有开发发展得天独厚的条件。城市生态竞争力综合评价排名第 29，城市自然生态竞争力排名第 29，城市经济生态竞争力排名第 29，城市社会生态竞争力排名第 8。城市生态竞争力优势在于水资源中人均水资源量、人均地下水资源量、人均能源生产量、万人拥有公共汽车数量。微观调控效果明显，每万人中社会捐赠受益人次数较高。交通事故较少，社会治安良好，每万人中离婚登记数较少。同时，西宁发展基础仍然薄弱，不协调、不平衡问题较为突出，综合实力不强；产业结构层次不高，竞争力、创新能力不强，转型升级、提质增效的任务艰巨；交通拥堵、空气污染等“城市病”日益突出，城市建设管理任务依然繁重，今后应努力加以解决。

兰州是中国西北地区重要的工业基地和综合交通枢纽，西部地区重要的中心城市之一，西北地区重要的交通枢纽和物流中心。城市生态竞争力综合评价排名第 30，城市自然生态竞争力排名第 30，城市经济生态竞争力排名第 27，城市社会生态竞争力排名第 20。兰州城市生态竞争力优势在于工业固体废物综合利用率较高，微观调控效果明显，每万人中社会捐赠受益人次数较多，交通事故较少，社会治安稳定。兰州综合城市生态竞争力在全国省会城市中排名倒数第一。兰州地处西北地区，自然条件恶劣，主要表现在年降雨量低，人均水资源严重匮乏，大气污染严重，工业三废排放达标率偏低，建成区绿地面积偏低，城市规划不合理等。在经济上发展较为落后，第二产业是主要的拉动经济发展的主要产业，落后的经济发展吸引不了人才，因此存在人才匮乏的现象，所以兰州应加快产业转型升级，加快发展第三产业，将第三产业发展为当地的支柱产业，尤其要重视高新技术产业的发展，同时与高校合作，吸引并培育一批具有专业性的高素质人才。兰州在经济上发展的短板主要是城乡发展都较为落后，因此政府需要重视企业的投资，在国有企业占市场主导地位的前提下，鼓励中小企业的发展，解决中小企业融资难的问题。在生态建设上，存在人口男女比例失调、社会治安不太稳定、公共图书馆藏书量少、社会福利院床位数不足、就业岗位有限等问题，因此鼓励当地居民外出就业的同时，也可以多拉动投资，加大对外开放力度，发展生态旅游城市。

第四节　江西省各城市综合生态竞争力提升对策

一、江西省第一等级地区城市生态竞争力提升对策

根据第五章中测算出的江西省 11 个地级市城市生态竞争力综合评价结果可知，处于江西省第一等级地区是南昌市。南昌城市生态竞争力优势在于经济运行情况良好，城乡收入结构平衡，全市财政总收入、地方一般公共预算收入税收均排名全省第一。产业结构持续优化效果明显。高新技术产业增加值占规模以上工业增加值的比重较高。但是南昌市在城市生态竞争力很多方面还有提升空间，例如，生态环境水平、生态环境压力、生态环境保护指数差异较大，森林覆盖率、空气质量优良天数、建成区绿化覆盖率、人均公园绿地面积均低于江西省平均水平，尤其是森林覆盖率较江西省平均水平低 62.76%，以及空气质量优良天数较江西省平均水平低 36.21%，因而生态环境水平较低。另外，单位面积农用化肥施用量较江西省平均水平高出 111.15%，单位面积城市污水排放量是江西省平均水平的数倍，单位面积工业废水排放量较江西省平均水平高出 110.29%，因而能

承担的生态环境压力较小。同时，主导产业不强，创新能力不足，产业转型升级面临着困难；体制机制障碍仍然是制约经济发展的短板，深化改革面临不少难啃的“硬骨头”；民生事业投资不足，如公共交通、医疗设施等，基本公共服务供给总量有限，要采取更加有效的措施，结合当地发展情况加以解决。

二、江西省第二等级地区城市生态竞争力提升对策

根据第五章中测算出的江西省11个地级市城市生态竞争力综合评价结果可知，处于江西省第二等级地区是景德镇市。景德镇的城市生态竞争力优势在于生态环境水平、生态环境压力、生态环境保护指数较高，其中单位面积工业废水排放量较江西省平均水平高79.41%，景德镇的森林覆盖率在全省排名靠前、人均建成区绿化面积位于前列，连续五年景德镇的生态环境在全省中排名第一，并且成为国家级样板生态市。但景德镇在城市生态竞争力很多方面还有提升空间，如经济发展较为落后，经济实力较差，经济发展主要依靠第二产业，发展后劲不足，面临做大总量和提升质量的双重压力。特色产业主要以陶瓷为主，但是对其他产业带动作用有限，城市规划建设有待优化和管理水平偏差须向现代化发展，创意文化发展还面临许多新课题。社会事业发展水平与群众新期盼仍有差距。对此，要以科学务实的态度、坚决有力的措施，切实加以改进和解决。

三、江西省第三等级地区城市生态竞争力提升对策

根据第五章中测算出的江西省11个地级市城市生态竞争力综合评价结果可知，处于江西省第三等级地区是九江市、萍乡市。九江市的城市生态竞争力优势在于生活垃圾无害化处理率达100%，同时，在建成区绿化覆盖面积、人均公共绿地面积等指标上均较高。但九江在城市生态竞争力很多方面还有提升空间，如生态环境压力较大，因为其单位工业GDP二氧化硫排放量达104.41吨/立方米，远高于江西省平均水平。九江市地理位置优越，位于长江经济带，随着重大国家战略的深入实施，如长江经济带、生态文明试验区、赣江新区等，九江市抓住时代机遇，要以“新工业十年

行动”带动“五化”协同发展，加快绿色发展努力创新开放，兴实体经济，扩有效投入，添发展动能，促民生改善，推动经济平稳健康较快发展和社会和谐稳定。特别是对损害的环境加强治理，建设生态旅游城市。加强水、土壤污染、大气防治，加大山水林田湖的生态保护和修复工作，减少污染物的排放量。紧紧围绕中央环保督察组反馈的工作，全力整改突出问题。加大环保力度，开展沿长江的环保专项治理，加强河流域生态保护。加快推进环庐山绿化提升项目，加强林地和湿地生态保护。

萍乡的城市生态竞争力优势在于生态环境保护指数较好，森林覆盖率较高，生态文明建设有力推进。萍乡成功创建了多个国家级生态乡镇、省级生态乡镇、省级生态村、全国重点生态功能区。但萍乡市在城市生态竞争力很多方面还有提升空间，萍乡生态环境水平、生态环境压力较大，整体生态环境水平较低，主要因为建成区绿化覆盖率较江西省平均水平低10.75%，人均公园绿地面积较江西省平均水平低27.35%；同时经济下行压力加大，结构调整任务艰巨；新型城镇化建设还有不小差距，城乡规划、建设和管理还存在诸多问题，提升城市品质仍需付出更多努力；安全生产形势仍然严峻，社会治安防控体系建设有待完善；改善民生和扶贫攻坚的力度还有待加大，必须正视差距，奋起直追，在加快发展中采取有效措施加以解决。

四、江西省第四等级地区城市生态竞争力提升对策

根据第五章中测算出的江西省11个地级市城市生态竞争力综合评价结果可知，处于江西省第四等级地区是鹰潭市、吉安市、上饶市、抚州市、赣州市。鹰潭市的城市生态竞争力优势在于生活垃圾无害化处理率高达100%，城市污水处理率和工业固废综合利用率均较江西省平均水平高。生态环境良好，全市森林覆盖率、森林蓄积量指标较好，是国家森林城市和省级生态，文明先行示范区。但鹰潭市在城市生态竞争力很多方面还有提升空间，例如，生态环境水平和生态环境保护指数相差较大，主要因为森林覆盖率、建成区绿化覆盖率、人均公园绿地面积等指标均低于江西省平均水平，同时产业层次整体水平不高，特色产业优势仍未得到充分发挥，产业结构调整任重道远；城乡基础设施还不完善，教育、医疗、养老

等公共服务与群众需求还有差距。对此，要认真对待，切实加以解决。

吉安市的城市生态竞争力优势在于社会资源的完善，文教卫生事业发展良好，县区教育均衡；医疗卫生服务能力较强，法治吉安建设推进效果良好，安全生产形势总体平稳，公众安全感继续位居全省前列，社会保持和谐稳定。但吉安在城市生态竞争力很多方面还有提升空间，如生态环境压力较高，主要是因为单位面积农用化肥用量较大，较江西省平均水平低24%，单位面积工业废水排放量较江西省平均水平低76.47%。同时受经济下行压力持续加大等因素影响，全市生产总值、规模工业增加值、外贸出口、居民收入等指标增长低于预期目标。吉安市经济社会发展中还存在不少困难和问题，主要表现在经济稳定运行的基础还不牢固，民间投资增长乏力，招商引资难度加大，实体经济困难不少，融资难、融资贵的问题依然突出，产业基础不稳，创新能力不强，为此必须采取积极有效的措施，切实加以解决。

上饶市的城市生态竞争力优势在于社会资源的完善，义务教育发展较为均衡，有效缓解“大班额、大校额”问题，中心城区规划新建或改（扩）建学校数量稳步增加，成功申请“智慧校园”全国唯一试点项目。医药卫生体制改革推行效果良好，建立许多城市公立医院改革试点。但上饶市在城市生态竞争力很多方面还有提升空间，如生态环境水平、生态环境压力、生态环境保护指数均较低，其中单位工业GDP二氧化硫排放量较江西省平均水平低39.48%，单位面积工业废水排放量较江西省平均水平低69.11%；经济总量偏小，人均水平较低，经济整体实力不强，发展不足仍然是当前面临的主要矛盾；三次产业结构有待进一步优化，实体经济面临较多困难，工业的支柱地位和拉动作用仍不明显；城乡建设管理尚存“短板”，教育、医疗等公共服务供给水平与群众期待还有不小差距。对此，应积极面对并认真加以解决。

抚州市的优势在于其森林覆盖率、空气质量优良天数、人均绿地面积较高，均位居全省前列，因而生态环境水平高于江西省平均水平，在发展过程中坚守青山绿水高“颜值”，对生态环境保护较好，生活垃圾无害化处理率也较高，是名副其实的“全国最佳绿色生态城市”。但抚州在很多方面还有提升空间，如经济发展较为落后，经济总体实力较差，第三产业需要进一步扩大市场份额，产业结构升级任重道远。企业设备落后，管理水平较低，导致生产经营成本上升，甚至部分企业出现亏损，实体经济困难。仍依靠传统产业支撑的经济发展后劲不足，新兴产业起步较晚，拉动力不足，新旧产业转换速度较慢；科技人才缺乏，且层次偏低，企业中缺乏高水平的管理人员和技术人员；市中心城区对邻近地区带动作用不强，县域经济实力偏差，尚有很大提升空间，村级集体经济比较薄弱；保障和改善民生压力不小，群众收入偏低。

赣州市的城市生态竞争力优势在于生态环境水平较高，森林覆盖率为江西省最高，“净空、净水、净土”节能减排任务的实施使空气质量优良率高于全省平均水平，重要水功能区水质达标率、城市集中式饮用水源地水质达标率均达 100%，生态环境质量保持优良。但赣州市在城市生态竞争力很多方面还有提升空间，例如，生态环境压力、生态环境保护指数较低，其建成区绿化覆盖率较江西省平均水平低 15.46%，人均公园绿地面积较江西省平均水平低 17.20%，因而生态环境水平低，另外，生活垃圾无害化处理率较江西省平均水平低 43.51%，城市生活污水处理率较江西省平均水平低 46.33%，因而生态环境保护指数较弱。同时经济总量偏小、人均水平较低；产业层次不高，首位产业不突出，民间投资不够活跃，实体经济仍然面临不少困难；创新能力不足，新经济、新业态发展较为缓慢；城乡规划建设和管理水平有待提高；对此应采取有力措施，切实加以解决。

五、江西省第五等级地区城市生态竞争力提升对策

根据第五章中测算出的江西省 11 个地级市城市生态竞争力综合评价结果可知，处于江西省第五等级地区是宜春市。宜春市的城市生态竞争力优势在于生态环境水平、生态环境压力、生态环境保护指数都较高，其生活垃圾无害化处理率和工业固废综合利用率分别为 100%、99.64%，均居江西省第一。但宜春市在城市生态竞争力很多方面还有提升空间，例如，森林覆盖率及建成区绿化覆盖面积均低于江西省平均水平，同时经济总量依然偏小，发展不足的矛盾较为突出，特别是经济实力较弱；产业转型升级任重道远，缺乏具有明显支撑作用的优势产业，至今没有过百亿元的龙头企业；改革创新仍需攻坚，一些体制机制障碍尚未破除，创新驱动和内生

增长动力仍显不足；城乡基础设施还不够完善，城市建设管理水平有待提升；保障改善民生的压力不小。对于这些困难和问题，要高度重视，切实予以解决。

第五节　本章小结

本章第5章在逐个对相关城市的生态竞争力差距与优势进行系统的分析基础上，对其竞争力现状和水平以及评价结果进行了研究，有针对性地制定了具体的提升决策方案。先明确城市生态竞争力提升的基本原则，包括实事求是，因地制宜、统筹规划，协调发展、长期工程，全员参与。然后提升我国城市生态竞争力的保障措施从提升思路和提升对策进行分析，提升思路从经济、社会和自然三个方面进行分析，提升对策主要包括以下6个方面：加快产业转型升级、强化落实政府职能、加大财政支持力度、提高资源利用效率、倡导节能低碳生活、加强监督落实惩罚。最后结合30个省会城市和江西省11个地级市城市生态竞争力的发展境况，将其分为五个等级地区，根据各个地区发展特色分析了其发展的优势和劣势，并提出相应的对策提升城市生态竞争力，这既是对路径和方法的应用与检验，也是从现实层面上对环境竞争力变化加以更好把握。根据本章中的分析不难发现，要提升城市生态竞争力，首先要优化生态"软""硬"件设施，注重生态与效益的提升，同时加强生态文明建设，从而着力增强城市生态的竞争力。首先，要以环境友好和谐为目标，创新环境的管理手段，强化环境的治理力度，合力提升生态竞争力。其次，要统筹处理好人口、经济发展与资源环境的关系，横向上注重要素和谐，纵向上注重代际公平，处理好人与生态之间的关系，提升城市生态协调竞争力。此外，应进一步加快经济发展，继续对产业结构进行优化升级，同时要兼顾自然和社会的发展，以促进城市生态竞争力水平的不断提升。

第七章　总结与研究展望

第一节　主要结论

一、省会城市生态竞争力评价

（一）城市生态竞争力综合评价

1. 城市生态竞争力综合排名

2014 年，全国 30 个省会城市生态竞争力综合排名为：长沙 > 广州 > 杭州 > 海口 > 北京 > 昆明 > 南京 > 南宁 > 成都 > 福州 > 贵阳 > 上海 > 武汉 > 南昌 > 哈尔滨 > 合肥 > 呼和浩特 > 济南 > 长春 > 沈阳 > 西安 > 银川 > 重庆 > 太原 > 天津 > 乌鲁木齐 > 郑州 > 石家庄 > 西宁 > 兰州。

2. 城市生态竞争力等级分布

长沙、广州、杭州、海口属于第一等级；北京、昆明、南京、南宁属于第二等级；成都、上海、福州、贵阳、武汉、南昌、哈尔滨、合肥属于第三等级；呼和浩特、济南、西安、沈阳、长春、银川、重庆、太原、天津属于第四等级；乌鲁木齐、石家庄、郑州、西宁、兰州属于第五等级。

（二）城市生态竞争力子系统评价结果

1. 自然子系统生态竞争力评价结果

2014 年全国 30 个城市自然子系统生态竞争力处于上游区（1 ~ 10 位）

的依次是：海口、南宁、广州、昆明、杭州、成都、福州、贵阳、长沙、重庆；排在中游区（11~20位）的依次是：南昌、南京、哈尔滨、合肥、上海、武汉、北京、西安、沈阳、长春；处于下游区（21~30位）的依次是：济南、郑州、石家庄、银川、乌鲁木齐、天津、呼和浩特、太原、西宁、兰州。

2. 经济子系统生态竞争力评价结果

2014年全国30个城市生态竞争力处于上游区（1~10位）的依次是：长沙、北京、广州、呼和浩特、南京、济南、武汉、天津、长春、海口；排在中游区（11~20位）的依次是：太原、银川、昆明、上海、合肥、哈尔滨、贵阳、杭州、西安、乌鲁木齐；排在下游区（21~30位）的依次是：成都、沈阳、福州、石家庄、南昌、郑州、兰州、南宁、西宁、重庆。

3. 社会子系统生态竞争力评价结果

2014年全国30个省会城市社会子系统生态竞争力处于上游区（1~10位）的依次是：杭州、广州、上海、银川、武汉、北京、太原、西宁、长沙、沈阳；排在中游区（11~20位）的依次是：南宁、南京、济南、南昌、福州、成都、海口、西安、长春、兰州；排在下游区（21~30位）的依次是：乌鲁木齐、昆明、呼和浩特、贵阳、郑州、哈尔滨、合肥、天津、石家庄、重庆。

二、地市级城市生态竞争力评价

（一）城市生态竞争力综合评价

1. 城市生态竞争力综合排名

2013年，江西省11个地级市城市生态竞争力排名由弱到强依次为：宜春 < 赣州 < 抚州 < 上饶 < 吉安 < 鹰潭 < 萍乡 < 九江 < 景德镇 < 新余 < 南昌。

2. 城市生态竞争力等级分布

南昌属于第一等级；新余、景德镇属于第二等级；九江、萍乡属于第三等级；鹰潭、吉安、上饶、抚州、赣州属于第四等级；宜春市属于第五等级。

（二）城市生态竞争力子系统评价结果

1. 城市生态经济竞争力评价结果

2013 年，江西省 11 个地级市城市生态经济竞争力排名由弱到强依次为：抚州 < 宜春 < 上饶 < 赣州 < 吉安 < 九江 < 鹰潭 < 景德镇 < 萍乡 < 新余 < 南昌。

2. 城市生态政治竞争力评价结果

2013 年，江西省 11 个地级城市城市生态政治竞争力排名由弱到强依次为：鹰潭 < 景德镇 < 新余 < 南昌 < 抚州 < 萍乡 < 上饶 < 吉安 < 赣州 < 宜春 < 九江。

3. 城市生态文化竞争力评价结果

2013 年，江西省 11 个地级城市城市生态文化竞争力排名由弱到强依次为：宜春 < 上饶 < 鹰潭 < 吉安 < 萍乡 < 抚州 < 赣州 < 景德镇 < 九江 < 新余 < 南昌。

4. 城市生态社会竞争力评价结果

2013 年，江西省 11 个地级城市城市生态社会竞争力排名由弱到强依次为：宜春 < 吉安 < 赣州 < 鹰潭 < 抚州 < 上饶 < 萍乡 < 九江 < 新余 < 景德镇 < 南昌。

5. 城市生态环境竞争力评价结果

2013 年，江西省 11 个地级城市城市生态环境竞争力排名由弱到强依次为：南昌 < 赣州 < 萍乡 < 鹰潭 < 宜春 < 上饶 < 景德镇 < 吉安 < 新余 < 九江 < 抚州。

第二节　研究展望

本书在总结国内外城市生态竞争力内涵、模型、指标体系、方法、影响因素和对策建议的基础上，提出本书的中心论点——“五位一体”的复合生态管理系统，并系统介绍了其定义、理论和功能，基于生态学理论、区域经济学理论、区域竞争力理论、城市竞争力理论、可持续发展理论和生态城市发展理论，从省会城市和地级市两个尺度构建指标体系，其中省会城市依据专家评分法从自然生态竞争力、经济生态竞争力和社会生态竞争力三个方面构建相应的指标体系并运用熵值法测算指标权重，对城市生态竞争力进行综合评价。地级市尺度选择以江西省11个地级城市为例，从生态经济、生态政治、生态文化、生态社会、生态环境五个方面构建城市生态竞争力指标体系，运用熵值法测算指标权重，进行地市级综合竞争力评价，根据评价结果，提供因地制宜的对策建议。

（1）突破了传统的城市竞争力研究侧重经济的局限，将自然、经济、社会放在同一高度，在子系统中基于水、土、气、生、矿“五位一体”构建了自然生态子系统，基于生产、流通、消费、还原、调控“五位一体”构建了经济生态子系统，基于人口、人治、人文、人道、人权“五位一体”构建了社会生态子系统，选取了更能反映当代时代特征的指标，构建了新的“五位一体”的城市生态竞争力，并对30个省会城市进行了排名，具有一定的实践意义和理论价值。尽管本书构建的省会城市生态竞争力评价指标经过验证是比较科学合理的，但是所构建的指标体系仅适用于省会城市，根据指标构建的可操作性原则，如果对地级市进行城市生态竞争力的评价，需要重新构建指标体系。

（2）本书运用熵值法确定了各指标的权重，具有一定的客观性，可以在一定程度上反映各省会城市生态竞争力的排名。但是运用熵值法得到的城市生态竞争力评价值偏低，根据等级划分，都是在第三等级以下，因此本书选用了聚类分析反映各个城市的等级。但是换用另外一种客观评价方法，如主成分分析法也可以对各城市的生态竞争力进行评价，并可以按照等级划分，直接对各城市的生态竞争力进行排名和等级划分。因此，可以尝试运用主成分分析法对城市生态竞争力进行综合评价，与本书作对比，比较两者中省会城市排名差异，并分析差异产生的原因。

（3）由于统计口径的差异，本书的指标数据仅测算了2014年的省会城市和2013年江西省11个地级市的城市生态竞争力，是一个年份的时间截面数据，无法预测和分析各城市城市生态竞争力的未来变化趋势。因此，对2015~2019年的30个省会城市生态竞争力进行评价，预测未来的变化趋势，是接下来的研究方向。

（4）从空间范围上来看，本书基于“五位一体”从自然竞争力、经济竞争力和社会竞争力构建指标体系仅对30个省会城市的生态竞争力进行了评价，基于政治、经济、文化、社会、生态“五位一体”仅对江西省11个地级市的城市生态竞争力进行了评价。因此，基于“五位一体”构建新的指标体系对中国93个地级市进行评价并对各城市进行排名和等级划分，是接下的研究方向。

（5）城市生态竞争力受到众多内外因素的影响且在不断变化中。因此，在后续研究中，可以运用面板数据测算出各地级市的城市生态竞争力，并对时空变化特征进行分析，搜集城市生态竞争力影响因素的面板数据，对其影响因素进行分析。例如，可以运用障碍度模型或主成分分析法对城市生态竞争力的内部影响因素进行分析，运用空间杜宾模型、动态面板模型和静态面板模型对外部影响因素进行分析等。

（6）如何把各城市的比较优势转化为竞争优势，将竞争优势转化为现实的发展力和竞争力，实现各城市由量变到质变，实现经济、社会、生态的协同发展；如何把国家政策运用到实践中，实现机制的转变，提高各城市生态竞争力，则需要研究城市生态竞争力的发展潜力和现实竞争力的转化及耦合机制。因此，接下来可以研究政策对城市生态竞争力的影响机制。

参考文献

一、英文参考文献

[1] Alvarez I, Marin R. FDI and Technology as Levering Factors of Competitiveness in Developing Countries [J]. Journal of International Management, 2013 (03): 232 - 246.

[2] Black, D, J. V. Henderson. Urban evolution in the USA [J]. Journal of Economic Geography. 2003 (03): 343 - 372.

[3] Brian H Roberts. The application of industrial ecology principles and planning guidelines for the development of eco - industrial parks: an Australian case study [J]. Journal of Cleaner Production, 2004 (12): 997 - 1010.

[4] Bertrand N, Kreibich V. Europe's City - Regions Competitiveness: Growth Regulation and Peri - Urban Land Management [M]. Von Gorcum, Assen, 2006.

[5] B. Gardiner, R. Martin & P. Tyler. Competitiveness, productivity and economic growth across the European regions [J]. Regional Studies, 2004 (38): 1045 - 1067.

[6] Ciampi. Enchaning European Competitiveness [M]. Banca Nazinale di Lavoro Quarterly Review, 1997: 143 - 164.

[7] Chorianopoulos I, Pagonis T, Koukoulas S. Planning, Competitiveness and Sprawl in the Mediterranean City: The Case of Athens [J]. Cities, 2010 (27): 249 - 259.

[8] Chen W J, Yang W E, Zheng - Chu H E, et al. Comparing Urban

Eco - competitiveness of Provincial Capitals in Midwestern China Based on Intuitionistic Fuzzy Information [J]. China Soft Science, 2014 (05): 151 - 136.

[9] Chen W J, Yang W E. Urban Eco - competitiveness Comparison of Chinese Midwestern Provincial Capital Cities [J]. Frontiers of North East Asian Studies, 2014 (13): 1 - 21.

[10] Chen X, Li Y. world class urban agglomerations and China's National Competitivenes——Strategic Thinking on the Integration of the Beijing - Tianjin - Hebei Region [J]. Frontiers, 2015 (15): 5.

[11] Deas, I. & B. Giordano. Locating the competitive city in England [M]. In Urban competitiveness: Policies for dynamic citied, Bristol, UK: Policy Press, 2002.

[12] David L. Barkley. Evaluation of Regional competitiveness: Making a case for Case Study [J]. The Review of Regional Studies. 2008 (02): 121 - 134.

[13] Webster D, Muller L. Urban competitiveness assessment in developing country urban regions: The road forward [J]. Urban Group, INFUD. The World Bank, Washington DC, 2000 (07): 17 - 47.

[14] Van Duren E, Martin L, Westgren R. A framework for assessing national competitiveness and the role of private strategy and public policy [C]. Competitiveness in International Food Markets, , Annapolis, Md. (EUA), 1992 (08): 7 - 8.

[15] Ian Gordon. Internationalization and urban competition [J]. Urban Studies, 1999 (08): 10 - 15.

[16] Iain Begg. Cities and Competitiveness [J]. Urban Studies, 1999 (05): 795 - 809.

[17] Jamalunlaili Abdullah. City Competitiveness and Urban Sprawl: Their Implications to Socio - Economic and Cultural Life in Malaysian Cities [J]. Research Article Procedia - Social and Behavioral Sciences, 2012 (50): 20 - 29.

[18] Jin - Nan Wu, Wei - Jun Zhong. Application capability of e - business and enterprise competitiveness: A case study of the iron and steel industry in China [J]. Technology in Society, 2009 (31): 198 - 206.

[19] J. R. Boudeville. Problems of regional economic planning [M]. Ed-

inburgh: Edinburgh University Press, 1966.

[20] Juneho Um, Andrew Lyons, Hugo K. S. Lam, T. C. E. Cheng, Carine Dominguez – Pery. Product variety management and supply chain performance: A capability perspective on their relationships and competitiveness implications. International Journal of Production Economics, 2017 (187): 15 –26.

[21] Kou G, Wu W, Zhao Y, et al. A Dynamic Assessment Method for Urban Eco – environmental Quality Evaluation [J]. Journal of Multi – Criteria Decision Analysis, 2011 (18): 23 –38.

[22] Kristina Söderholm, Patrik Söderholm, Heidi Helenius, et al. Environmental regulation and competitiveness in the mining industry: Permitting processes with special focus on Finland Sweden and Russia. Resources Policy, 2015 (43): 130 –142.

[23] Kang X G, Ma Q B. Relationship between urban eco – environment and competitiveness with the background of globalization: statistical explanation based on industry type newly classified with environment demand and environment pressure [J]. Journal of Environmental Science, 2005 (17): 344 –349.

[24] Marco Bontje, Sako Musterd. Creative Industries, Creative Class and-Competitiveness: Expert Opinions Critically Appraised [J]. Geoforum, 2009 (40): 843 –852.

[25] Martin Boddy. Geographical Economics and Urban Competiveness: A Critique [J]. Urban Study, 1999 (36): 811 –842.

[26] Michael Kitson, Ron Martin and Peter Tyler. Regional Competitiveness: An Elusive yet Key Concept [J]. Regional Studies, 2004 (38): 991 –998.

[27] Michael Porter. The Competitive Advantage of Nations [M]. The Free Press, New York, 1998.

[28] Markku Sotarama and Reija Linnamaaa. Urban Competitiveness and Management of Urban Policy Networks: Some Reflection Tampere and Oulu [J]. Paper presented in Conference Cities at the Millenium. London England, 1998 (17): 12 –19.

[29] Muhittin Oral, Unver Cinar, Habib Chabchoub. Linking industrial competitiveness and productivity at the firm level [J]. European Journal of Oper-

ational Research, 1999 (118): 271 -277.

[30] Oral M, Habib C. An estimation model for replicating the rankings of the world competitiveness report [J]. International Journal of Forecasting, 1997 (13): 527 -537.

[31] Paul Benneworth, Gert - Jan Hospers. Urban competitiveness in the knowledge economy: Universities as new planning animateurs [J]. Progress in Planning, 2007 (67): 105 -197.

[32] Paul C. Stefano M. Urban governance, economic competitiveness and social cohension: what can Britain learn from Europe [J]. London School of Economics, 2002 (12): 3 - 9.

[33] Paul Cheshire, Gianni Carbonaro and Dennis Hay. Problems of Urban Decline and Growth in EEC Countries: or Measuring Degrees of Elephantness [J]. Urban Studies, 1998 (23): 131 -149.

[34] Porter M E. Clusters and the new economics of competition [M]. Boston: Harvard Business Review, 1998.

[35] Porter Michael. Economic Performance of Regions [J]. Regional Studies, 2003 (37): 549 -578.

[36] Kresl P K, Singh B. Competitiveness and the urban economy: twenty - four large US metropolitan areas [J]. Urban studies, 1999 (36): 1017 -1027.

[37] Roseland M. Eco - city dimensions: healthy communities, healthy planet [J]. New Society Publishers, 1996 (63): 513 -515.

[38] R. Huggins, P. Thompson. UK competitiveness index 2010 [R]. Centre for international competitiveness, 2010.

[39] Stewart, Murray. Competition and Competitiveness in urban policy [J]. Public Money and Management, 1996 (16): 21 -26.

[40] Sylvette Puissant, Claude Lacour. Mid - sized French cities and their niche competitiveness [J]. Research Article Cities, 2011 (28): 433 -443.

[41] Sharon O'Donnell, Timothy Blumentritt. The contribution of foreign subsidiaries to host country national competitiveness [J]. Journal of International Management, 1999 (05): 187 - 206.

[42] Şule Önsel, Füsun Ülengin, Gündüz Ulusoy. A New Perspective on

the Competitiveness of Nations [J]. Socio - Economic Planning Sciences, 2008 (42): 221 - 246.

[43] Tim Campbell. Learning cities: Knowledge, capacity and competitiveness [J]. Habitat International, 2009 (33): 195 - 201.

[44] Word Economic forum. The global Competitiveness Report 1996 [R]. Geneva, Switzerland: 1996.

[45] Liang W, Zhang H Y, Zhu K L. Comprehensive evaluation of urban eco - environment competitiveness based on fuzzy mathematics and gray theory [J]. China Environmental Science, 2013 (33): 945 - 951.

[46] Zekovi Slavka. Regional competitiveness and territorial industrial development in Serbia [J]. Spatium, 2009 (21): 45 - 51.

二、中文参考文献

[1] 安翠娟，侯华丽，周璞，等. 生态文明视角下资源环境承载力评价研究——以广西北部湾经济区为例 [J]. 生态经济，2015 (11): 144 - 148.

[2] 白洁，王学恭. 基于生态位理论的甘肃省城市竞争力研究 [J]. 干旱区资源与环境，2009 (03): 30 - 34.

[3] 白庆华，陈群民，诸大建，等. 上海城市综合竞争力薄弱环节研究 [J]. 城市规划汇刊，2002 (05): 38 - 41.

[4] 卜鹏飞. 城市竞争力影响因素变化的实证研究 [D]. 首都经济贸易大学，2013.

[5] 曹海军. "美丽城市" 由经济竞争力走向生态竞争力 [J]. 南风窗，2013 (25): 85.

[6] 岑晓喻，周寅康，单薇，等. 长江经济带资源环境格局与可持续发展 [J]. 中国发展，2015 (03): 1 - 9.

[7] 曾凡银，冯宗宪. 基于环境的我国国际竞争力 [J]. 经济学家，2001 (05): 28 - 33.

[8] 曾浩，余瑞祥，左桠菲，等. 长江经济带市域经济格局演变及其影响因素 [J]. 经济地理，2015 (05): 25 - 31.

[9] 陈桂秋. 城镇化过程中广西生态环境竞争力发展研究 [J]. 广西

社会科学, 2013 (08): 25 – 28.

[10] 陈国生, 陆利军. 湖南省城市生态环境与城市竞争力关系的实证研究 [J]. 经济地理, 2011 (12): 2051 – 2053.

[11] 陈洪昭. 发展中国家环境竞争力提升问题思考 [J]. 福建师范大学学报 (哲学社会科学版), 2014 (05): 49 – 55.

[12] 陈桥, 胡克, 雒昆利, 等. 基于 AHP 法的矿山生态环境综合评价模式研究 [J]. 中国矿业大学学报, 2006 (03): 377 – 383.

[13] 陈文俊, 洪涛, 贺正楚, 等. 湖南省城市生态竞争力比较研究 [J]. 经济数学, 2016 (02): 34 – 45.

[14] 陈文俊, 黄靓靓. 基于主成分分析法的中西部省会城市森林生态竞争力比较 [J]. 经营管理者, 2016 (20): 4 – 5.

[15] 陈文俊, 吕楚群, 贺正楚. 长株潭城市生态竞争力研究 [J]. 经济数学, 2017 (03): 1 – 6.

[16] 陈文俊, 杨恶恶, 贺正楚, 等. 基于直觉模糊信息的中国中西部省会城市生态竞争力比较 [J]. 中国软科学, 2014 (05): 151 – 163.

[17] 陈洋, 李道享, 贺正洋, 等. 生态文化旅游竞争力与发展策略探讨——以大别山为例 [J]. 中国集体经济, 2013 (10): 119 – 120.

[18] 陈运平, 宋向华, 黄小勇, 等. 我国省域绿色竞争力评价指标体系的研究 [J]. 江西师范大学学报 (哲学社会科学版), 2016 (03): 57 – 65.

[19] 程乾, 方琳. 生态位视角下长三角文化旅游创意产业竞争力评价模型构建及实证 [J]. 经济地理, 2015 (07): 183 – 189.

[20] 崔娟敏, 季文光. 基于 AHP 的土地集约利用水平模糊综合评价 [J]. 水土保持研究, 2011 (04): 122 – 125.

[21] 戴军. 我国城市服务外包综合竞争力生态位评价研究——基于 2009 ~ 2012 年全国 21 个服务外包基地城市的实证分析 [J]. 生态经济 (学术版), 2013 (02): 9 – 14.

[22] 戴兰, 李伟娟, 赵长在, 等. 基于主成分分析的黄三角高效生态经济区产业竞争力的评价研究 [J]. 生态经济, 2016 (05): 127 – 131.

[23] 邓玲, 李凡. 如何从生态文明破题长江经济带——长江生态文明建设示范带的实现路径和方法 [J]. 人民论坛 · 学术前沿, 2016 (01): 52 – 59.

[24] 邓欧，祝怀刚，黄奇. 基于AHP的城市竞争力评价指标体系的构建与应用——西南三省地级城市的实证研究［J］. 新疆农垦经济，2006(03)：33-37.

[25] 邓淇中，李鑫，陈瑞. 区域金融生态环境指标体系构建及竞争力评价研究［J］. 湖南科技大学学报（社会科学版），2012（06）：75-80.

[26] 董瑞杰，董治宝，曹晓仪，等. 中国沙漠生态旅游资源及其竞争力分析研究［J］. 中国沙漠，2013（03）：911-917.

[27] 董妍，马莹雪，陈智伟，等. 新能源汽车企业竞争力分析［J］. 合作经济与科技，2017（06）：119-120.

[28] 杜宾，郑光辉，刘玉凤. 长江经济带经济与环境的协调发展研究［J］. 华东经济管理，2016（06）：78-83.

[29] 杜媚，姜前昆，唐立新. 生态位视角下物流产业竞争力评价——以长江中游城市群16城市为例［J］. 商业经济研究，2016（22）：77-79.

[30] 杜士贵. 区域生态农业竞争力评价及提升策略：以西部地区为例［D］. 中国海洋大学，2015.

[31] 段虹霞. 城市生态竞争力研究——以石家庄市和太原市为例［J］. 中国证券期货，2011（05）：115-116.

[32] 方创琳，周成虎，王振波. 长江经济带城市群可持续发展战略问题与分级梯度发展重点［J］. 地理科学进展，2015（11）：1398-1408.

[33] 方大春，孙明月. 长江经济带核心城市影响力研究［J］. 经济地理，2015（01）：76-81.

[34] 方锐. 基于改进主成分分析法的武汉市城市竞争力研究［D］. 华中科技大学，2012.

[35] 方小祥. 区域绿色竞争力的实证研究［D］. 江西师范大学，2013.

[36] 房世波，潘剑君，杨武年，等. 南京市郊蔬菜地土壤肥力的时空变化规律［J］. 土壤，2003（06）：518-521.

[37] 奉贤区政协社会和法制委员会. 提升城市生态竞争力　走绿色发展之路［N］. 联合时报.

[38] 付斌，田波. 鄱阳湖生态经济区县域经济竞争力评价及实证研究——以14个县区为例［J］. 新疆农垦经济，2012（10）：37-40.

[39] 付烈山. 中部六省省会城市国际化水平的差异及其影响因素

[D]. 湖南师范大学, 2011.

[40] 付仰岗. 昌九一体化城市群城市竞争力研究 [D]. 华东交通大学, 2015.

[41] 傅春, 程浩, 罗珍珍. 中部地区生态文明竞争力综合评价 [J]. 企业经济, 2017 (04): 180 - 185.

[42] 傅侯鹏. 海南省文昌市生态农业区域竞争力研究 [D]. 海南大学, 2011.

[43] 高国力, 李爱民. 长江经济带重点城市群发展研究 [J]. 广东社会科学, 2015 (04): 12 - 19.

[44] 耿天召, 朱余, 王欢. 城市绿色发展竞争力评价研究 [J]. 环境监控与预警, 2014 (01): 60 - 62.

[45] 龚莹, 曹正龙. 城市经营与提高南昌市城市竞争力 [J]. 江西农业大学学报 (社会科学版), 2009 (01): 95 - 99.

[46] 顾兵, 吕子文, 梁晶, 等. 绿化植物废弃物覆盖对上海城市林地土壤肥力的影响 [J]. 林业科学, 2010 (03): 9 - 15.

[47] 郭敖鸿. 加大人力资本投资 提升城市竞争力——兼论提升重庆城市竞争力的战略构想 [J]. 重庆工商大学学报 (西部论坛), 2006 (S1): 36 - 37.

[48] 郭利平, 沈玉芳. 西部 9 省会大城市综合竞争力的分析与研究 [J]. 人文地理, 2005 (01): 10 - 13.

[49] 郭清霞, 鲁娟. 鄂西生态文化旅游圈生态竞争力分析 [J]. 经济地理, 2012 (01): 168 - 170.

[50] 郭韧. 基于生态系统的集群竞争力指标体系的构建 [J]. 中国商贸, 2012 (29): 110 - 111.

[51] 郭跃华. 转变思维方式提升昆明城市竞争力 [Z]. 2012, 24.

[52] 海骏娇, 尚勇敏. 基于生态文明的区域竞争力重构与评价——以上海市为例 [J]. 中国城市研究, 2014 (01): 51 - 64.

[53] 韩文琰. 基于新资源的我国省会城市竞争力研究 [J]. 管理观察, 2015 (27): 57 - 71.

[54] 郝冠军, 郝瑞军, 沈烈英, 等. 上海世博会规划区典型绿地土壤肥力特性研究 [J]. 上海农业学报, 2008 (04): 14 - 19.

[55] 何光美，付鸣. 生态位重叠视角下电商企业竞争力综合评价——以阿里巴巴与环球资源网为例 [J]. 经营管理者，2014 (14)：247.

[56] 何君，石城，杨思波，等. 基于因子分析和 AHP 的水资源可持续利用综合评价方法 [J]. 南水北调与水利科技，2011 (01)：75 – 79.

[57] 何添锦. 国内外城市竞争力研究综述 [J]. 经济问题探索，2005 (05)：21 – 24.

[58] 何炎炘. 安徽省各市生态竞争力理论研究与评价 [D]. 安徽大学，2012.

[59] 何炎炘，李进华. 基于可持续发展战略的生态竞争力评价——以安徽省为例 [J]. 长江流域资源与环境，2013 (04)：462 – 467.

[60] 何宜庆，文静，袁莹莹. 基于因子分析的江西省城市低碳经济发展评价分析 [J]. 企业经济，2011 (12)：65 – 67.

[61] 洪涛. 湖南省城市生态竞争力评价研究 [D]. 中南林业科技大学，2016.

[62] 胡涛. 循环经济视角下的港口竞争力评价研究 [D]. 重庆工商大学，2012.

[63] 胡玺. 中国西部城市竞争力比较研究 [D]. 四川大学，2003.

[64] 胡喜生，祁新华，傅钰烨. 基于层次分析法的海峡西岸经济区主要城市竞争力评价 [J]. 广西大学学报 (哲学社会科学版)，2009 (06)：22 – 25.

[65] 胡晓晶. 基于生态文明的生态旅游竞争力评价 [J]. 福建林业科技，2014 (02)：149 – 155.

[66] 胡艳，严清清，李凌妹，等. 长江中游城市群四省会城市竞争力分析——兼与长三角中心城市的比较 [J]. 合肥学院学报 (社会科学版)，2015 (02)：8 – 13.

[67] 胡志伟. 中部六省会城市竞争力分析与南昌对策研究 [D]. 南昌大学，2005.

[68] 黄茂兴，高建设. 生态文明视野下的中国环境竞争力问题探析 [J]. 福建师范大学学报 (哲学社会科学版)，2011 (04)：1 – 6.

[69] 黄娜，吴鹏举，李翠丹. 城市生态文明竞争力测度体系构建与实证研究——以东莞市为例 [J]. 湖北农业科学，2017 (06)：1192 – 1197.

[70] 黄淑娟，陈小泉，曾小雪. 基于 AHP - 因子分析评价模型的小城镇污水处理厂选址研究 [J]. 中外建筑，2012 (04)：93 - 95.

[71] 黄燕琴. 我国省域绿色竞争力的动态监测实证研究 [J]. 现代商业，2016 (13)：87 - 88.

[72] 黄钟浩，方旭红，张宁，等. 生态旅游目的地竞争力评价指标体系研究 [J]. 重庆师范大学学报 (自然科学版)，2011 (02)：75 - 78.

[73] 霍金花. 基于 AHP 的城市旅游竞争力综合评价研究——兼对焦作、洛阳、开封、安阳旅游竞争力评价 [J]. 焦作师范高等专科学校学报，2010 (01)：49 - 52.

[74] 姬敏，张吟鹤，汤伟伟. 基于 SWOT 分析的南京城市竞争力提升对策探析 [J]. 现代商业，2013 (36)：42 - 43.

[75] 刘晓，汤文慧. 创建国家森林城市提升城市生态竞争力 [N]. 南京日报，(2).

[76] 冀卫萍. 构建工业生态链 提升区域竞争力 [D]. 山西大学，2014.

[77] 江帆. 基于因子分析法的区域物流竞争力研究 [D]. 南京大学，2013.

[78] 江洪，刘志刚，叶茂，等. 城市竞争力的理论基础及其特点初探 [J]. 经济问题探索，2012 (06)：54 - 58.

[79] 焦建新. 鄱阳湖生态经济区城市竞争力分析及发展对策研究 [J]. 河北师范大学学报 (自然科学版)，2010 (02)：237 - 244.

[80] 孔凡斌，李华旭. 基于主成分分析的长江经济带沿江地区产业竞争力评价 [J]. 企业经济，2017 (02)：115 - 123.

[81] 李斌. 企业的生态竞争力 [J]. 管理科学文摘，1997 (02)：29.

[82] 李朝晖，尹周斯达. 武汉与中部其他省会城市竞争力比较分析 [J]. 当代经济，2013 (02)：87 - 89.

[83] 李冬冬. 城市生态建设与城市经济竞争力协同机制研究 [D]. 吉林大学，2014.

[84] 李建建，叶琪. 国内外有关区域竞争力评价指标体系的研究综述 [J]. 综合竞争力，2010 (01)：81 - 88.

[85] 李军. 我国高效生态竞争力结构分析 [J]. 管理世界，2009

(05): 184 - 185.

[86] 李恺. 层次分析法在生态环境综合评价中的应用 [J]. 环境科学与技术, 2009 (02): 183 - 185.

[87] 李魁明, 帅红, 姚罗兰. 洞庭湖生态经济区县域经济竞争力评价 [J]. 中南林业科技大学学报 (社会科学版), 2014 (03): 41 - 44.

[88] 李利利. 秦皇岛城市竞争力研究 [D]. 东北财经大学, 2016.

[89] 李美苓, 王慧, 李俊莉. 青岛市生态环境与城市竞争力关系初探 [J]. 曲阜师范大学学报 (自然科学版), 2014 (02): 89 - 94.

[90] 李倩. 河北省城市基础设施竞争力评价研究 [D]. 燕山大学, 2015.

[91] 李钦, 万玺, 姜学勤. 生态视角下的能源生产企业核心竞争力要素评价模型研究 [J]. 生态经济, 2012 (09): 102 - 104.

[92] 李松志, 蓝玉芳. 鄱阳湖生态经济区县域经济综合竞争力的分析 [J]. 国土与自然资源研究, 2011 (01): 52 - 54.

[93] 李崧, 邱微, 赵庆良, 等. 层次分析法应用于黑龙江省生态环境质量评价研究 [J]. 环境科学, 2006 (05): 1031 - 1034.

[94] 李小江. 城市竞争力指标体系: 理论机制与实证检验 [D]. 西南财经大学, 2011.

[95] 李晓军, 邓红, 李晓娥. 依靠科技创新, 增强环境竞争力 [J]. 陕西环境, 2000 (02): 34 - 36.

[96] 李兴华. 我国城市竞争力的理论研究与实证分析 [D]. 厦门大学, 2006.

[97] 李铁. 重庆城市竞争力的动态测定 [J]. 商场现代化, 2007 (24): 224 - 225.

[98] 李泽锋. 浙江省城市旅游竞争力测度及综合评价 [J]. 中南林业科技大学学报 (社会科学版), 2017 (03): 85 - 91.

[99] 李宗尧, 杨桂山. 经济快速发展地区生态环境竞争力的评价方法——以安徽沿江地区为例 [J]. 长江流域资源与环境, 2008 (01): 124 - 128.

[100] 梁凤莲. 提升生态城市的文化竞争力研究——以广州为例 [J]. 鄱阳湖学刊, 2015 (02): 105 - 108.

[101] 梁明珠, 蒋璐. 生态竞争力视角下的城市品牌定位——以广州

市为例 [J]. 城市问题, 2015 (04): 23 - 27.

[102] 梁培培, 熊国保. 基于 AHP 的鄱阳湖生态经济区旅游产业竞争力评价 [J]. 企业经济, 2011 (07): 111 - 113.

[103] 梁伟, 张慧颖, 朱孔来. 基于模糊数学和灰色理论的城市生态环境竞争力评价 [J]. 中国环境科学, 2013 (05): 945 - 951.

[104] 梁伟, 朱孔来, 郭春燕. 山东省生态经济水平与区域竞争力的协调度及评价体系研究 [J]. 济南大学学报 (社会科学版), 2012 (01): 85 - 91.

[105] 廖涛. 滨海新区城市竞争力评价及提升策略研究 [D]. 天津大学, 2014.

[106] 林丽金. 基于层次分析法的物流企业竞争力模糊综合评价 [J]. 宜春学院学报, 2012 (10): 32 - 37.

[107] 林翊. 影响企业竞争力的关键性生态因子分析 [J]. 福建农林大学学报 (哲学社会科学版), 2014 (05): 42 - 46.

[108] 凌立文, 郑伟璇. 广州市生态竞争力评价模型构建研究 [J]. 惠州学院学报, 2015 (05): 84 - 88.

[109] 刘超. 生态环境与西部城市竞争力研究 [J]. 中国农学通报, 2004 (05): 287 - 290.

[110] 刘丹. 基于创新协同的资源型城市竞争力提升模式研究 [D]. 哈尔滨理工大学, 2016.

[111] 刘贯飞. 基于层次分析法的四川省体育产业竞争力的研究 [D]. 西南财经大学, 2013.

[112] 刘国静, 王静. 基于主成分分析的河北省各城市综合竞争力评价 [J]. 经济研究导刊, 2014 (34): 128 - 129.

[113] 刘莉芳. 城市竞争力研究综述与提高措施 [J]. 生产力研究, 2010 (06): 255 - 256.

[114] 刘玲, 周扬培. 构建企业生态竞争力初探 [J]. 经济师, 2003 (02): 56 - 57.

[115] 刘美芬. 生态经济视角下提升济南市城市综合竞争力研究 [J]. 商, 2015 (37): 56.

[116] 刘巧芹, 于艳茹, 尚国琲. 土地生态利用竞争力评价——以北

京市大兴区为例 [J]. 江苏农业科学, 2017 (11): 207 - 211.

[117] 刘姝. 十五个副省级城市竞争力演变研究 [D]. 吉林大学, 2014.

[118] 刘伟辉, 陈国生, 王连球, 等. 城市生态环境制约城市竞争力的机理分析——以湖南省为例 [J]. 管理世界, 2012 (02): 179 - 180.

[119] 刘晔. 基于因子分析和 AHP 的江西省金融生态环境评价 [D]. 江西财经大学, 2013.

[120] 卢毅勤. 基于 AHP 的城市竞争力评价方法及其对台州市的应用分析 [D]. 上海海事大学, 2004.

[121] 鲁金萍, 郑立. 中国部分省区生态环境竞争力探析 [J]. 中国生态农业学报, 2007 (06): 175 - 178.

[122] 陆静. 提高区域文化竞争力的文化生态学探析 [J]. 河北师范大学学报 (哲学社会科学版), 2012 (02): 141 - 145.

[123] 罗涛, 张天海, 甘永宏, 等. 中外城市竞争力理论研究综述 [J]. 国际城市规划, 2015 (S1): 7 - 15.

[124] 吕玲花. 莱芜市生态文明建设与环境竞争力提升研究 [J]. 才智, 2015 (05): 330.

[125] 吕姗, 林爱文, 田密. 武汉城市圈城市竞争力测度与评价 [J]. 国土与自然资源研究, 2010 (01): 6 - 8.

[126] 吕帅, 郝春新. 基于因子分析法的全国各省区域竞争力评价指标体系 [J]. 河北联合大学学报 (社会科学版), 2014 (03): 34 - 37.

[127] 吕艳玲, 王兴元. 品牌竞争力形成的动态机理模型及其提升对策 [J]. 经济问题探索, 2012 (08): 81 - 85.

[128] 马立静. 城市竞争力理论和评价方法研究 [D]. 东北财经大学, 2005.

[129] 马世骏, 王如松. 社会 - 经济 - 自然复合生态系统 [J]. 生态学报, 1984 (01): 1 - 9.

[130] 孟秀红. 苏州城市旅游竞争力评价研究 [J]. 重庆师范大学学报 (自然科学版), 2014 (06): 139 - 144.

[131] 牛卫平, 陈艳笑. 基于层次分析的广东区域竞争力评价 [J]. 华南农业大学学报 (社会科学版), 2007 (02): 40 - 46.

[132] 牛晓春, 杜忠潮. 基于因子分析法的西北五省区旅游环境竞争

力评价［J］. 地下水，2012（03）：173－176.

［133］欧书阳. 重庆与成都城市竞争力比较［J］. 城市问题，2003（06）：22－26.

［134］彭劲松. 长江经济带大都市圈发展格局与竞争力分析［J］. 重庆工商大学学报（西部论坛），2009（01）：41－47.

［135］彭劲松. 长江经济带城市综合竞争力及空间分异［J］. 重庆工商大学学报（社会科学版），2007（04）：39－44.

［136］戚黎蔚. AHP 层次分析法在 ITAT 创业投资项目风险评估中的应用研究［D］. 上海交通大学，2008.

［137］卿圆圆，欧向军，叶磊. 江苏省城市旅游竞争力综合评价［J］. 国土与自然资源研究，2013（04）：62－65.

［138］邱丹. 鄱阳湖生态经济区农业竞争力研究［D］. 江西农业大学，2011.

［139］邱尔妮，栾海峰，邱尔卫，等. 基于因子分析的我国区域生态竞争力评价及提升路径［J］. 科技进步与对策，2012（12）：107－111.

［140］曲济炎，原林虎. 山西优势农产品市场和生态竞争力研究［J］. 生产力研究，2005（08）：48－49.

［141］全少莉，钱宏胜. 创新能力视角下的中部六省省会城市竞争力比较研究［J］. 国土与自然资源研究，2010（05）：32－34.

［142］任俊霖，李浩，伍新木，等. 长江经济带省会城市用水效率分析［J］. 中国人口·资源与环境，2016（05）：101－107.

［143］任子君. 合肥城市生态竞争力的研究［D］. 安徽大学，2015.

［144］任子君，许建. 合肥市城市生态竞争力初步研究［J］. 安徽农业大学学报，2014（03）：491－495.

［145］上海社会科学院生态型城市与上海生态环境建设课题组. 建设生态型城市　提高绿色竞争力——上海建设生态型城市的战略目标和思路［J］. 领导决策信息，2001（28）：10－17.

［146］申欢欢，李元杰，杨东海，等. 我国东部地区工业竞争力的评价与分析［J］. 河北企业，2014（02）：37－38.

［147］王慧琼. 完善机制提升深圳生态竞争力［N］. 深圳特区报.

［148］沈永真. 丝绸之路经济带视域下陕西茶叶生产贸易的国内外竞

争力分析 [J]. 经济研究导刊, 2017 (14): 138 - 139.

[149] 石丽娇, 杨涛. 我国煤炭企业生态竞争力评价指标体系构建 [J]. 产业与科技论坛, 2016 (22): 41 - 42.

[150] 石忆邵. 城市生态用地与城市竞争力关系 [J]. 广东社会科学, 2013 (06): 5 - 11.

[151] 石忆邵, 周蕾. 国内外城市生态用地与城市竞争力关系的实证分析 [J]. 上海国土资源, 2015 (01): 5 - 9.

[152] 韩美璐. 大力推进生态文明建设 提升城市核心竞争力 [N]. 盘锦日报.

[153] 宋万杰, 陆相林, 王显成. 河北省投资环境竞争力评价 [J]. 统计与决策, 2016 (10): 103 - 105.

[154] 宋小芬. 生态环境与城市竞争力 [D]. 华南师范大学, 2003.

[155] 孙灵文, 丁华, 周永晖. 县域金融生态竞争力比较分析研究 [J]. 科技资讯, 2013 (25): 211 - 215.

[156] 孙灵文, 丁华, 周永晖, 等. 我国县域金融生态竞争力评价指标体系的构建 [J]. 安徽农业科学, 2013 (21): 9121 - 9123.

[157] 孙夏青. 沿海港口城市竞争力研究 [D]. 辽宁师范大学, 2013.

[158] 孙潇慧, 张晓青. "一带一路"沿线 18 省市区域绿色竞争力时空演变 [J]. 湖北经济学院学报, 2017 (04): 38 - 46.

[159] 孙云. 新常态下甘肃省资源型城市竞争力提升研究 [J]. 农业科技与信息, 2016 (22): 11 - 13.

[160] 汪克亮, 孟祥瑞, 杨宝臣, 等. 基于环境压力的长江经济带工业生态效率研究 [J]. 资源科学, 2015 (07): 1491 - 1501.

[161] 王丛霞, 杨丽艳, 贾德荣. 宁夏生态环境竞争力提升研究 [J]. 宁夏党校学报, 2015 (06): 90 - 93.

[162] 王芳. 提升黑龙江生态旅游竞争力的对策 [J]. 赤子 (上中旬), 2014 (21): 64.

[163] 王斐波. 城市竞争力理论综述及杭州城市竞争力评析 [J]. 生产力研究, 2008 (15): 159 - 160.

[164] 王格. 生态经济背景下扬州旅游业竞争力提升研究 [J]. 扬州教育学院学报, 2016 (01): 7 - 11.

[165] 王光伟, 刘又堂. 基于生态位分析的全域旅游竞争力评价——以湖南省岳阳市为例 [J]. 桂林航天工业学院学报, 2016 (04): 510-515.

[166] 王辉, 张萌, 朱宇巍, 等. 生态位视角下的沿海城市旅游竞争力研究——以辽宁省6个沿海城市为例 [J]. 海洋开发与管理, 2012 (01): 132-138.

[167] 王辉丰. 对海南生态省可持续发展能力的分析 [J]. 海南大学学报 (自然科学版), 2004 (02): 159-163.

[168] 王磊, 龚新蜀. 产业生态化研究综述 [J]. 工业技术经济, 2013 (07): 154-160.

[169] 王苒, 赵忠秀. "绿色化" 打造中国生态竞争力 [J]. 生态经济, 2016 (02): 208-210.

[170] 王莎莎. 基于生态位理论城市旅游竞争力研究 [D]. 华中师范大学, 2013.

[171] 王少华. 基于生态位理论的河南省城市旅游竞争力评价与研究 [J]. 河南大学学报 (自然科学版), 2013 (05): 533-539.

[172] 王硕. 历史文化街区文化生态竞争力评价与旅游开发研究——以天津估衣街为例 [J]. 桂林理工大学学报, 2017 (02): 383-392.

[173] 王文良. 煤炭企业生态竞争力评价及实证研究 [D]. 中国地质大学, 2013.

[174] 王文良, 杨昌明, 王军. 基于分类树的煤炭企业生态竞争力评价 [J]. 生态经济, 2010 (04): 76-78.

[175] 王小丽, 简太敏, 曹雅妮. 可持续发展战略下的重庆市生态竞争力研究 [J]. 安徽农业科学, 2017 (12): 209-212.

[176] 王兴贵, 税伟, 兰英. 基于波特钻石理论的四川民族地区旅游产业竞争力研究——以甘孜州为例 [J]. 云南地理环境研究, 2012 (03): 85-91.

[177] 王旭熙, 彭立, 苏春江, 等. 城镇化视角下长江经济带城市生态环境健康评价 [J]. 湖南大学学报 (自然科学版), 2015 (12): 132-140.

[178] 王义龙. 新常态下邯郸市城市核心竞争力体系构建研究 [J]. 邯郸职业技术学院学报, 2016 (02): 32-34.

[179] 王奕. 基于 AHP 法的住宅小区规划设计方案评价方法研究

[D]. 浙江大学, 2004.

[180] 王玉昭. 黑龙江省生态环境竞争力评价分析 [Z]. 中国黑龙江哈尔滨: 2012, 21.

[181] 王振波, 罗奎, 宋洁, 等. 2000 年以来长江经济带城市职能结构演变特征及战略思考 [J]. 地理科学进展, 2015 (11): 1409 - 1418.

[182] 魏玲丽. 基于"钻石模型"看汶川县水磨镇生态旅游发展的竞争力 [J]. 商场现代化, 2016 (09): 132 - 134.

[183] 魏强. 城市竞争力评价指标体系研究及数量分析 [D]. 厦门大学, 2009.

[184] 文余源. 建设长江经济带的现实价值 [J]. 改革, 2014 (06): 26 - 28.

[185] 邬彩霞. 绿色"一带一路"与中国产业绿色竞争力 [J]. 中国战略新兴产业, 2017 (29): 41 - 43.

[186] 吴安妮. "五位一体"总布局视域下的生态文明建设研究 [D]. 大理学院, 2015.

[187] 吴传清, 董旭. 长江经济带可持续发展能力评价 [J]. 珞珈管理评论, 2014 (01): 63 - 73.

[188] 吴磊. 鄱阳湖生态经济区旅游市场竞争力研究 [J]. 旅游纵览 (下半月), 2014 (12): 145 - 147.

[189] 吴林. 长江经济带 11 省市经济差异分析 [D]. 湖北省社会科学院, 2015.

[190] 吴世昌. 基于因子分析法的长江三角洲核心城市综合竞争力研究 [J]. 改革与开放, 2016 (01): 34 - 36.

[191] 夏国恩, 兰政海. 基于因子分析的广西区各城市综合经济实力评价 [J]. 特区经济, 2009 (12): 211 - 213.

[192] 熊敏, 廖小平, 雷静品. 基于 WEF 的中国与中东欧旅游动态竞争力分析 [J]. 中南林业科技大学学报 (社会科学版), 2017 (02): 61 - 66.

[193] 徐菲. 环洞庭湖生态经济区县域经济竞争力评价分析 [J]. 现代商贸工业, 2014 (5): 47 - 49.

[194] 徐慧枫, 吴超. 制造业集聚对生态环境的动态影响分析——基于长江经济带地级市数据 [J]. 安徽行政学院学报, 2016 (04): 58 - 62.

[195] 徐君兰. 城市旅游竞争力分析与评价研究 [D]. 四川大学, 2007.

[196] 徐倩, 齐蕾. "五位一体"视角下生态文明城市评价指标体系研究——基于青岛市的实证分析 [J]. 青岛科技大学学报 (社会科学版), 2015 (01): 19-22.

[197] 徐智明, 杨林锋, 孙铭. 合肥市能源消费碳排放测算与分析 [J]. 江西化工, 2015 (02): 83-88.

[198] 许巍. 区域煤炭资源竞争力与生态文明协调度研究 [J]. 湖北社会科学, 2013 (11): 89-93.

[199] 杨春玲. 基于生态位理论的河南省城市竞争力研究 [J]. 品牌 (下半月), 2015 (09): 11-12.

[200] 杨桂山, 徐昔保, 李平星. 长江经济带绿色生态廊道建设研究 [J]. 地理科学进展, 2015 (11): 1356-1367.

[201] 杨晴青, 朱媛媛, 陈佳, 等. 长江中游城市群城市人居环境竞争力格局及优化路径 [J]. 中国人口·资源与环境, 2017 (08): 142-150.

[202] 杨彤, 王能民. 环境保护与城市竞争力关系研究综述 [J]. 青岛科技大学学报 (社会科学版), 2008 (02): 22-26.

[203] 杨晓楠. 武汉城市群城市竞争力研究分析 [J]. 赤峰学院学报 (自然科学版), 2015 (10): 42-44.

[204] 姚慧丽, 任兰存. 基于生态位的江苏省13城市文化创意旅游产业竞争力比较 [J]. 江苏科技大学学报 (社会科学版), 2012 (01): 76-82.

[205] 姚瑞华, 赵越, 杨文杰, 等. 长江经济带生态环境保护规划研究初探 [J]. 环境保护科学, 2015 (6): 15-17, 28.

[206] 叶南客, 黄南. 长三角城市群的国际竞争力及其未来方略 [J]. 改革, 2017 (03): 53-64.

[207] 叶齐, 王廷志, 祖章能. 基于SWOT分析的贵阳城市综合竞争力提升对策研究 [J]. 中国物价, 2014 (08): 89-91.

[208] 叶少荫. 生态环境建设与提高农业竞争力 [J]. 江西农业大学学报 (社会科学版), 2003 (03): 71-76.

[209] 叶潇. 环境竞争力的哲学思想研究 [D]. 昆明理工大学, 2016.

[210] 尹文秋. 产业集群持续竞争力的构建 [J]. 湖南社会科学,

2012 (01): 130 - 132.

[211] 于桂娥, 王玉昭. 大兴安岭生态环境竞争力模糊综合评价的指标体系及权重设计 [J]. 东北林业大学学报, 2008 (11): 73 - 74.

[212] 于涛方. 国外城市竞争力研究综述 [J]. 国外城市规划, 2004, 19 (1): 28 - 34.

[213] 余构雄, 李力. 基于生态位理论的区域城市星级酒店竞争力——以珠江三角洲为例的研究 [J]. 经济管理, 2010 (06): 98 - 104.

[214] 余璞. 湖南省城市环境竞争力实证研究 [D]. 中南林业科技大学, 2012.

[215] 喻翠玲. 福建省生态农业市场趋势与竞争力分析 [J]. 台湾农业探索, 2014 (05): 35 - 41.

[216] 翟治芬, 王兰英, 孙敏章, 等. 基于 AHP 与 Rough Set 的农业节水技术综合评价 [J]. 生态学报, 2012 (03): 931 - 941.

[217] 詹卫华, 邵志忠, 汪升华. 生态文明视角下的水生态文明建设 [J]. 中国水利, 2013 (04): 7 - 9.

[218] 占本厚. 城市竞争力与城市生态环境研究 [D]. 贵州财经大学, 2014.

[219] 战春梅, 赵则海, 崔百宁. 基于层次分析法的多媒体教学评价研究综述 [J]. 肇庆学院学报, 2014 (02): 40 - 43.

[220] 张超, 李丁, 张洁, 等. 基于主成分分析的西北地区城市竞争力评价与演变研究 [J]. 干旱区资源与环境, 2015 (06): 8 - 13.

[221] 张海森. 南京城市竞争力评价分析及提升对策探讨 [J]. 商业经济, 2014 (21): 44 - 45.

[222] 张继良, 蒋华夏. 城市竞争力研究综述 [J]. 南京财经大学学报, 2008 (04): 15 - 19.

[223] 张建业. 齐齐哈尔市城市综合竞争力研究 [D]. 齐齐哈尔大学, 2014.

[224] 张捷报, 王伟, 李锐. 基于生态理念的港口绿色竞争力评价 [J]. 现代交通技术, 2017 (03): 103 - 106.

[225] 张蕾. 南昌市旅游业竞争力提升研究 [J]. 山西农经, 2017 (13): 119 - 120.

［226］张蕾蕾. 福建省城市竞争力评价研究［D］. 厦门大学, 2014.

［227］张力小, 杨志峰, 陈彬, 等. 基于生物物理视角的城市生态竞争力［J］. 生态学报, 2008（09）: 4344－4351.

［228］张梦心. 特大城市交通基础设施承载力研究［D］. 首都经济贸易大学, 2014.

［229］张绍良, 朱立军, 侯湖平, 等. “五位一体”视域下的矿山生态修复［J］. 环境保护, 2014（Z1）: 72－74.

［230］张素华, 刘志平. 基于生态位理论的湖北省城市旅游竞争力研究［J］. 襄樊学院学报, 2012（05）: 49－53.

［231］张镒, 柯彬彬. 基于生态位视角城市对台旅游竞争力评价指标体系构建［J］. 创新科技, 2017（02）: 22－26.

［232］张毅. 重庆市县域生态文明竞争力研究［D］. 重庆工商大学, 2014.

［233］张莹莹. 江西生态旅游产业竞争力分析［D］. 江西师范大学, 2014.

［234］张永春, 汪吉东, 俞美香, 等. 南京地区典型农业试验基地土壤肥力、环境质量调查与评价［J］. 江苏农业学报, 2006（04）: 415－420.

［235］张云华. 地方财政支出结构对城市竞争力影响研究——以宁波市为例［J］. 大庆社会科学, 2017（02）: 78－83.

［236］赵国杰, 赵红梅. 基于网络层次分析法的城市竞争力评价指标体系研究［J］. 科技进步与对策, 2006（11）: 126－128.

［237］赵琳, 徐廷廷, 徐长乐. 长江经济带经济演进的时空分析［J］. 长江流域资源与环境, 2013, 22（7）: 846－851.

［238］赵彦云, 王雪妮. 中国民生发展国际竞争力实证分析［J］. 中国人民大学学报, 2015（02）: 98－106.

［239］郑军, 史建民. 基于AHP法的生态农业竞争力评价指标体系构建［J］. 中国生态农业学报, 2010（05）: 1087－1092.

［240］郑立. 中国各省区生态环境竞争力分析［J］. 环境保护, 2007（Z1）: 76－81.

［241］郑立, 鲁金萍. 新疆生态环境竞争力分析［J］. 边疆经济与文化, 2005（10）: 4－6.

[242] 郑阳. 基于主成分分析的辽宁省城市竞争力评价 [D]. 吉林大学, 2011.

[243] 周飞. 湖北长江经济带小城市发展研究 [D]. 华中师范大学, 2014.

[244] 周梦媛. 产业生态化对城镇化与生态环境协调发展的影响 [D]. 华东师范大学, 2016.

[245] 周婷. 长江上游经济带与生态屏障共建研究 [D]. 四川大学, 2007.

[246] 周婷. 长江上游经济带与生态屏障的共建关系及对策研究 [D]. 四川大学, 2004.

[247] 周文翠. 论环境竞争力的提升 [J]. 中国特色社会主义研究, 2014 (01): 91-94.

[248] 朱坚鹏. 基于 AHP 的住宅区公共服务设施评价体系研究 [D]. 浙江大学, 2005.

[249] 朱若絮. 我国商业银行竞争力研究 [D]. 西南财经大学, 2012.

[250] 朱英睿. 生态文明视角下我国特大城市发展思考 [D]. 复旦大学, 2010.

[251] 朱振亚, 饶良懿, 黄河清. 基于因子分析和 AHP 的北京市可持续发展对比分析 [Z]. 2013, 4.

[252] 诸大建, 李京生. 提升上海大都市绿色竞争力的战略举措——把崇明建设成为国际性生态综合示范区的研究 [J]. 同济大学学报 (社会科学版), 2001 (05): 21-27.

[253] 卓明川, 林晓. 大型体育赛事对城市环境竞争力的影响 [J]. 体育科技文献通报, 2017 (04): 112-113.

[254] 宗彪. 基于生态经济的我国城市竞争力研究 [D]. 山东大学, 2012.

[255] 邹辉, 段学军. 长江经济带研究文献分析 [J]. 长江流域资源与环境, 2015 (10): 1672-1682.

[256] 邹积亮. 国外环境管制与竞争力关系研究综述 [J]. 经济纵横, 2007 (01): 78-79.

附录

附录一：评价指标专家意见征询表（第一轮）

尊敬的专家：

您好！衷心地感谢您抽出宝贵的时间填写此表！

我是×××大学 2016 级的硕士研究生，正在进行《城市生态竞争力研究》一书的撰写。

本研究从生态学理论、可持续发展理论、生态城市发展理论等出发，通过对城市生态竞争力评价指标体系的主观测评来确定评价指标体系，并在此基础上作出实证研究。

本问卷旨在确定用此种方法测评城市生态竞争力的指标体系。请您按重要程度给每个指标打分，并回答有关问题。

您的工作单位：____________ 您的研究领域：____________

以下是一些评估城市生态竞争力的指标，请您按其重要程度打分。

“重要”—9， “较重要”—7， “一般重要”—5，

“较不重要”—3， “不重要”—1。

附表 1　　评价指标重要性调查表　　在□上打“√”即可

分指标层	子指标层	重要程度得分				
水资源	1. 人均生活用水量	□9	□7	□5	□3	□1
水环境	2. 工业废水排放达标率	□9	□7	□5	□3	□1
土壤环境	3. 土壤有机质含量	□9	□7	□5	□3	□1
土地资源	4. 城市建成区面积	□9	□7	□5	□3	□1
大气环境	5. 空气质量达标率	□9	□7	□5	□3	□1
气候资源	6. 降水量	□9	□7	□5	□3	□1
生物资源	7. 建成区绿化覆盖率	□9	□7	□5	□3	□1

续表

分指标层	子指标层	重要程度得分				
生物环境	8. 森林虫害防治率	□9	□7	□5	□3	□1
能源生产	9. 能源生产量	□9	□7	□5	□3	□1
能源效率	10. 能源效率	□9	□7	□5	□3	□1
第一产业	11. 农业总产值	□9	□7	□5	□3	□1
第二产业	12. 第二产业产值	□9	□7	□5	□3	□1
第三产业	13. 第三产业产值	□9	□7	□5	□3	□1
流通路径	14. 城市人均拥有道路面积	□9	□7	□5	□3	□1
流通工具	15. 每万人拥有公交车辆数	□9	□7	□5	□3	□1
能源消耗	16. 能源消费量	□9	□7	□5	□3	□1
消费模式	17. 城市居民家庭人均恩格尔系数	□9	□7	□5	□3	□1
再生资源产业	18. 各市固体废物综合利用率	□9	□7	□5	□3	□1
废物处理能力	19. 各市工业废水排放达标率	□9	□7	□5	□3	□1
宏观调控	20. 公共财政预算支出	□9	□7	□5	□3	□1
微观调控	21. 社会捐赠收入	□9	□7	□5	□3	□1
人口素质	22. 教育费用支出	□9	□7	□5	□3	□1
人口结构	23. 男女比例	□9	□7	□5	□3	□1
社会治安	24. 社会稳定性	□9	□7	□5	□3	□1
文化传统	25. 公共图书馆藏书量	□9	□7	□5	□3	□1
社会捐助体系	26. 社会福利院床位数	□9	□7	□5	□3	□1
人权事故发生量	27. 城镇失业率	□9	□7	□5	□3	□1

1. 您认为上表是否有指标需要进行修改和调整？

□有　　　　　　　　□没有

如果有，您认为应该如何调整？

____

____

____

____

____

专家征询表到此结束，再次衷心地向您表示感谢！

附录二：评价指标专家意见征询表（第二轮）

尊敬的专家：

您好！再次衷心地感谢您抽出宝贵的时间填写此表！

通过对专家第一轮反馈的问卷统计处理，根据专家意见列出了新的指标体系，请您再次打分，并回答有关问题。

您的工作单位：______________ 您的研究领域：______________

以下是一些评估政府满意度的指标，请您按其重要程度打分。

"重要"—9，"较重要"—7，"一般重要"—5，"较不重要"—3，"不重要"—1。

附表 2 评价指标重要性调查表 在□上打"√"即可

分指标层	子指标层	重要程度得分				
水资源	1. 人均水资源量	□9	□7	□5	□3	□1
水环境	2. 人均工业废水排放量	□9	□7	□5	□3	□1
土壤环境	3. 土壤有机质含量	□9	□7	□5	□3	□1
土地资源	4. 人均园林绿化面积	□9	□7	□5	□3	□1
大气环境	5. 人均工业二氧化硫排放量	□9	□7	□5	□3	□1
气候资源	6. 降水量	□9	□7	□5	□3	□1
生物资源	7. 森林覆盖率	□9	□7	□5	□3	□1
生物环境	8. 森林虫害防治率	□9	□7	□5	□3	□1
能源生产	9. 人均能源生产量	□9	□7	□5	□3	□1
能源效率	10. 能源效率	□9	□7	□5	□3	□1
第一产业	11. 人均农业总产值	□9	□7	□5	□3	□1
第二产业	12. 人均第二产业增加值	□9	□7	□5	□3	□1
第三产业	13. 人均第三产业增加值	□9	□7	□5	□3	□1
流通路径	14. 城市人均拥有道路面积	□9	□7	□5	□3	□1
流通工具	15. 每万人拥有公交车辆数	□9	□7	□5	□3	□1
能源消耗	16. 人均能源消费量	□9	□7	□5	□3	□1

续表

分指标层	子指标层	重要程度得分				
消费模式	17. 城市居民家庭人均恩格尔系数	□9	□7	□5	□3	□1
再生资源产业	18. 工业固体废物综合利用率	□9	□7	□5	□3	□1
废物处理能力	19. 城市生活垃圾无害化处理率	□9	□7	□5	□3	□1
宏观调控	20. 进出口差额	□9	□7	□5	□3	□1
微观调控	21. 每万人中社会捐赠受益人次	□9	□7	□5	□3	□1
人口素质	22. 每万人中高等学院毕业生数	□9	□7	□5	□3	□1
人口结构	23. 男女比例	□9	□7	□5	□3	□1
社会治安	24. 交通事故起数	□9	□7	□5	□3	□1
文化传统	25. 人均图书馆藏书量	□9	□7	□5	□3	□1
社会捐助体系	26. 每万人社会福利院床位数	□9	□7	□5	□3	□1
人权事故发生量	27. 每万人中离婚登记率	□9	□7	□5	□3	□1

1. 您认为上表是否有指标需要进行修改和调整？

□有　　　　　　□没有

如果有，您认为应该如何调整？

____

____

____

____

____

2. 您认为上表是否有需要补充的指标？

□有　　　　　　□没有

如果需要补充，您认为应该增加哪些指标？

____

____

____

____

____

附：对第一轮专家问卷统计得出的修改意见：

把1.“人均生活用水量”，2.“工业废水排放达标率”，4.“城市建成区面积”，5.“空气质量达标率”，7.“建成区绿化覆盖率”，9.“能源生产量”，11.“农业总产值”，12.“第二产业产值”，13.“第三产业产值”，16.“能源消费量”，18.“各市固体废物综合利用率”，19.“各市工业废水排放达标率”，20.“公共财政预算支出”，21.“社会捐赠收入”，22.“教育费用支出”，24.“社会稳定性”，25.“公共图书馆藏书量”，26.“社会福利院床位数”，27.“城镇失业率”分别修改和调整为“人均水资源量”“人均工业废水排放量”“人均园林绿化面积”“人均工业二氧化硫排放量”“森林覆盖率”“人均能源生产量”“人均农业总产值”“人均第二产业增加值”“人均第三产业增加值”“人均能源消费量”“工业固体废物综合利用率”“城市生活垃圾无害化处理率”“进出口差额”“每万人中社会捐赠受益人次”“每万人中高等学院毕业生数”“交通事故起数”“人均图书馆藏书量”“每万人社会福利院床位数”“每万人中离婚登记率”。

专家征询表到此结束，再次衷心地向您表示感谢！

附录三：评价指标专家意见征询表（第三轮）

尊敬的专家：

您好！衷心地感谢您抽出宝贵的时间填写此表！

我们将第二轮反馈的问卷做了统计处理，根据专家的意见对指标进行了进一步的修改，得出了现在的指标体系，请您按重要程度给每个指标打分，并提出宝贵意见。

您的工作单位：______________ 您的研究领域：______________

以下是一些评估政府满意度的指标，请您按其重要程度打分。

"重要"—9， "较重要"—7， "一般重要"—5，

"较不重要"—3， "不重要"—1。

附表 3 评价指标重要性调查表 在□上打"√"即可

分指标层	子指标层	重要程度得分				
水资源	1. 人均水资源量	□ 9	□ 7	□ 5	□ 3	□ 1
	2. 人均地下水资源量	□ 9	□ 7	□ 5	□ 3	□ 1
水环境	3. 人均工业废水排放量	□ 9	□ 7	□ 5	□ 3	□ 1
土壤环境	4. 土壤有机质含量均值	□ 9	□ 7	□ 5	□ 3	□ 1
土地资源	5. 人均园林绿化面积	□ 9	□ 7	□ 5	□ 3	□ 1
	6. 建成区绿化覆盖率	□ 9	□ 7	□ 5	□ 3	□ 1
大气环境	7. 人均工业二氧化硫排放量	□ 9	□ 7	□ 5	□ 3	□ 1
	8. 人均工业烟尘排放量	□ 9	□ 7	□ 5	□ 3	□ 1
气候资源	9. 平均气温	□ 9	□ 7	□ 5	□ 3	□ 1
	10. 降水量	□ 9	□ 7	□ 5	□ 3	□ 1
	11. 年平均相对湿度	□ 9	□ 7	□ 5	□ 3	□ 1
生物资源	12. 森林覆盖率	□ 9	□ 7	□ 5	□ 3	□ 1
生物环境	13. 森林虫害防治率	□ 9	□ 7	□ 5	□ 3	□ 1
能源生产	14. 人均能源生产量	□ 9	□ 7	□ 5	□ 3	□ 1
能源效率	15. 能源效率	□ 9	□ 7	□ 5	□ 3	□ 1
第一产业	16. 人均农业总产值	□ 9	□ 7	□ 5	□ 3	□ 1

续表

分指标层	子指标层	重要程度得分				
第一产业	17. 人均粮食产量	□9	□7	□5	□3	□1
第二产业	18. 人均第二产业增加值	□9	□7	□5	□3	□1
	19. 第二产业占 GDP 比重	□9	□7	□5	□3	□1
第三产业	20. 人均第三产业产值	□9	□7	□5	□3	□1
	21. 第三产业占 GDP 比重	□9	□7	□5	□3	□1
流通路径	22. 公路里程密度	□9	□7	□5	□3	□1
	23. 城市人均拥有道路面积	□9	□7	□5	□3	□1
	24. 城市排水管道密度	□9	□7	□5	□3	□1
流通工具	25. 人均电信业务	□9	□7	□5	□3	□1
	26. 万人拥有公共汽车拥有量	□9	□7	□5	□3	□1
能源消耗	27. 人均能源消费量	□9	□7	□5	□3	□1
消费模式	28. 城市居民家庭人均恩格尔系数	□9	□7	□5	□3	□1
再生资源产业	29. 工业固体废物综合利用率	□9	□7	□5	□3	□1
废物处理能力	30. 城市生活垃圾无害化处理率	□9	□7	□5	□3	□1
宏观调控	31. 进出口差额	□9	□7	□5	□3	□1
微观调控	32. 每万人中社会捐赠受益人次数	□9	□7	□5	□3	□1
人口素质	33. 每万人中高等学校毕业生数	□9	□7	□5	□3	□1
人口结构	34. 男女比例	□9	□7	□5	□3	□1
社会治安	35. 交通事故起数	□9	□7	□5	□3	□1
文化传统	36. 人均公共图书馆藏书量	□9	□7	□5	□3	□1
社会捐助体系	37. 每万人社会福利院床位数	□9	□7	□5	□3	□1
人权事故发生量	38. 每万人中离婚登记数	□9	□7	□5	□3	□1

您认为上表是否有指标需要进行修改和调整？

□有　　　　□没有

如果有，您认为应该如何调整？

____

____

____

附：对第二轮专家问卷统计得出的修改意见：

在水资源中加入“人均地下水资源量”，在土地资源中加入“建成区绿化覆盖率”，在大气环境中加入“人均工业烟尘排放量”，在气候资源中加入“平均气温”和“年平均相对湿度”，在第一产业中加入“人均粮食产量”，在第二产业中加入“第二产业占 GDP 比重”，在第三产业中加入“第三产业占 GDP 比重”，在流通路径中加入“公路里程密度”和“城市排水管道密度”，在流通工具中加入“人均电信业务”。

专家征询表到此结束，再次衷心地向您表示感谢！